江沢 洋 選集 II

相対論と電磁場

Hiroshi Ezawa Takashi Kamijo
江沢 洋・上條隆志 編

日本評論社

凡 例

[1]　本選集は，江沢 洋の日本語による論説・解説・エッセイ等のなかから，編者の江沢 洋と上條隆志の協議により精選し，テーマによって全 6 巻にまとめたものである．

[2]　全巻の構成は次のとおりである．各巻には著者とゆかりの人による書き下ろしエッセイを収録し，各巻ごとの解説を上條隆志が担当した．

第 I 巻	物理の見方・考え方	[エッセイ：田崎晴明]
第 II 巻	相対論と電磁場	[エッセイ：小島昌夫]
第 III 巻	量子力学的世界像	[エッセイ：山本義隆]
第 IV 巻	物理学と数学	[エッセイ：中村 徹]
第 V 巻	歴史から見る物理学	[エッセイ：岡本拓司]
第 VI 巻	教育の場における物理	[エッセイ：内村直之]

[3]　本文のテキストは，初出をもとに，のちに収録された単行本・雑誌別冊等を参照したが，本選集収録にあたり，さらに加筆がなされた．初出および収録単行本・雑誌別冊等の情報は，巻末解説の末尾に記載した．

なお，江沢 洋のエッセイや解説記事などを集成した単行本には，次のものがある．

『量子と場 —— 物理学ノート』ダイヤモンド社，1976 年．
『物理学の視点 —— 力学・確率・量子』培風館，1983 年．
『続・物理学の視点 —— 時空・量子飛躍・ゲージ場』培風館，1991 年．
『理科を歩む —— 歴史に学ぶ』『理科が危ない —— 明日のために』新曜社，2001 年．

[4]　本文は原文を尊重して組むことを原則としたが，読みやすさを重視する観点から，次のように多少の改変の手を加えた．

a. 明白な誤記・誤植の類を訂正した．
b. 漢字および送り仮名は可能なかぎり統一した．
c. 西洋人名は，本文中はカタカナ表記を原則とし，巻末に人名一覧を付して，欧文表記と生没年を記した．
d. 和文文献に関しては，書籍名は『 』，雑誌名・新聞名は「 」を用いた．雑誌・新聞・書籍に掲載された記事のタイトルは，文献表などで雑誌名・新聞名・書籍名と併記する場合は「 」を付けず，文章中に表記する場合は「 」を付けた．欧文文献に関しては，慣用に従って，書籍名も雑誌名もイタリック体を用いた．
e. 図版は，可能なかぎり，新たに描き直した．

目次

第1部　ガリレイの相対性原理

第2部　アインシュタインの相対性理論

第3部　電磁場を考える

第1部
ガリレイの相対性原理

1. ガリレイの相対性原理

1.1 相対性とは

輝かしい成功を示していたニュートンの力学は，次のような，いわゆるガリレイの相対性原理をみたしていた．

説明の便宜上，地面に固定した実験室をもつ A と，図 1 のように走っている汽車の中に実験室をもつ B とが，別々に力学の法則を探求していたとしよう．

いま，彼らの探求の結果を比べたいのであるが，彼らはそれぞれ自分に固定した座標を用いて研究をしたであろうから，それら座標の間の翻訳規則をまず知る必要がある．

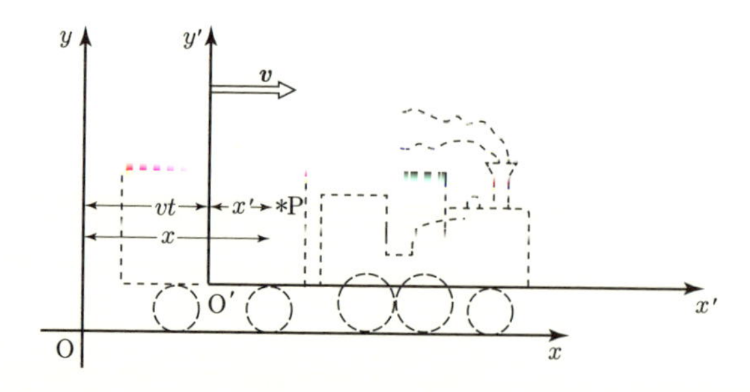

図 1 ガリレイ変換．

ある物体 P の運動を研究するのに，地上の実験者 A は地上に固定した座標を，汽車の実験者 B は汽車に固定した座標を用いる．ある時刻 t における P の位置を A は x であるといい，B は x' であるという．

それは容易で，時刻 $t=0$ に両方の座標原点が一致していたとすれば (図 1 では x' 軸を少し上にずらしてある)，

$$x' = x - vt, \qquad y' = y \tag{1}$$

となる．これが，同一の物体Pの位置を二人が観測した結果の間の関係である．この関係は(x, y)から(x', y')への**ガリレイ変換**とよばれる．

また，ある時刻Pの速さを測定し(x方向だけとして)，Aがu，Bがu'という結果を得たとすれば，それらの間に，

$$u' = u - v \tag{2}$$

の関係があることも明らかであろう．ただし，物体の運動は汽車の進行方向に起こっているものとした．

さて，ガリレイの相対性原理は，上のような翻訳の約束のもとで，Aが発見する力学の法則とBが発見する力学の法則とは，もし汽車が等速直線運動をしているならば，まったく同じになるはずであると主張するのである．法則が変わらないという意味から，この性質を**ガリレイ不変性**とよぶこともある．

ニュートンの**運動の第1法則**は，いわゆる**慣性の法則**であって，物体に力が働いていないなら，その物体は等速直線運動を続けるというのであった．Aから見て等速直線運動を続けている物体は，Bから見てもやはりそう見えるから，慣性の法則は確かにガリレイ不変なことがわかる．

次に**運動の第2法則**は，質量と加速度の積は力に等しいと主張する．いま，質量がmの物体に力fが働いているのをAが観測し，その物体の速さが時刻t_1に$u(t_1)$，時刻t_2に$u(t_2)$という値を得たとすれば，Aは

$$m\,\frac{u(t_2) - u(t_1)}{t_2 - t_1} = f \tag{3}$$

という運動方程式がなりたつことを見いだすであろう．一方，Aの観測に対応して，Bは時刻t_1には物体の速さ$u(t_1) - v$という値を，時刻t_2には$u(t_2) - v$という値を得る．したがって，Bの見いだす運動方程式は

$$m\,\frac{[u(t_2) - v] - [u(t_1) - v]}{t_2 - t_1} = f \tag{4}$$

となる．Aの見いだした運動方程式とBのそれとは，すぐわかるように，まったく同じ内容をもっている．こうして，運動の第2法則もガリレイ不変なことがわかった．

運動の第3法則はいわゆる**作用反作用の法則**であるが，これは明らかにガリレイ不変である．

こうして，ニュートン力学の法則は，ガリレイの相対性原理を満たしていることがわかる．

1.2 動く物体の電気力学

マクスウェルの理論によると，物体内部の電磁場も計算することができ，実験との一致も確かめられていたが，それらは物体が静止している場合に限られていた．たとえば，ボルツマンは，誘電率 ε，透磁率 μ をもつ物体の中では光の速さが $1/\sqrt{\varepsilon\mu}$ になることを導き，みずからの手で実験を行なってこれを証明した (1873〜1874 年)．それなら物体を走らせて，その中での光の速さを問題にしたら答はどうであろう．人が電車の中でかけ足をするときのように，物体は光をになって走るのであろうか，それとも？

1.3 フレネルの随伴係数

動く物体の中における光の速さについては，その昔フレネルが理論をたてたことがある．空間には光の媒質としてエーテルというものがあまねく分布しているという考えの歴史は長いが，特にマクスウェル・ローレンツ以前には，エーテルを弾性体とみて，これに力学の理論を当てはめて電磁現象を説明しようとした．光をエーテルの弾性横波とすると，各物質の中でエーテルの密度が異なっていると仮定して屈折率の違いを説明することができる．フレネルは，ふつうの物質で屈折率が真空の屈折率 1 より大きいのは，つまり物質中には真空中より余分のエーテルが含まれているためだと想像した．そうすると，物体が動くときには真空に属する分のエーテルは取り残されるけれども，一方これより余分な部分すなわち物質固有のエーテルは，いつも物体とともに運ばれていくと考えなければならない．

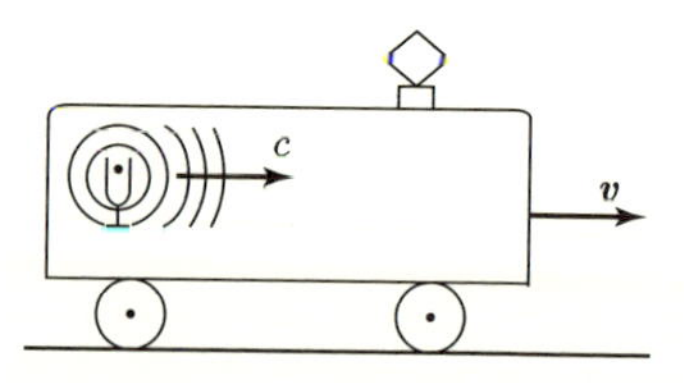

図2　電車の中を音が伝わる．車内の空気は電車とともに動いているから，これを外から見ると音が $c+v$ の速さで伝わるように見える．c は静止空気中の音の速さ，v は電車の速さである．

このフレネルの考えは，実験によって裏書きされたのである．物体の屈折率を

n とすると，物体が静止していればその中の光の速さは $\dfrac{c}{n}$ になる．物体が速度 v で動くときには，いま仮に，全部のエーテルが物体とともに運ばれる場合を考えてみると，$\dfrac{c}{n}+v$ になるはずである．実際には，全部でなくて一部のエーテルしか伴っていかないので，光の速さが完全に増すのではなく，フレネルの理論によると v の $\left(1-\dfrac{1}{n^2}\right)$ 倍だけ増し，光は

$$\frac{c}{n}+\left(1-\frac{1}{n^2}\right)v \tag{5}$$

という速さをもつことになる．この v の係数 $\left(1-\dfrac{1}{n^2}\right)$ はフレネルの随伴係数といわれ，どれほどのエーテルが物体に引きずられていくかを示すものとされた．この考えは1859年にフィゾーによって実験室で確かめられた．しかし，エーテルに力学を当てはめるというフレネルの根本思想は，それを徹底して遂行しようとすると，さまざまな困難に出会うのであった．

1.4 ヘルツの電気力学

ヘルツは，1890年マクスウェルの理論を物体が動く場合にまで拡張するにあ

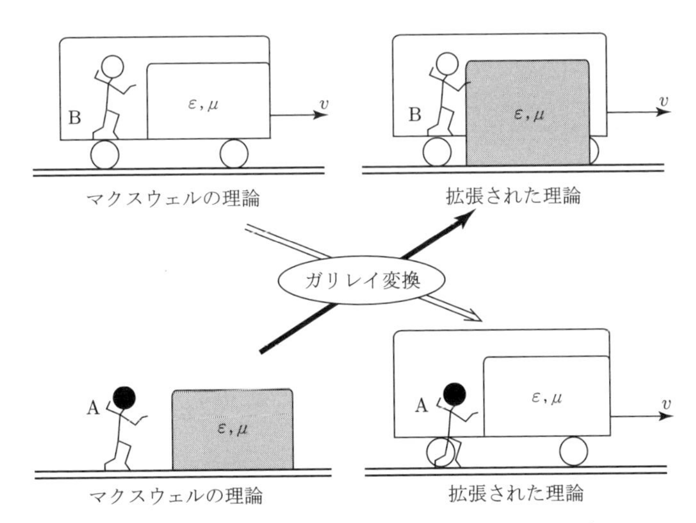

図3　ヘルツの動く物体の電気力学．ガリレイの相対性原理がなりたつようにマクスウェルの理論を拡張した．これは図1の，媒質を積んで走る電車の場合とすっかりおなじである．

たって，ガリレイの相対性を指導原理にした．いま，B の乗っている汽車が誘電体で満たされているとしてみよう．汽車のなかの電磁場を地上の A がしらべれば，これは動く物体の電気力学を研究していることになる．しかし，B から見れば電媒質は B に対して静止しているから，今度は問題は A が静止物体の電磁気学を研究する場合とおなじになり，ガリレイの相対性原理によれば，どちらの場合にも同様にマクスウェルの理論を用いてよいことになる．いいかえると，ヘルツの理論では，物体といっしょにエーテルも運ばれると仮定するのである．そして，電磁場はエーテルのゆがみなのであるから，A, B がエーテルの同一部分を観測しているかぎり，彼らふたりは同一の電磁場を見いだすことになる．

1.5 アイヒェンヴァルトの実験

ヘルツの考えは，1903 年にアイヒェンヴァルトがおこなった実験によって，事実にそぐわないことが示された．

蓄電器の極板のあいだに誘電体をおき，両極間に電圧をかけた上で誘電体をすみやかに動かすと，その周囲に磁場を生じるという事実を 1880 年にレントゲンが見いだしていた．これは，誘電体の表面に誘導された電荷が電媒質といっしょに動くことによって電流が形づくられ，この電流が磁場をつくったものと解釈される．アイヒェンヴァルトは，この実験を少し変更して，極板と誘電体とをいっしょに動かしてみたのである．

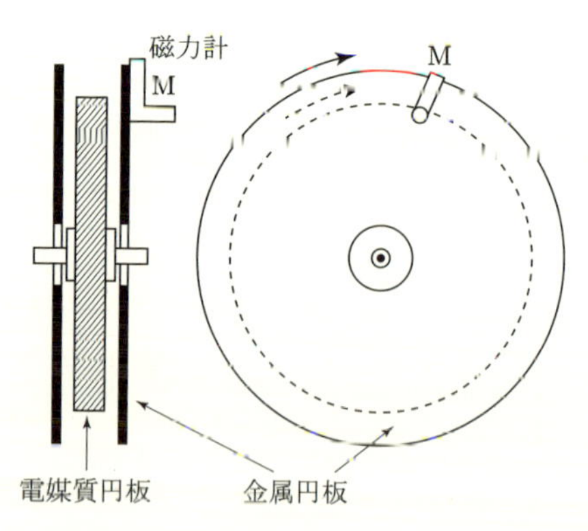

図 4　アイヒェンヴァルトの実験．2 枚の金属円板のあいだに高い電位差を加え，電媒質円板とともに回転した．磁力計 M はもちろん回転しない．

いま，ヘルツの考えが正しいとしてその結果を予想してみよう．このコンデンサーとともに動く観測者 B を想像すると，彼から見れば電流はあろうはずがなく，したがって磁場もないことになる．これは，B から見てエーテルはゆがんでいないということであるから，地上に固定した観測者 A もまた磁場を見いださないはずになる．ところが案に相違して，実際には磁場が検出されたのである．そして，いちじるしいことに，その磁場は誘電体を取りのぞいて極板だけを動かした場合とおなじ強さであった．

この実験は，ヘルツの理論が正しくないことを示した．さらに立ちいってこの実験を検討すると，誘電体に誘導された電荷のうち物質に属する部分は極板の上の対応する電荷と打ち消し合い，エーテルに属する部分だけが動かされると考えれば，実験結果がよく説明されることがわかったのである．

1.6 ローレンツの電子論

オランダのローレンツは電子の存在を予想し，まずエーテルと物質とを，はっきりと分離することから出発した．すなわち，彼によると，この世界は絶対静止の重さのない**エーテル**と，重さのある (つまり，ふつうの) **物質**とからなりたっている．そして，後者は電気を帯びた微粒子である電子 (ローレンツはイオンとよんでいる．このとき，まだ電子は発見されていなかった) の集まりと考えるのである．

エーテルは世界をくまなく，そして電子の内部さえも満たしている．物質によって光学的性質が異なることは，電子の状態の違いによって説明される．この考えは 1880 年ころ定式化されたもので，ローレンツの電子論とよばれる．

真空におけるエーテルは，電気力を受けて分極するわけであるが，物質中においては，マクスウェルが考えたように，エーテルの分極の程度が真空と異なるというのではなくて，分子または原子内にある電子が電気力を受けて変位し，こうして生ずる物質の分極がエーテルの分極につけ加わるのである．そして，物質が動くときには，エーテルはそのまま空間に残されるのに反し，物質の分極はもちろん物質とともに運ばれていくのである．エーテルの分極は電子に力を及ぼすもので**電場**とよばれ，一方，エーテルと物質の分極の総和は**電気変位**とよばれる．また，エーテルの分極には，電子が走るとその速さに比例した力を電子におよぼす種類のものもあり，磁場とよばれる．ローレンツは，電子が動くと周囲にできる電磁場も一緒に動き，それらが運動量を担うために電子の質量が増えることから，電子の運動方程式で(質量)＝一定としたニュートンのものと異なってくることにも気づいていた．力学の基本方程式は，こうして相対性理論の式を先取りしていたし，電磁場のマクスウェル方程式は相対論でも変わらなかった．

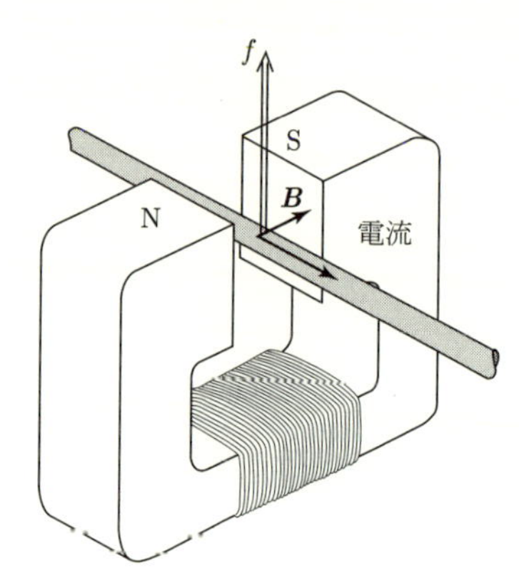

図5　磁場のなかの電流にはたらく力 f．$\boldsymbol{B}$ は磁束密度である．

この考えによれば，かつてフレネルがしたように，エーテルの一部が物質に引きずられて動くという人為的な仮定をすることなしに，随伴係数を説明することができる．それだけではない．物質の屈折率が光の振動数によって変化するありさまを理論的に導いて光の分散を説明したり，光学的活性な物質中における偏光面の回転を説明したりすることができたのである．これらのことにすでに示されているが，後に説明するローレンツ短縮という奇妙な現象も，物体が動くと物体の中の電場や磁場が変わり，物体を構成している荷電粒子にはたらく力が変わるためにおこる結果として理解されることになる．

詳しくいえば，こういうことである．物体の大きさは，それを構成している荷電粒子にはたらく力のつり合いできまるが，大きさをきめるには非常に複雑な連立方程式を解かねばならない．しかし，これらの方程式にすぐ後に出てくるローレンツ変換をほどこすと，方程式は物体が静止している場合と同じ形になる．物体の大きさは〈ローレンツ変換した変数 (x', y', z') でいえば〉方程式を解くまでもなく物体が静止している場合の大きさになる．物体が動いている場合の大きさを求めるには，計算に用いたその変数 (x', y', z') をもとに戻してやればよい．その戻しの変換はローレンツ変換にほかならず，ローレンツ短縮も出てくるのである．

1.7 ローレンツの理論とガリレイの相対性原理

ローレンツは，絶対静止のエーテルが存在し，そのエーテルの電磁的なひずみを規定するのがマクスウェルの理論であると考えた．そうすると，マクスウェルの理論が真空中の光の速さとして 3×10^{10} cm/s という値を与えるのは，つまり光のエーテルに対する速さを与えていることになる．したがって，もし地球がエーテルに対して運動しているならば，地球上には**エーテルの風**が吹いていることになり，地球上ではかる光の速さは 3×10^{10} cm/s とは異なっているであろう．このことは，ローレンツの理論がガリレイの相対性原理を満たしていないことを意味するものである．

エーテルに対する地球の運動を検出しようという試みはいろいろなされたが，光行差の実験のほかは，なかなか成功しなかった．そして光行差は，エーテルにたよらずに，地球の恒星 (光源) に対する相対運動の結果として，理解できるかもしれないのである．

しかし，地球の運動を検出しようとする実験の失敗は，必ずしもローレンツの理論の失敗を意味するものではなかった．というのは，地球の速さ v と光の速さ c との比は $\dfrac{v}{c}\fallingdotseq 10^{-4}$ という小さな値であるが，ローレンツの理論によると，地球の運動の効果はその 2 乗，つまり $\left(\dfrac{v}{c}\right)^2\fallingdotseq 10^{-8}$ の程度にしかならず，したがって，有効数字 9 けたまで正確な実験を行なわないかぎり検出されないことになるからである．

第2部
アインシュタインの相対性理論

2. アインシュタインの相対性理論

2.1 マイケルソン－モーリーの実験

1.7 節の終わりに述べた「エーテルに対する地球の運動を検出する」という問題に決定的な解答を与えるべく，アメリカのマイケルソンはマクスウェルからの示唆を得て，1881 年に巧妙な実験を行なった．図 1 の S は光源であり，これから出た光は，ガラス板 G において反射するものと透過するものとの二手に分かれ，それぞれ鏡 M, N に至り，再びもときた道を引き返して G で出会い，ここで 1 つに重なって T の方向に出ていく．図 1 は，装置がエーテルに対して静止している場合であるが，この場合には GN＝GM に調整しておくと，2 つの光線に位相差は起こらない．

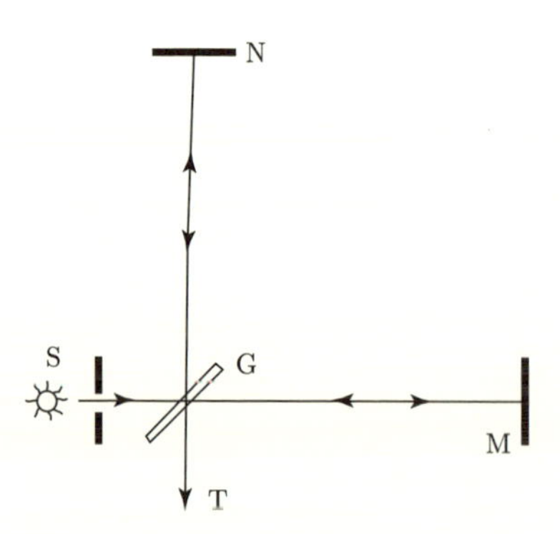

図1　マイケルソン－モーリーの実験．装置がエーテルに対して静止しているという仮想的な場合である．

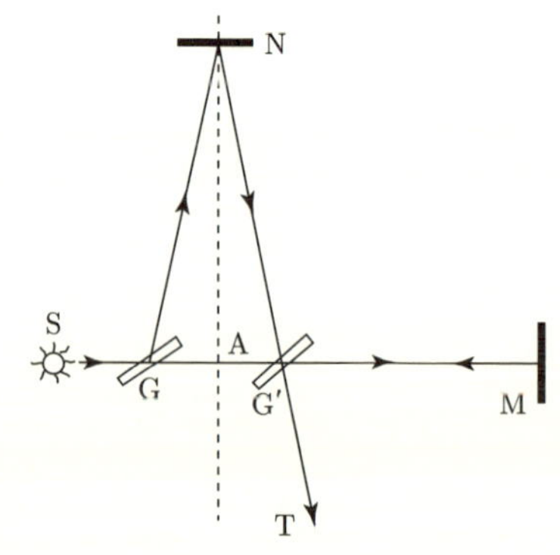

図2　マイケルソン－モーリーの実験．装置は地球に固定する．この図は，エーテルに対して静止した観測者から見た場合である．

装置は地球に固定しておくものであるが，もしこれがエーテルに対して運動しているなら，エーテルに固定して現象をながめるほうが，光の速さ c が 3×10^{10} cm/s とわかっているだけに話が簡単である．いま，装置は $\overrightarrow{\mathrm{GM}}$ の方向に動いているとしよう．そうすると，図 2 のように，光が帰ってくるまでに G は G′ まで動くから，2 つの光線に経路の差が生じ，T で見たときに干渉が生ずるはずである．実際には，マイケルソンは地球の公転運動の方向に GM を向けた場合と，装置を 90° 回して GN を向けた場合とで，干渉の模様が変わるかどうかを調べた．

その結果は，理論から予想される干渉の模様の変化は見いだされず，つまりエーテルは地球とともに動いているという結論になった．

ローレンツによってマイケルソンの予想に誤りがあることが指摘されたので，マイケルソンは 1889 年同じくアメリカのモーリーとともにより精密な実験を行なった．しかし結論は前と変わらず，エーテルの風はないということであった．この結論は，ローレンツ理論にとって致命的であるかのように思われた．

2.2 ローレンツ短縮

ローレンツは 1893 年に，自分の理論を救うため実に奇妙な説を出した．それは，運動する物体は，その運動方向に多少縮んで見えるというのである．これをローレンツ短縮という．

この仮説がローレンツの理論を救うことを知るために，少し計算をしてみよう．図 2 で，A を GG′ の中点として AN$=l_1$，また光が GN あるいは G′N を通るに要する時間を $t_1{}'$ とすれば，地球のエーテルに対する速さを v として，

$$\mathrm{AG}=\mathrm{AG}'=vt_1{}'$$
$$\mathrm{GN}=\mathrm{G'N}=ct_1{}'$$

となる．いま，エーテルに固定して現象を見ているから，光の速さはどの方向に向かっても $c=3\times10^{10}$ cm/s なのである．上の式からピタゴラスの定理を用いて，

$$(ct_1{}')^2=(vt_1{}')^2+l_1{}^2$$
$$\therefore\quad t_1{}'=\frac{l_1}{\sqrt{c^2-v^2}} \tag{1}$$

を得る．したがって，光が GNG′ と進む時間 t_1 は

$$t_1 = 2t_1' = \frac{2\,l_1}{\sqrt{c^2 - v^2}} \tag{2}$$

となるわけである.

一方, エーテルに固定してみたガラス板Gと鏡Mの距離をl_2とし, 光がGM, G′Mを通過するに要する時間をt_2', t_2''とすれば,

$$\mathrm{GM} = ct_2' = l_2 + vt_2'$$
$$\therefore \quad t_2' = \frac{l_2}{c - v} \tag{3}$$

同様に

$$\mathrm{G'M} = ct_2'' = l_2 - vt_2''$$
$$\therefore \quad t_2'' = \frac{l_2}{c + v} \tag{4}$$

したがって, 光がGMG′のように往復する時間は

$$t_2 = t_2' + t_2'' = \frac{2\,cl_2}{c^2 - v^2} \tag{5}$$

となる. そこで,

$$l_2 = l_1\sqrt{1 - \frac{v^2}{c^2}} \tag{6}$$

とすれば, $t_1 = t_2$になって2つの光線に位相差があらわれないことになる. 装置にものさしを当ててはかったときには, GN＝GMになるように調整してあったはずであるから, ここに得られた関係は, エーテルとともに動きながら装置を見ると, 長さが運動方向に$\sqrt{1 - \dfrac{v^2}{c^2}}$倍だけ縮んで見えるということを意味している. このような短縮を仮定すれば, 2つの光線の間に位相差がないことになり, マイケルソン-モーリーの実験が理解されるというのがローレンツの主張だったのである.

ローレンツは, 彼の『電子論』(1905–1906年)の中で次のように述べている. 「この仮説は確かに人を驚かせるものであるが, エーテルの絶対静止に執着するかぎり, われわれはこれを避けることはできないのである. われわれは, 次のようにいってもよいであろう. マイケルソンの実験は長さの短縮を証明したのである. そしてこの結論は, かつて熱による物体の膨張が干渉じまの位置から推測されたのとまったく同様に正当なのである.」

さらに進んでローレンツは, 運動物体の短縮が彼の電子論から自然に導かれる

のを示すことができた．前にも説明したが，彼によれば，物質は正，負の電気をもった微粒子からできており，それらは互いに引力・斥力を及ぼしあっている．物体が一定の形をもつのは，これらの力がつりあって，平衡状態をつくっているためである．ところで，物体が動くことは，つまり電気をもった粒子が動くわけであるから，電磁場に変化を起こすことになる．こうしてひき起こされる平衡状態の変化こそ，すなわち運動物体の短縮であるというのがローレンツの主張である．

2.3 長さの概念

それでは，エーテルに対して静止して見た場合に，地球上のどんな物質もローレンツのいうように，$\sqrt{1-\dfrac{v^2}{c^2}}$ 倍という同じ割合で縮むであろうかが問題になる．1905年にモーリーは，マイケルソン－モーリー以前の実験を，異なる物質を用いて繰り返した．マイケルソン－モーリーの場合には，装置全体を砂石の台に載せて実験が行なわれたのであったが，こんどモーリーはそれを白松の台に替えてみたのである．その結果は以前と少しも変わらなかったので，石でも木でもローレンツ短縮はまったく同様に起こることが確かめられた．どんな物質も同じ割合で縮むというのは，たいへんおもしろいことである．

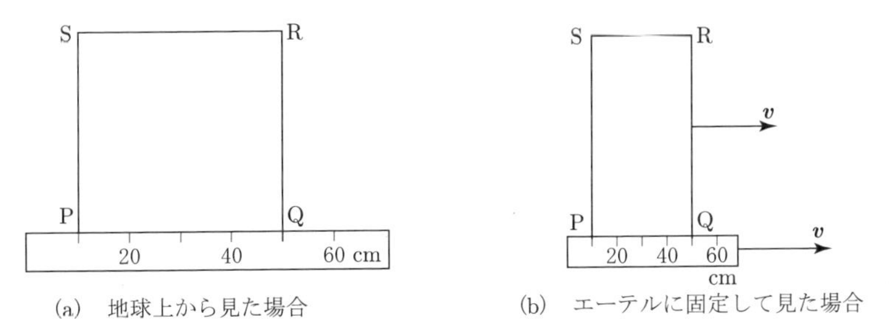

図3　ものさしのローレンツ短縮．　板も，ものさしもともに地球上の実験室に置いてある．

図3のように，1枚の板をとって，その長さをものさしではかることを考えてみよう．いま，地球上の実験室でこの測定を行ない，板の一端Pのものさしの目盛10 cmに当てたら，他端Qが50 cmの目盛に一致したとすれば，この実験室における板の長さは40 cmである．この実験をエーテルに固定した観測者からながめると，板は地球とともに運動しており，したがって，ローレンツ短縮しているはずであるが，ものさしも同様に短縮しているから，P, Qに一致する目盛はやは

りそれぞれ10 cm, 50 cm である．この実験によると，PQの長さは地球上の実験室におけると同様40 cmと判断されることになる．これは，地上の実験における測定結果と同じではないか．それでは，ローレンツ短縮とはいったいどういう意味なのか．

実は，上に述べた実験では，エーテルに固定した観測者が板の長さをはかっていることにはならないのである．なぜなら，彼は自分の，すなわちエーテルに固定したものさしを用いていないからである．ローレンツ短縮は，板の長さを，エーテルに対して静止し，板に対しては運動しているものさしではかった場合にあらわれるのである．この例は，長さという概念をよほど注意して使わなければならないことを示す．ある観測者から見た長さというのは，観測者自身に対して静止したものさしを用いてはかった結果のことである．

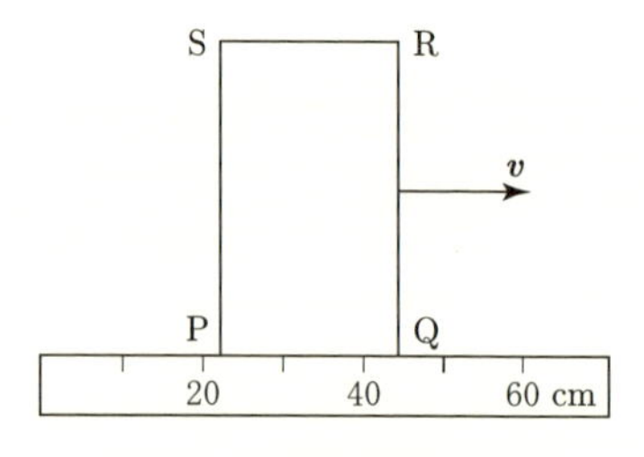

図4　板のローレンツ短縮．板はものさしの上をすべって動いている．

2.4 光速不変の原理

マイケルソン－モーリーの実験を，地球上の，すなわち装置とともに動く観測者の立場から考え直してみよう．装置を回転しても干渉じまがずれないという事実が，この場合もまた重大な意味をもってあらわれる．以前と同様の考察をしてみると，干渉じまがずれないというこの事実は，今度は地球上から見ても光の速さがその進行方向によらないとでも仮定しないかぎり理解できないことに気づくであろう．一方，このような仮定をしさえすれば，事がらはまったく等方的になって，装置の回転がなんらの変化をもたらさないことは，はじめから明らかである．

それにしても，光の媒質としてエーテルを想定するかぎり，そして光行差の実験から要求されるように地球が静止エーテルの中を運動しているとするかぎり，地球上で光があらゆる方向に等しい速さで伝わるとはたいへん考えにくい．

しかし，ここで問題を転倒することはできないだろうか．すなわち，光は，どんな座標系から見てもあらゆる方向に等しい速さで伝わっていくということを原理として仮定し，ここから出発して理論をつくっていくことはできないであろうか．この原理を光速不変の原理という．

2.5 相対性原理

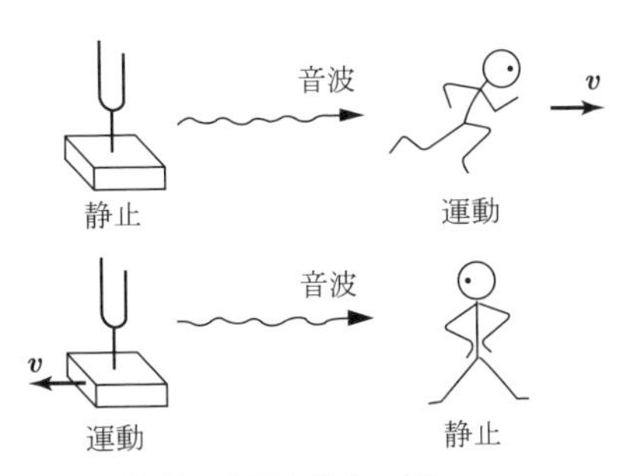

図5　媒質が重要な場合の例.
この2つの場合，相対速度はいずれも v であるが，しかしドップラー効果は異なった起こり方をする．それは，音の媒質として空気があるからである．

われわれはさきにローレンツ短縮を論じた際，エーテルに対して静止している観測者から見れば短縮が起こっているにしても，地球といっしょに動いて見ればそれは少しもわからないという結論を得ている．これは，エーテルの風を検出する方法がまったくないことを意味する．1つ問題として残る光行差は，エーテルの風の証拠であるよりも，光源である恒星と地球との相対運動の結果にほかならないと考えてはどうであろうか．媒質の影響はなくて，というよりはむしろ，媒質は考えないでよくて，光のふるまいは，すべて光源と観測器械との相対運動だけで定まると考えることができれば，地球上の実験で光があらゆる方向に等しい速さで伝わることも不思議ではなくなる．

「われわれのエーテルは，ほんとうに存在するのであろうか」と，フランスのポアンカレは1900年にパリで開かれた物理学国際会議において疑問を表明した．「いくら精密な実験をしても，相対運動以上のものが見いだされるとは思えない.」1904年に，この**相対性原理**はポアンカレおよびローレンツによって，次のように定式化された．「物理法則は，固定した観測者にとっても，それに相対的に一定速度で動いている観測者に対しても，まったく同じ形をとる．したがってわれわれは，そのような運動によって運ばれているかどうか見分けることはできない.」

ガリレイ変換に結びつけるかぎり，ニュートンの力学はこの原理を満たしていたけれども，マクスウェルの電磁理論は満たしていなかった．

この原理では同等性が，相対速度が時間的に一定の場合に限られているという意味で，これは特殊相対性原理といわれる．

2.6 アインシュタインの理論

1905年に発表された「運動物体の電気力学」という論文においてアインシュタインは，特殊相対性原理と光速不変の原理とを基礎に理論を展開した．彼は「自伝」(1949 年) の中でこう述べている．

「しだいに私は，既知の諸事実から出発してしだいに理論を組み上げるという構成的な方法で正しい法則を探り当てる可能性を断念するようになった．絶望的な長い努力を続ければ続けるほど，一般的な公理的な原理の発見だけが，望んでいる結果に導くことができるという結論にいっそう近づくのであった．その一般原理はどんなものであろうか．それは，わたくしがまだ 16 歳のときに突き当たったパラドックスについての 10 年にわたる思索の後に得られた．そのパラドックスというのはこうである．もし，真空中の光の速さに等しい速さで光線を追いかけたとしたら，この光線はわたくしには場所場所では異なった値をもつが，しかし静止した電磁場として知覚されるに違いない．だが，そんなものが存在しないことは，実験的にもマクスウェルの理論からも明らかである．このような観測者から見ても，すべては，地球に対して静止している観測者から見たのと同一の法則に従っているに違いない．このことは，私には直観的に自明であると感じられた．実際，第 1 の観測者は，自分が高速の等速運動をしていることをいったいどうやって知覚したり推定したりできるだろうか．」

アインシュタインはこのようにして，**特殊相対性原理**と**光速不変の原理**とを基礎原理（公理）とし，ここから出発することになった．それはまったく思いきった再出発であった．物理における基礎的な諸概念はことごとくその根底から反省を加えないかぎり，この 2 つの原理には調和し得ないのである．

3. 相対性理論からの帰結

3.1 同時刻の相対性

夜，走っている急行列車の前部と後部で2つのピストル殺人事件が起こり，その犯人が同一人物かどうかが問題になったとする．2つの殺人現場のちょうど中央にいあわせた乗客Aの証言によると，Aにはピストルの閃光が前部からのと後部からのとが同時に見えた．Aは2つの殺人現場から等距離にいたので，ピストルの光は，どちらもAの所に到達するまでに同じ時間を費やしているはずである．したがって，アインシュタインの見解に従うかぎり，2つの事件は同時に起こったことになる．実際，Aもこのように主張し，1人の犯人が同時に列車の前部と後部にいることはできないから，犯人は2人いるに違いない，という意見を述べた．Aの証言は，Aがピストルの閃光に驚いて立ち上がったのを，そばで見ていたBによって裏づけられた．

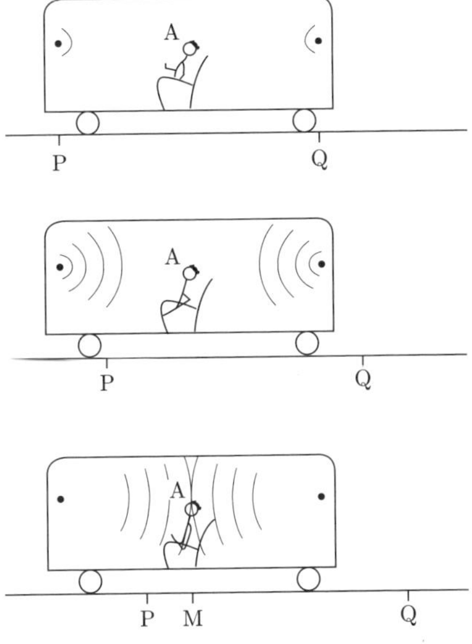

図1　事件は同時刻というAによる判断．丸く書いたのはピストルの閃光の波面．すべて列車に固定した観測者の立場から描いた．

ところがたまたま，たくさんの線路工夫が線路に沿って並んでいて，その中の3人が次のような証言をしたのである．まず，Pは列車前部での事件が，ちょうどPの目前で起こったという．次にQは，後部の犯人がピストルを発射したのは，ほんの目と鼻の先のできごとで，そのためにQが驚いたことを証言した．第3のMは，Aと同様，前部と後部からのピストルの閃光を同時に見たと述べた．検察官は，前部と後部からの光の波面がA, M両者の所で出会ったわけだから，AおよびMが閃光を見たという2つの事象は同じ場所でしかも同時におこった(このようなとき**2つの事象が一致した**という)はずであると考えたが，これはMの証言で裏づけられた．Mは，列車内の赤いベレーをかぶった女が，Mの前を通過する際，急に立ち上がったことを述べたのである．赤いベレーの女は確かにAであった．

これらの証言から，前部での発砲とPの目撃，後部の発砲とQの目撃は確かに事象の一致を示しており，それぞれ同時とみなされなければならない．ところが，Aは列車に乗って走っていたので，Aと一致を示したMは，P, Qのまん中よりはP寄りにいたことになる(図1)．Mが前後からの光を同時に見たことは確かなのであるから，これはつまりPの目撃(前部での発砲)はQの目撃(後部での発砲)よりあとに起こったと考えないわけにはいかない．これがMの意見である，前部・後部の発砲が同時刻でない以上，「犯人が同一人物でないとは必ずしもいえない」とMは主張したのである．

このように，光速不変を認めるかぎり，ある観測者から見て同時刻に見える2つの事象も，もし2つが空間的に離れているなら，別の動く観測者からは同時刻には見えない．同時刻の概念は絶対的なものではなく，相対的なのである．これは**同時刻の相対性**といわれ，この意味からは確かにAもMも正しいといわなければならない．光より速くは走れないことを考えれば，犯人が1人かどうかは，すぐわかる．

3.2 ローレンツ変換

ある事象，たとえばピストルの発射を2人の互いに速さvで動く観測者が見たとしよう．一方のAは地上の観測者で，他方のBは急行列車に乗っているとしてもよい．それぞれに固定した座標軸と，時計とをもっていると想像する．その事象をAが観測したとき，場所が(x, y, z)，時刻がtであり，一方Bが観測したら，場所が(x', y', z')，時刻がt'になったとすれば，これらは同一の事象の座標であり時刻であるから，互いに何かの関係にあるはずだと考えられる．

アインシュタインは，特殊相対性原理と光速不変の原理とから，それらの関係が次のようになることを示した．c は光の速さである．

$$\left.\begin{aligned} x' &= \frac{x - vt}{\sqrt{1-\left(\dfrac{v}{c}\right)^2}} \\ y' &= y \\ z' &= z \\ t' &= \frac{t - \dfrac{v}{c^2}x}{\sqrt{1-\left(\dfrac{v}{c}\right)^2}} \end{aligned}\right\} \tag{1}$$

ただし，どちらの観測者も座標原点に火花放電装置の電極を備え，その接触の瞬間の放電を合図に，原点の時計を 0 時に合わせたとする．

これは，数学的な関係としてはローレンツがすでに導いていたもので，ローレンツ変換とよばれる[1)]．

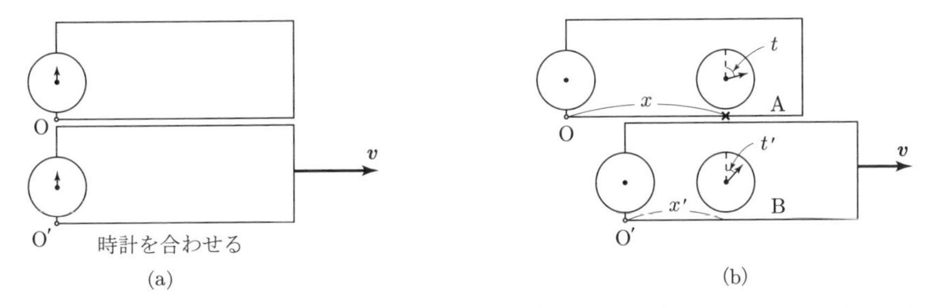

図 2　ローレンツ変換．(a) のように，2 つの座標原点が一致した瞬間にそこにあった時計を合わせる．他の場所の時計は，光の信号を用いて原点の時計に合わせておくものとする．(b) いま，× 印の点で事件が起こったとし，その位置と時刻とを A, B がはかる．

3.3 速度の合成

ローレンツ変換を用いる 1 つの例として，速度の合成を考えてみよう．それは速く目的地に着きたいばかりに，速さ v で走る急行列車の中で駆け足をしているあわて者がいたとして，それを地上から見たらどれだけの速さに見えるかという問題である．常識的に，あるいはガリレイ変換に従って考えると，駆け足の速さ

1)　その導き方は第 7 章 pp.88–103 に説明されている．

が V なら，地上から見た速さは $V+v$ になりそうに思われるがそれではたちまち困ってしまう．というのは，あわて者の代りに光の伝搬を考えると，その考えでは光速不変の原理に矛盾してしまうからである．

アインシュタインは光の信号を用いて，光の速さがどの座標系から見ても同じになるように同時刻を定義したのであるから，速度の合成もおのずからガリレイのそれ (第 1 章の式 (2)) とは異なってくるに違いない．

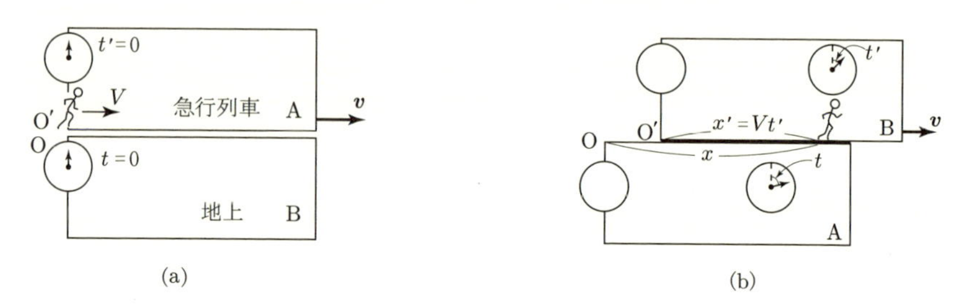

図 3　速度の合成．地上の観測者のはかる速さは $\dfrac{x}{t}$ である．(x', t') と (x, t) とはローレンツ変換で結びついている．

図 3 で，原点の時計を合わせた瞬間に，あわて者が原点を飛び出したものとしよう．列車の中で時間 t' が経過すると，あわて者は距離 Vt' だけ走って，$x'=Vt'$ という位置にくる．そのとき，地上の観測者がはかった位置および時刻を x, t とすれば，ローレンツ変換の教えるところにより，

$$x=\frac{x'+vt'}{\sqrt{1-\left(\dfrac{v}{c}\right)^2}}=\frac{V+v}{\sqrt{1-\left(\dfrac{v}{c}\right)^2}}\,t' \tag{2}$$

$$t=\frac{t'+\dfrac{v}{c^2}x'}{\sqrt{1-\left(\dfrac{v}{c}\right)^2}}=\frac{1+\dfrac{vV}{c^2}}{\sqrt{1-\left(\dfrac{v}{c}\right)^2}}\,t' \tag{3}$$

の関係がある．地上の観測者は，あわて者の速度を $\dfrac{x}{t}$ と計算するはずであるが，それは

$$\frac{x}{t}=\frac{V+v}{1+\dfrac{vV}{c^2}} \tag{4}$$

となり，ガリレイ変換の場合とは確かに違っている．

あわて者の代りに光を考え，$V=c$ にとってみよう．式 (4) に $V=c$ を代入す

ると,

$$\frac{x}{t}=\frac{c+v}{1+\dfrac{v}{c}}=c \tag{5}$$

となるが，これは列車の中を e の速さで伝わる光を地上から見ると，やはりおなじ c の速さに見えることを示している．ローレンツ変換は確かに光速不変の原理を保証していたのである．

3.4 走る物体の見え方

物体が走ると，進行方向の長さが縮むことは第 2 章 2.3, 2.4 節で詳しく説明した．このローレンツ短縮は，ローレンツ変換の式から直ちに得られる．たとえば，地上の時計で同時刻 t に 2 点 x_1, x_2 で火花を飛ばしたとし，その座標が速さ v で走る列車から見て x_1', x_2' だったとすれば，ローレンツ変換の式 (1) から

$$x_2{}'-x_1{}'=\frac{x_2-x_1}{\sqrt{1-\left(\dfrac{v}{c}\right)^2}} \tag{6}$$

となり，火花の隔たり $x_2-x_1=l$, $x_2{}'-x_1{}'=l'$ の間に

$$l'\sqrt{1-\left(\frac{v}{c}\right)^2}=l \tag{7}$$

が成り立つ．火花が走って見える座標系の間隔の方が静止と見える座標系より短い．すると，たとえば立方体を見た場合，その速さ $\beta=v/c$ の大きさに応じて図 4 に示すように物体が回転したように見える．これは，物体のいろいろの点から発して目に〈同時に入る〉光線から目が物体の形を判断するためである．

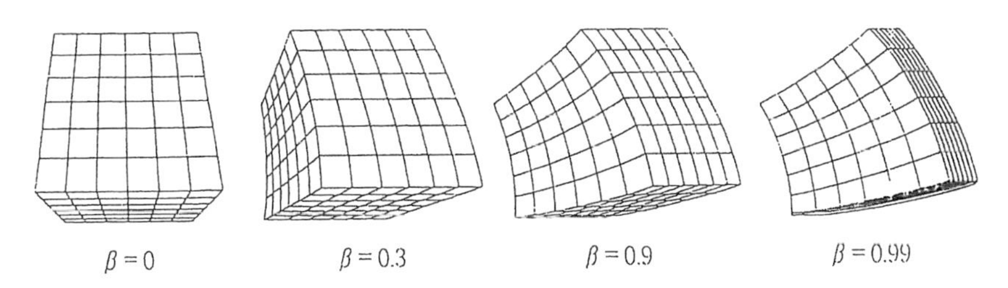

図 4　高速 $v=c\beta$ で目の前を左から右に走る立方体の見え方．立方体の正面は確かにローレンツ短縮して見えるが，速度が大きいほど側面が余計に見えてくる．

3.5 走る時計は遅れる

列車の時計を考えてみよう．簡単のために，それは原点すなわち $x' = 0$ にあるとし，この時計で見て t'_1, t'_2 とに火花信号を発したとする．地上にあってそれぞれの場合に火花に一致した時計ではかった信号の時刻を t_1, t_2 としよう．やはりローレンツ変換によって，

$$\left.\begin{aligned} 0 &= \frac{x_1 - vt_1}{\sqrt{1-\left(\frac{v}{c}\right)^2}} \\ t'_1 &= \frac{t_1 - \frac{v}{c^2}x_1}{\sqrt{1-\left(\frac{v}{c}\right)^2}} \end{aligned}\right\} \tag{8}$$

$$\left.\begin{aligned} 0 &= \frac{x_2 - vt_2}{\sqrt{1-\left(\frac{v}{c}\right)^2}} \\ t'_2 &= \frac{t_2 - \frac{v}{c^2}x_2}{\sqrt{1-\left(\frac{v}{c}\right)^2}} \end{aligned}\right\} \tag{9}$$

という関係が得られる．x_1, x_2 は地上のそれぞれの場合の時計の位置であって，いずれも $x_1 = vt_1$, $x_2 = vt_2$ であることがわかる．そうすると，

$$t'_2 - t'_1 = (t_2 - t_1)\sqrt{1-\left(\frac{v}{c}\right)^2} \tag{10}$$

が得られる．地上の測定では，上のように異なる時計が用いられてはいるが，それらはよく合わせてあるので，火花信号の時間間隔は $t_2 - t_1 \equiv T$ としてよい．列車から見れば，それはもちろん $t'_2 - t'_1 \equiv T'$ であって，式 (10) は

$$T' = T\sqrt{1-\left(\frac{v}{c}\right)^2} \tag{11}$$

と書くことができる．この式から $T' < T$ であることがわかる．2 つの火花の間に，地上の時計によると T だけの時間がたっていることになるのに，動く時計ではかるとそれより短い T' しかたっていないことになるというのであるから，これは「動く時計がおくれる」ことを示すものである．

3.6 エーテルの否定

相対性原理は数々の実験に強制されて考え出されたのであるが，それから導かれた結論は，多方面で実験的に確かめられた．この原理は現象が光源と測定装置との相対速度だけによることを主張するのであるから，光の媒質として静止エーテルを想定することは，もはや意味を失ったといってよい．アインシュタインは1909年の「輻射の本質[2]および構成に関する見解の発展」と題する論文において，次のようにいっている．「今日，エーテル仮定は克服された思想だとみなければならない．放射に関する経験が拡大された．これら経験事実は，波動論の立場からつかまれるよりも，むしろニュートンの考えに従ってつかまれるほうがよいような性質を，光に与えるべきことを示している．」そして「エーテルを否定すると，光を構成する電磁気の場はもはや仮説的な媒質の状態としてではなく，ニュートンにおけるフィットの説のように，光源から発射される独自の存在（光量子）としてあらわれる．こうして，光も走っておらず，物体も存在しない空間は，実際に何もない空間である．」

3.7 相対論的電磁気学

ローレンツは，いわゆるローレンツ変換式を，数学的な関係としてはアインシュタインより前に用いていた．それは，次のようなわけであった．

ローレンツによれば，物体は帯電粒子の集まりであり，それが不動のエーテルの中に存在するわけであるが，いま物体がエーテル中を運動しているとき，物体内の電磁場はどうなるであろうかという問題を考えてみる．フレネルの実験（第1章1.3節）のように，流れる水の中を光が伝わるありさまを問題にするのは，その1つの例である．これは，動く物体の電気力学とよばれた．

物体が動くと，帯電粒子が動くわけであるから，ビオ–サヴァールの法則に従う磁場ができたりして，物体内の電磁場は複雑なものになる．数学的にいうと，これはたくさんの帯電粒子が運動している場合のマクスウェル方程式を解く問題になるが，その方程式の中で電荷分布や電流をあらわす項は，一見たいへん複雑なものである．ところがローレンツはマクスウェルの微分方程式に出てくる座標 x, y, z

---

2）放射ともいう．

や時間 t から，仮にそれらとローレンツ変換の関係で結ばれる x', y', z', t' に変数変換をすると，電荷や電流の分布をあらわす項はみごとに簡単化され，しかもほかの部分は変換前とおなじ形に保たれて，結局，動く物体内の電磁場を支配するマクスウェル方程式は，この変換によって，物体がエーテルに静止している場合の式と同じになってしまうことを見いだしたのである．この際，電場や磁場の強さに対しても，ある変数変換を施す必要がある．とにかく，こうして簡単化された方程式を解き，その結果の式でローレンツの逆変換を行なって変数をもとにもどせば，運動する物体の中の電磁場が得られるというのである．その 1 つの例．

たとえば，フレネルの流水の実験では，仮の変数 x', y', z', t' を用いるとマクスウェル方程式は静水の場合とまったく同じになり，計算される光の速さは c/n になる．n は水の屈折率である．これをローレンツ変換によって本来の変数にもどすには，速度合成の公式 (4) を用いればよい．こうして流水中の光の速さ c' が

$$c' = \frac{\dfrac{c}{n} + v}{1 + \dfrac{v}{c^2} \cdot \dfrac{c}{n}} \tag{12}$$

と得られる．$\dfrac{v}{c}$ がふつうきわめて小さいことを考慮して $\dfrac{1}{1+x} \fallingdotseq 1 - x$ という近似式を用いれば

$$c' \fallingdotseq \left(\frac{c}{n} + v\right)\left(1 - \frac{v}{nc}\right) = \frac{c}{n}\left(1 + \frac{nv}{c}\right)\left(1 - \frac{v}{nc}\right) \fallingdotseq \frac{c}{n} + \left(1 - \frac{1}{n^2}\right) v$$

というフレネルの式 (第 1 章の式 (5)) に到達するのである．ただし，最後の変形で再び $\left(\dfrac{v}{c}\right)^2$ の項を省略した．

ともかく，運動する物体内部の電磁場のありさまは，ローレンツ変換によって，静止している物体内部の電磁場のある状態に対応させることができる．ローレンツは後者を対応状態とよんだ．

対応状態は，ローレンツにおいてはまったく数学上の便宜的手段として導入されたのであるが，上の議論を振り返ってみるとわかるように，これを物体に対して静止した観測者が実際に見る状態であると考えても不都合はなさそうである．エーテルに対する運動は検出されず，物体と観測者との相対運動だけが問題だとすれば，ローレンツの足場は失われるであろう．アインシュタインは，実際，物体に固定した観測者を考え，その観測者が見る電磁場の状態と，物体に対して運動している別の観測者の見る状態との間の対応関係を与えるものがローレンツ変

換であると主張したのである．これが，相対論的電磁気学にほかならない．

相対性理論は，エーテルを否定した，あるいはエーテルの物質性を機能に解消したといわれ，この点がしばしば強調されるけれども，そのおかげで，一方において，対応状態の概念は数学的虚構であることをやめて物理的実在に高められ，かえって物質性を獲得したことを忘れてはならない．

3.8 ローレンツの考え

アインシュタインの理論をローレンツがどのように受け止めたかは興味深い問題である．また，それを見ることによって，アインシュタインの理論の性格をよりいっそう明らかにすることができる．アインシュタインの特殊相対性理論が提出されたのは，1905年の「運動物体の電気力学」という論文によってであったが，翌1906年ローレンツは，コロンビア大学で行なった講義「電子論」のおわりで次のように述べている：

> 互いに運動している2人の観測者があるとき，エーテルに対してそのどちらが静止しているかを決めることは確かにできないであろう．そして，一方のはかった長さや時間が正しいもので，他方のそれが虚構であるという理由もない．これこそ，アインシュタインの強調した点である．
>
> 電磁気および光の現象に関するアインシュタインの理論の帰結は，おもな点において，わたくしがこれまでに述べてきたところと一致する．おもな違いといえば，それはわれわれが電磁場の基礎方程式から苦労して導き出したものを，アインシュタインは単に公理としてしまったことである．そうすることによってアインシュタインが，マイケルソン－モーリーの実験の否定的結論は，いくつかの効果の偶然な消しあいによるのではなくて，一般的かつ基礎的な原理のあらわれであることを示したのは賞賛されるべきである．
>
> しかし，わたくしの理論にもすぐれた点があると思う．わたくしは，電磁場の媒質として振動することができ，エネルギーをもつことができるエーテルを，どんなにそれがふつうの物質と異なるにもせよ，やはりある種の物質性をもったものとみなさないわけにはいかないのである．こう考えると，物体がエーテルの中を動くかどうかはまったく識別できないとはじめから仮定することはやめて，やはり長さや時間はエーテルに固定したものさしと時計

ではかるほうが自然なように思われるからである．

3.9 相対論的力学

1906 年にドイツのプランクは，次のような議論を通して相対論的力学の基礎方程式を発見した．

ニュートンの力学が改められなければならないとはいっても，それがまったく使いものにならないわけではない．実際，惑星の運動をはじめとして，地上の物体の運動もニュートン力学に従うように見えていたのである．それはなぜであろうか．ローレンツ変換の式は，もし v が光の速さ c に比べてきわめて小さいなら，ガリレイ変換の式にもどることに注意しよう．この事実は，光の速さに比べてきわめて小さい速さしか問題にならない場合には，ニュートン力学も非常によい近似でなりたつことを示すのではないか．惑星の運動がニュートン力学に従うように見えていたのは，その公転速度が光の速さに比べて小さかったおかげであろうというのである．

特に，ある観測者から見て物体の速さが 0 になっている瞬間には，その観測者はニュートン力学をまったく正確な力学として使うことができるであろう．これがプランクの出発点であった．

物体の速さがある瞬間 0 に見えた観測者の立場をとって，ニュートンの運動方程式を書きおろしてみよう．その瞬間から Δt 秒後に物体の速さが ΔV になったとすれば，運動方程式は

$$m_0 \frac{\Delta V}{\Delta t} = F \tag{13}$$

となる．m_0 は物体の質量で，F はそれに働く力をあらわす．

さて，上に述べた観測者 A に対して速さ v で x 軸の負の方向に走る観測者 B (B は $t = 0$ に A とすれちがうとしよう) が，やはり同じ物体をながめていたとしよう．B から見ると A は x 軸の正の方向に速さ v で走ることになるから，これは図 2, 3 に示した場合と似ている．そして，物体もまた B から見ると x 軸の正の方向に走っているので，B はまさしく物体が動いている場合の力学法則を研究することになるわけである．表 1 は，各瞬間に A, B 両者の目に映る物体の速度を表にしてみたものである．

表 1 によって，B から見ると物体の速さは $\Delta t'$ 秒の間に $\Delta V' = \left(1 - \dfrac{v^2}{c^2}\right) \Delta V$

だけ増すことがわかる．こうして，

表1　速度の合成　〔式 (4) による〕

A		B	
時刻	速度	時　刻	速　度
0	0	0	$V' = v$
Δt	ΔV	$\Delta t' = \dfrac{\Delta t}{\sqrt{1-\dfrac{v^2}{c^2}}}$	$V' = \dfrac{v+\Delta V}{1+\dfrac{v\Delta V}{c^2}} \simeq v + \left(1-\dfrac{v^2}{c^2}\right)\Delta V$

$$\Delta t = \sqrt{1-\frac{v^2}{c^2}}\,\Delta t' \tag{14}$$

$$\Delta V = \frac{1}{1-\dfrac{v^2}{c^2}}\,\Delta V' \fallingdotseq \frac{\Delta V'}{1-\dfrac{V'^2}{c^2}} \tag{15}$$

という関係が得られるから，これを A の運動方程式 (13) に代入すると，B の運動方程式として，

$$m_0 \frac{1}{\left[1-\left(\dfrac{V'^2}{c^2}\right)\right]^{3/2}} \frac{\Delta V'}{\Delta t'} = F \tag{16}$$

が得られる．この式は，物体の速さ V' が光の速さ c に比べて十分小さい場合にはニュートンの運動方程式にもどるという点で，確かにはじめ予期したとおりになっており，たいへん満足なものである．微分法によって，この式が

$$\frac{d}{dt}\left(\frac{m_0 V}{\sqrt{1-\dfrac{V^2}{c^2}}}\right) = F \tag{17}$$

と同じであることを確かめることができよう．ただし，$\Delta t' \to 0$ の極限をとり，V や t についていたダッシュは省略した．これがプランクの導いた相対論的力学の基礎方程式なのである．

式 (17) でかっこの中にあらわれた

$$\frac{m_0 V}{\sqrt{1-\dfrac{V^2}{c^2}}} \equiv P \tag{18}$$

を**相対論的な運動量**という．これも V が c に比べて十分小さい場合には，ニュー

トン力学における式 $p = m_0 V$ にもどる．

3.10 質量が速度とともに増す

ニュートン力学によれば，質量 m の物体が速度 V で走るとき，その運動量は $p = mV$ と定義される．そして運動方程式は

$$\frac{dp}{dt} = F$$

のように書くことができた．これをプランクの相対論的力学の式 (17) に比べてみると，質量を m として，

$$m = \frac{m_0}{\sqrt{1 - \dfrac{V^2}{c^2}}} \tag{19}$$

をとれば，まったく同じ形になることがわかる．したがってプランクの力学は，質量が運動の速さとともに増すような物体のニュートン力学であると考えておくこともできる．実際このように考えるのは，便利であることが多い．m_0 は $V = 0$ のときの質量とみられるから，**静止質量**という．

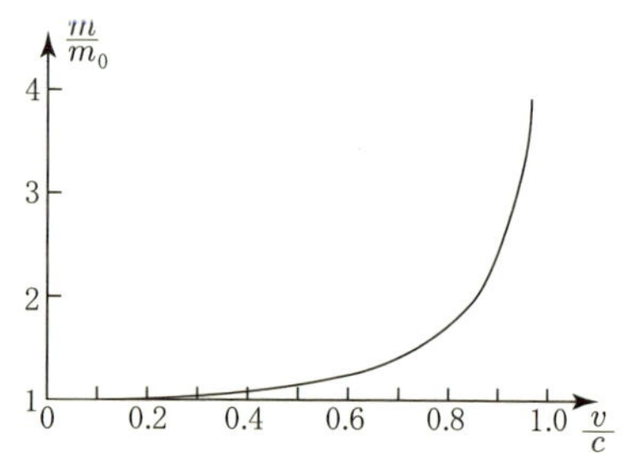

図 5　質量が速さとともに増す．プランクの相対論的力学をニュートン力学に翻訳するには，物体の質量がその運動の速さとともに，

$$\frac{m_0}{\sqrt{1 - \dfrac{V^2}{c^2}}}$$

のように増すと考えればよい．速さ V が小さいうちは質量変化はめだたないが，$V \to c$ では $m \to \infty$ になる．

質量が速さとともに増すというのは，アインシュタインの相対性原理からみてたいへん重要なことである．というのは，アインシュタインの相対性原理では，光を信号に使って同時刻を定めたのであるが，もし光よりも高速で伝わるものがあると，理論をはじめから考え直さなければならなくなるからである．たとえば，$\sqrt{1 - \dfrac{V^2}{c^2}}$ という因子は，$V > c$ では虚数になってしまう．ところが，質量が速さとともに増すのであれば，物体はしだいに加速しにくくなり，式 (19) によると物体の速さが光の速さになると質量は無限大になって，もうどんなに大き

な力を加えても加速することはできなくなるのである．この点においても，プランクの相対論的力学はきわめてうまくできているといわなければならない．

実際に，質量が速さとともに増すことを精密な実験によって示したのはビュヘラーである (1909 年)．彼は，ラジウムから出る β 線 (電子) を磁場で曲げ，その曲がりぐあいから質量を測定した．速い電子ほど質量が大きいのならば，磁場による曲げられ方は小さいはずだというのである．ラジウムからの β 線にはいろいろな速さの電子が混じっているが，電子の速度を選ぶのには，電圧をかけたコンデンサーを置き，その極板に平行に磁場をかけた図 6 のような装置を用いた．ラジウムはコンデンサーの中央に置いたが，こうすれば電場による力と磁場によるローレンツの力とがちょうどつりあうような速さの電子だけが，極板に衝突することなく無事に外に出てくるというわけである．コンデンサーから飛び出した電子は，今度は磁場だけの作用を受けて，速さとそれに応じた質量とで定まる大きさだけ軌道を曲げられる．磁場の強さやコンデンサーにかける電圧を変えれば，電子の速さを思いのままに変化させることができるから，質量が速さの関数として定められることになる．

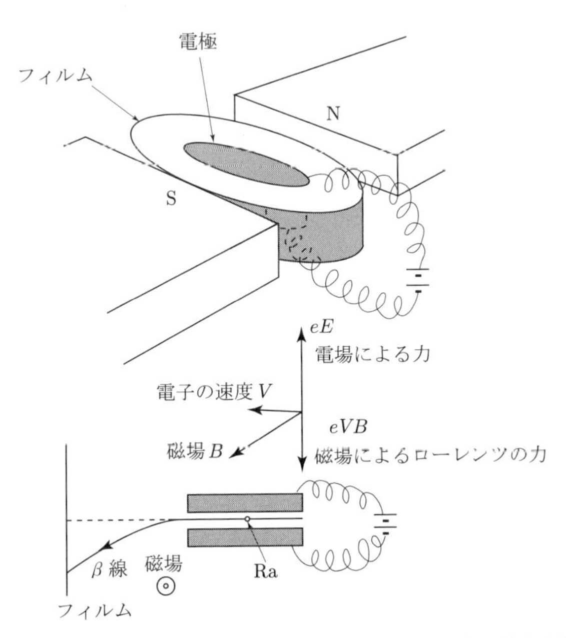

図 6　ビュヘラーの実験．ラジウムから出る β 線を磁場で曲げる．速い電子は質量が大きいためにあまり曲がらない．$e < 0$ として描いてある．

もうひとつおもしろいのは，チャンピオンの実験である (1932 年)．ニュートン力学に従うなら，1 つの粒子が飛んできて静止しているもう 1 つの粒子に衝突する場合，それら 2 粒子の質量が等しければ，衝突後の 2 粒子の運動方向は互いに直角となる．しかし，飛んでくる粒子の質量のほうが大きい場合には，衝突後の 2 粒子の運動方向は $90°$ より小さい角をなす．そこで，静止質量の等しい粒子の衝突を調べると，実際の質量が速さとともに増すかどうかためしてみることができるわけである．チャンピオンはラジウムの β 線を窒素を詰めたウィルソンの霧箱に通して写真をとった．β 線の電子と窒素原子に含まれている電子との衝突を見たのである．

これらの実験によって，質量が速さによって変わることが確かめられたのはいうまでもない．さらに，今日では素粒子物理の実験から，数えきれないほどの証拠が得られている．

3.11 運動エネルギー

相対論的力学を導くプランクの考えを説明したときに得た式 (17) は相対論的力学における運動方程式と本質的には同じものなのであった．ところでこの式は

$$\Delta\left(\frac{m_0c^2}{\sqrt{1-\dfrac{V^2}{c^2}}}\right)=F\cdot V\Delta t \tag{20}$$

のように書き直すことができる．$V\Delta t$ は，速さ V の物体が Δt 秒の間に走る距離であるから，$F\cdot V\Delta t$ はその間に力 F のなす仕事にほかならない．上の式はそうすると，力 F のなす仕事が $\dfrac{m_0c^2}{\sqrt{1-V^2/c^2}}$ という量の増分に等しいことを主張していることになる．仕事をされて増すのはエネルギーであるから，

$$E=\frac{m_0c^2}{\sqrt{1-\dfrac{V^2}{c^2}}} \tag{21}$$

を速さ V の物体のもつエネルギーと考えてよいのではあるまいか．

再び，光の速さ c に比べて物体の速さが十分に小さい場合には，相対論的力学はニュートン力学にもどるはずであるというプランクの考えを思い起こそう．$V\ll c$ であれば，式 (21) は

$$E = \frac{m_0 c^2}{\sqrt{1-\dfrac{V^2}{c^2}}}$$
$$= m_0 c^2 \left\{ 1 + \frac{1}{2}\frac{V^2}{c^2} + \frac{3}{8}\left(\frac{V^2}{c^2}\right)^2 - \cdots\cdots \right\}$$
$$\fallingdotseq m_0 c^2 + \frac{1}{2} m_0 V^2 \tag{22}$$

としてよいが，そうすると確かにニュートン力学の $\dfrac{1}{2}m_0V^2$ という運動エネルギーの式が出てくる．m_0c^2 の項が気になるかもしれないが，エネルギーという量はどうせ増減だけが問題になるのであるから，静止質量 m_0 が変化しないかぎり，この項があってもさしつかえは起こらない．プランクはこの項を落として，

$$T = \frac{m_0 c^2}{\sqrt{1-\dfrac{V^2}{c^2}}} - m_0 c^2 \tag{23}$$

を静止質量 m_0，速度 V の物体の運動エネルギーとよんだ．こうすると $V=0$ のとき $T=0$ となるから，確かに運動エネルギーの名にふさわしいのである．

3.12 質量とエネルギーの同等性

J. J. トムソンは物体が電気を帯びると，それが動くときに周囲の電磁場を引きずっていかなければならないために，あたかも質量が増したかのように，物体の慣性が大きくなることを示した．これは静止質量も変化しうることを示すものである．電気を帯びると，電気的エネルギーが増すことを考えれば，このトムソンの考えは静止質量にもエネルギーを帰すべきことを示唆する．

1908 年，アインシュタインは物体が放射を出してエネルギー ΔE を失うと，それに伴って物体の静止質量も $m_0 = \dfrac{\Delta E}{c^2}$ だけ減ることを示した．彼はエネルギーの放出が放射の形でなされる場合に限らず，どんな過程によるにもせよ，物体が ΔE のエネルギーを失うなら，それに伴って物体の質量も $\Delta m = \dfrac{\Delta E}{c^2}$ だけ減るに違いないと主張したのであるが，このような一般の場合の証明はできなかった．確かに静止質量と運動エネルギーの和の式 (21) は，質量の速度変化の式 (19) を考慮すれば，

$$E = mc^2$$

と書けるのであるから，物体が運動エネルギーを失う場合でも，それを質量 m の減少としていいあらわすことができる．

おなじく 1908 年，イギリスのルイスは，放射の圧力を考えに入れて，物体が ΔE だけの放射エネルギーを吸収すると，質量が $\Delta m = \dfrac{\Delta E}{c^2}$ だけ増すことを証明した．

1911 年になってローレンツは，物体の質量を $E = mc^2$ の関係で計算するのには，どんな種類のエネルギーもすべて E の中に含めなければならないことを示した．たとえば，荷電 e_1，e_2 をもった 2 粒子が距離 a を隔てて真空中にあるとき，この系の質量には位置エネルギー $-\dfrac{1}{4\pi\varepsilon_0}\dfrac{e_1 e_2}{a}$ も寄与するという．この荷電の場合は，しかし，トムソンの考えの別の面からの再確認にほかならない．

このようにして，**エネルギーと質量との同等性**は一般に認められるようになった．そしてここに，エネルギーの保存法則と物質不滅の法則とが統一されたのである．

エネルギーと質量との同等性を，すぐれて直接的に示したのは，1932 年イギリスのコッククロフトとウォルトンにはじまる元素の人工転換の実験や原子核の質量欠損の測定である．

3.13 宿題：$E = mc^2$

アインシュタインからは，たくさんの宿題をもらっている．分からないことが多いのである．

たとえば，$E = mc^2$．この公式は「エネルギー E と質量 m は同じものである」と読むものだとばかり思っていたが，物理学者でも「質量はエネルギーに変わることがあり，逆もまたおこる」と読む人がいる．その人たちを，ぼくは説得したいのだが，それなら主張を証明してみろと言われると，これが簡単ではない．ぼくの不勉強のせいかもしれないが．

原子爆弾が破裂するとき質量がエネルギーに変わるという．確かに質量が消えて莫大なエネルギーが生まれるように見える．それは否定しないが，爆弾を大きな容器で囲んでおいて容器ごと質量を測れば，爆発の前後で結果に差はないはずだと，ぼくは思う．

アインシュタインは何と言ったか？　彼も $E = mc^2$ を一般的に確立するために苦労している．1905年に彼は「物体の慣性はエネルギー含量に依存するか」という論文を書いた．$E = mc^2$ の萌芽である．静止している物体 (質量 M) が x 軸と角 θ をなす方向と，それと反対の方向にそれぞれエネルギー $w/2$ の光を放出するとしよう．光は輻射圧で物体を蹴るが，2つの光の蹴りが打ち消しあって物体は動かない．これを x 軸の正の向きに一定の速さ v で動く座標系から見ると物体は速さ v で動いて見えるが，運動エネルギーは $(1/2)Mv^2$ ではなくて $(1/2)(M - w/c^2)v^2$ になっている．いや，アインシュタインは相対論的に計算したので，それなりの結果になったのだが，とにかく光を出した後の物体の質量は光のエネルギー w の $1/c^2$ 倍だけ減っている．これは，物体の慣性がエネルギー含量に依存することを示すものだ．いや，質量 w/c^2 が光のエネルギーに変わったと見ることもできるので，彼の論証は弱い．

翌年，アインシュタインは論文「重心運動保存の原理とエネルギーの慣性」を書く．はっきりと「エネルギーの慣性」である！　空洞が静止している．その左端から光が出て右端に到達したとき，輻射圧で光が空洞を蹴るにもかかわらず全体の重心が動かないのは，光が w/c^2 の質量をもつときだ，という．これも，光が空洞の左端を出る前と右端で吸収された後の重心の位置を問題にしているので「質量がエネルギーに変わった」説を打ち破るには弱い．ぼくなら，こうする：

質量 M_1，M_2 の小物体を質量0，長さ $2L$ の棒の左右の端につけ，M_1 から M_2 に向けて光 w を発射する．このとき全体の重心が——光が途中を飛んでいるときでも——動かないのは光が質量 $m = w/c^2$ をもつときであることを示そう．光は運動量 w/c をもつので，それが時刻0に M_1 を出ると，棒は速さ

$$v = \frac{w/c}{(M_1 - m) + M_2} \tag{24}$$

で左向きに動きだすから，全体の重心は，時刻 t (光が M_2 に到達する前) には

$$x(t) = \frac{(M_1 - m)(-L - vt) + m(-L + ct) + M_2(L - vt)}{(M_1 - m) + m + M_2}$$

にくる．動く前の棒の中央を原点とした．計算すると

$$x(t) = \frac{\{-(M_1 - m + M_2)v + mc\}t + (-M_1 + M_2)L}{(M_1 - m) + m + M_2} \tag{25}$$

となり，(24) を考慮すれば

$$m = w/c^2 \tag{26}$$

のとき (25) の t 依存の項が消え重心は常に動かず $x(t) = x(0)$ となる．(26) がアインシュタインの主張である．実は，彼は「どんなエネルギー E も質量 E/c^2 をもつことを仮定すれば，重心が動かないことが言える」としている．充分条件としてはその通りだが，必要条件であることは「どんな」までは未だ示されていない．

1907 年には「相対性原理の要求するエネルギーの慣性」を書き，理想気体の場合に熱エネルギーが質量をもつことを示した．同じ年の総合報告では $E = mc^2$ をラジウムで実証する可能性を論じているが，$E = mc^2$ の関係が放射性崩壊にまで及ぶことが理論的に証明されているかは疑問である．アインシュタインは，ここでこの問題から離れたようだが，ぼくが彼の宿題だと思っているのは，まさにその点で，原子核，原子，……という複合系に対して $E = mc^2$ を一般的・理論的に証明したいのだ．

なお，上の (24)～(26) の計算は非相対論的である．アインシュタインもそうした．相対論的には重心の定義が難しくなるからだ．ここにも宿題がある．

4. アインシュタインの来日
——日本の物理学へのインパクト[1)]

1922年のアインシュタインの来日が日本の物理学に与えたインパクトを歴史的に検証する．日本にも，相対性理論の重要性を1905年に論文が出て直ぐに認めた人々がいた．来日直前の日本の状況はといえば，学界では物理学と哲学の交流がはじまり，一般人の間では相対論に対する好奇心が高まった．それは相対論祭の前夜ともいえよう．アインシュタイン教授が夫人とともに姿を見せると群衆は熱烈に歓迎し，彼の講義は，専門的なものも一般向けのものも，満員になった．しかし，学者へのインパクトは少数の例にみられただけである．表立ってではないが，相対論を受け入れる際の認識論的・歴史的反省は，物理学におけるもう1つの革命である量子論の受容に向けてある準備になったであろう．より強いインパクトは，直接的ではないが，若い世代が受け物理学への興味をかきたてられた．これらの背後で，日本政府が，基礎よりは応用に目を向けていたとはいえ，科学の振興に努めていたことを忘れてはならない．

アインシュタイン夫妻が日本に来たとき，彼らも驚いたのだが，物理学者だけでなく，一般人の群衆が大歓迎した．その中に，彼らとヨーロッパで会っていた3人の物理学者がいた．誰だったのか？　ひとりの理論物理学者を見ることに一般人の群衆が熱狂したのはなぜか？　アインシュタイン来訪のインパクトを論ずるためには，歴史的な背景を知らなければならない．

1）H.Ezawa：Impacts of Einstein's Visit on Physics in Japan, *AAPPS Bulletin*, vol. 15, no. 2, (April 2005) を著者が和訳した．*AAPPS* は Association of Asia Pacific Physical Societies の略である．

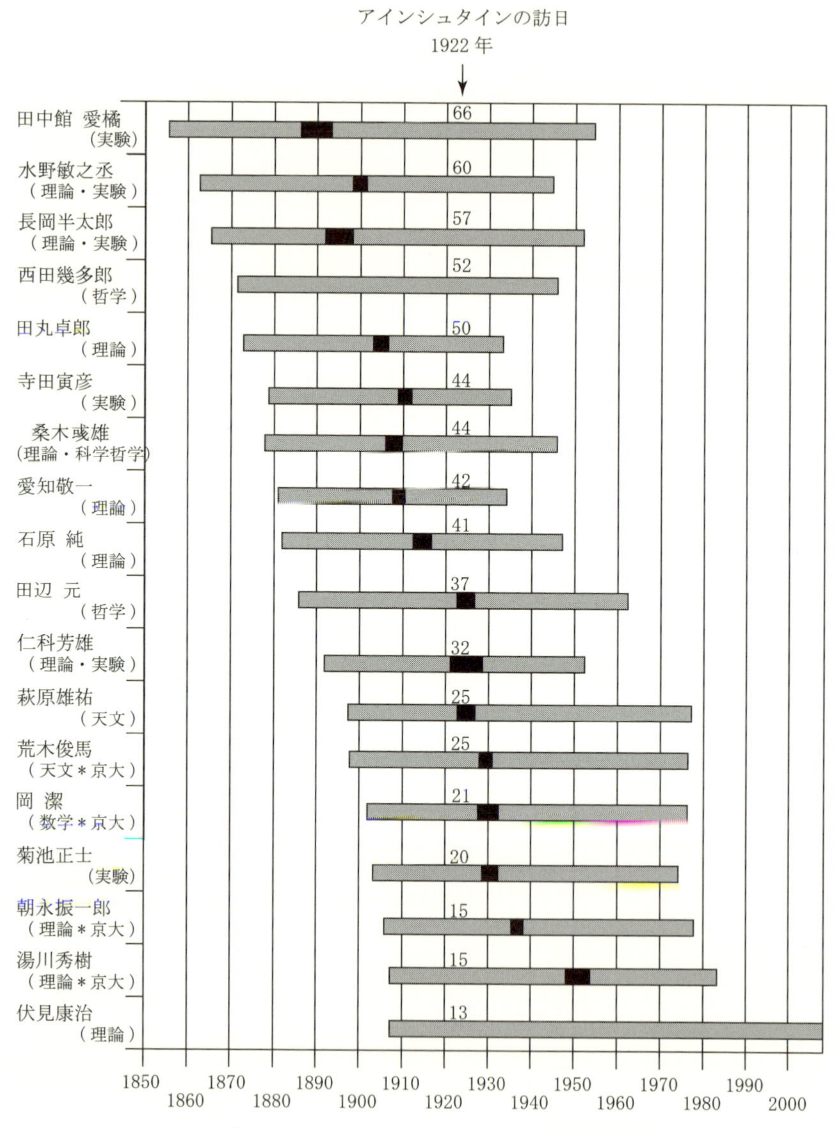

図 1 日本における初期の物理学者と関連分野の学者たち．生涯を示す棒のうち黒くした部分は初めての海外留学の期間を示す．京大と付記したのは京大卒，付記のない方は東大卒．

4.1 訪問以前

4.1.1 前史

1922 年より前に，スイスでアインシュタインに会っていた物理学者は桑木彧雄，石原 純，愛知敬一であった．彼らは，長岡半太郎 [1] と水野敏之丞の二人を日本の理論物理学者の初代とすれば (彼らは実験もしたのだが)，2 代目になる (図 1)．彼らの母校である東京大学の創立は 1877 年で，物理学科は 1878 年に始まった (実際は，やや複雑で，“フランス語” 物理学科が 1875〜1880 年の間存在して，気象観測所の技術者や教師を訓練した)．続いて，京都大学が 1897 年に，東北大学が 1907 年に創立された．

日本は，230 年にわたる鎖国の後，1868 年に明治維新を迎え，国を開いた．しかし，日本の物理学の歴史はずっと以前に始まっていたのだ．物理学は，1549 年にフランシスコ・ザヴィエル以下八人のポルトガルの宣教師によって，コペルニクスやガリレオより早く伝えられていた．話すと長くなるから別の機会にゆずるが，たとえばニュートンの『プリンキピア』の解説書は 1798〜1802 年に志筑忠雄によってオランダ語から翻訳されている．翻訳は労多いもので，日本文化にとってまったく新しい諸概念を理解し適切な訳語を創らねばならなかった．彼は，さらに儒学の伝統に立って注解を加えた．彼の創った訳語のいくつかは今日でも使われている．

長岡半太郎 [1] は大学院で，ケルヴィン卿によって英国から派遣されたノットの指導を受け，磁歪の研究をした．ノットは 1891 年に英国に戻り，教師は日本人にかわった．長岡は，1900 年のパリでの物理学国際会議の委員に加えられ，磁歪に関する彼の実験について招待講演をした．日本の物理学が国際舞台にデビューした最初である．彼は 1904 年に原子の土星型モデルを提案するなど，国際的な活動を広めていった．

4.1.2 科学雑誌

桑木と石原を紹介するには，彼らが考えを広めるのに使った科学雑誌に触れなければならない．当時，主要な雑誌は 2 つあった．「東洋学芸雑誌」と「東京物理学校雑誌」である．前者は 1871 年 10 月の創刊で知識階級を対象とし，後者は 1891 年 12 月に東京物理学校の同窓会によって創刊され，中学校卒業以上の者に物理学を広めることを目的とした．東京物理学校は “前” 東京大学の “フランス語”

物理学科の卒業生が1881年に東京物理講習所として始めたもので，2年後に名前を変えたのだ．本来は物理の公開講演会をしようとしたのだが，政府が自由民権の市民運動を抑えるため集会を禁じたのだった．

このころ，日本の研究や出版が組織化されはじめた．東京数学会社が1877年に設立された(1884年に東京数学物理学会となり，1918年に日本物理数学学会となる)．化学会，東京生物学会が1878年に，(工学者の)科学協会が1882年に設立された．東京大学理学部紀要は1888年に創刊され，1889年までに東京数学物理学会記事は英語の論文を物理で1つ，数学で4つ載せた．

4.1.3 桑木と石原，先駆者たち

桑木に戻ろう．彼は物理学の概念的分析に興味をもっていた．1906年7月7日の東京数学物理学会では「絶対運動論」[2]を講演して，ニュートンの絶対静止系，エーテルによって定義されるローレンツの静止系とマッハのすべての運動は相対的だという見解を比較し，結論としてすべての運動は相対的だが，ローレンツのエーテルは理論を立てるうえで必要な作業仮説であると述べた．この講演はアインシュタインの相対論より後になされたのだが，それへのあからさまな言及はない．桑木は後に，相対論の位置は当時まだ定まっていなかったが，その重要性は感じていたので相対と絶対の認識論を試みたのだと述べた[3]．この論文は京都大学教授の朝永三十郎が批評し，物理学と哲学の交渉を歓迎した[4]．交渉は当時，まれであった．この哲学者は，後にノーベル賞を受賞する物理学者・朝永振一郎の父である．

桑木は1907～1909年の間ベルリン大学に留学した(図2)．1909年3月11日の朝，彼はアインシュタインをベルンの特許事務所に訪ねた[5]．その日の午後，アインシュタインが会う最初のアジア人として[6]彼の家に招かれ，プランクのライデン大学での講演などを議論した．この講演は「世界像の統一」[7],[8]と題され，マッハの思惟経済の認識論に反対していた．アインシュタインは，マッハはまったく論理的だが物理学者には満足できないと言った．桑木は，アインシュタインの相対加速度一定の系の間の相対性[9]は，ニュートンが回転する水桶の例で示しマッハが恒星系との相対運動に帰した[6]絶対回転におよぼし得ないかと尋ねた．

石原 純は回想している．「私は，アインシュタインの相対論の第一論文を大学卒業の直後に読みました．論文が出てから3～4年は経っていたでしょう．たいへ

ん感動したので，これを研究しようと心に決めました．アインシュタインは当時まだ熱力学について二，三の論文しか書いていなかったので，あまり知られていませんでした」[10]．ここには若干の混乱がある．アインシュタインの相対論に関する第1論文は1905年9月に出たのであり，それから1年も経たない1906年7月に石原は卒業したのだ．「3〜4年経って」は訂正を要する．1909年には石原はアインシュタインの論文を使って「動く物体の中の光学」[11]を書いているからである．

彼は相対論に関して10篇の論文を発表している．そのなかの1篇はシュタルクの要請によって書いたレヴューである[12]．そのとき彼は，日本の第3の大学として1911年に新設された東北大学の助教授で，ヨーロッパ留学に出る直前であった (図3).

図2　左から本多光太郎 (39歳)，桑木彧雄 (31)，友田鎮三 (36)，寺田寅彦 (31)，ベルリンの写真館にて，1909年5月9日に．(金子務氏のご好意による).

図3　石原 純，東北大学にて．(和田耕作氏のご好意により氏の『石原 純 —— 科学と短歌の人生』ナテック (2003) より).

4.1.4　長岡の手紙

1910年12月に戻る．長岡はヨーロッパから東京大学の物理学教室に手紙を出した．年末恒例のニュートン祭で読んでもらう挨拶を送ったのである．いわく[13]：

> 7月に伯林に着いてから，今日まで英仏墺伊米の多数の物理学者に接触した．異口同音に「革命，革命」と申している．……自然の行動を示す単元 Time, Space, Mass に蟄伏する秘密の一部を伺い得た結果，物理の概念に変革を来たしたのである．

しかし，日本で出来上がった仕事は指折りする位のもので，晨星を望遠鏡で望み始めてその存在を認めるような，光輝の薄いものが多い．一等星が日本に出現しなければ，学問の地位は高まらない．白色人であるから革命の幸運児であると楽観するは当を得ない．黄色人であるから白色人の下風に立たなければならぬと悲観するのは猶更卑怯である．……仮令へ今回の革命には日本人が力を添うる能わざるも，次回の革命には急先鋒となって，世界の耳目を聳動するの望みなきにあらず．

桑木は，東京大学の講師だったので，このニュートン祭に参加していたであろう．翌年の3月，彼は「相対原則に於ける時間及空間の概念」[14]を「東京物理学校雑誌」に連載しはじめた．アインシュタインの相対性原理からはじめてローレンツ変換の種々の導き方を比較し，この変換からの簡単な帰結を述べる．長岡の手紙の影響は認められないが，これは日本語で書かれた相対性理論の最初の解説である2)．哲学者からの反応は翌年4月に現われた．京都大学の西田幾多郎の弟子，田辺 元が「相対性の問題」[15]を書いたのである：

予が相対性原理の名を初めて聞いたのは一昨年の暮であった．昨年の夏京都大学の内田博士の論文「時」(芸文，第二巻第八号別刷り) を読んで，其の中に注意せられた諸問題に就いての手近なリテラツールを知ることができたので，桑木理学士の訳されたプランク氏「力学的自然観に対する新物理学の位置」[16](東洋学芸雑誌第三百五十二号，三百五十三号) と，同じく桑木理学士の書かれた「相対原則に於ける時間及空間の概念」(東京物理学校雑誌第二百三十二号より二百三十四号まで) という論文を読んだ．又昨年八月の本誌二百九十四号に載っている長岡博士の「クワンテン仮説に就いて」[17]という講演にもこの問題が論じてあるのを見た．

田辺は「近年に至って人類の根本思想を顛覆し，コペルニクスの地動説もラヴォアジエの元素説もあるいはエネルギー不滅則や進化論も及ばぬ様な動揺を惹起せんとして居るものは相対性原理である」と結論した．この哲学者は桑木と意見の交換を続けることになる．

長岡の手紙は，1911年2月に「東洋学芸雑誌」に，3月には「東京物理学校雑

---

2) 桑木は，アインシュタインの1905年の論文について1905年に報告を書いた[18]といわれるが，まだ見る機会を得ない．

誌」に載る．それを読んだある編集者が石原に革命の解説を依頼した．石原は「理学界」に「物理学に於ける基礎概念の変化及び其の発展」[19] を連載しはじめた．その書き出しには明らかに長岡の手紙の影響がみてとれる：

> 物理学の基礎概念たる空間と時間と質量と，余は茲に尚勢力を数えて置こう，之等のすべては今や等しく再び厳格なる審議に附せらるべき運命に遭遇した．之等の物理学上の興味ある且つ最も重大なる事件の一端を茲に記そうとするのは蓋し無益のことではあるまい．予は第一電子及び物質の質量，第二エーテル，第三相対性原理，第四電気素量及び勢力素量なる順序に於て成るべく平易に其の梗概を叙べてみようと思うて居る．

科学史家の辻哲夫は，石原が，長岡の檄を受けて立ち錯綜した物理学の状況のなかに行くべき道を探り出そうとした決意を，ここに読みとっている．しかし，石原の計画は，彼のヨーロッパ留学のために，相対論に到達することなく第2章の始めで中断される．

4.1.5　ヨーロッパ留学

ヨーロッパで石原は，ミュンヘンではゾンマーフェルト，ベルリンではプランク，そしてチューリッヒでアインシュタインの下で研究した．最後の場所には1913年の4～7月の間滞在した．彼は後に，アインシュタインが彼の質問に対していかに親切に，教授ぶらず偉大な人らしくもなく対等に議論してくれたか，たいへん印象的であったと回想している [20]．その後，彼はロンドン，パリに行き，ベルリンに戻ってアインシュタインに再会した．アインシュタインはベルリンに移ってカイザー・ウィルヘルム研究所の教授になっていたのである．ヨーロッパで彼はドイツの雑誌に6篇，日本の雑誌に2篇の論文を発表した．1914年5月に日本に帰って東北大学の教授に昇任した．

なお，ミュンヘン滞在中の石原に東北大学総長から手紙が届いた [21]．アインシュタインを東北大学に招請することを考えているというのだった．石原は後に，実現にはいろいろ困難な事情があって，この話はそのままになった，と書いている [22]．そのころアインシュタインはチューリッヒ大学の員外教授からプラハ大学の教授に移ったのだった．翌1912年にはチューリッヒに戻り連邦共和国・工科大学 (ETH) の教授となる．石原が彼に学んだのは，このときである．

4.1.6　桑木と田辺：相対論の普及

日本では，1912 年，桑木が「物理学上の認識の問題」[23] を書き，プランク–アインシュタインの実在論とマッハの経験論を批判的に比較した．彼がどちらに加担したか，はっきりしないが，田辺[24] によれば，桑木は，経験を超えた原子の存在を作業仮説以上のものではないとする点でプランクと大して違わない．田辺の姿勢は，彼がプランクの「世界像の統一」を訳して「哲学雑誌」に載せたことからも推察されよう．桑木がニュートンの力学とアインシュタインの力学の関係は異なった公理系に属する幾何学のようなものだとしたことに注意しよう．2 つの力学は光の速度を無限とするか有限とするかで異なるが，将来はさらに限定が加わる可能性がある[25]．田辺は「哲学雑誌」に「相対性原理に対するナトルプ氏の批評」，「ポアンカレ氏『空間と時間』」，「桑木理学士の物理学の方法に関する一論文」，「幾何学の論理的基礎」などを寄せた．彼は 1913 年に東北大学の講師となり，科学の哲学を講じ，多くの本を書いた[26]．

桑木と田辺のこれらの論文はアインシュタインの相対性理論の日本での普及に大きく寄与した．

「物理学校雑誌」の 1911 年の 1 冊には，力が (動的質量)×(加速度) でなく運動量の変化率に平行であることを指摘したトールマンの「非ニュートン力学」が訳載[27] されている．数学史家の三上義夫が訳したポアンカレの『新力学』[28] は，おもしろいことにアインシュタインには触れずローレンツのエーテルに基づいて論じている．1916 年にはプランクの講義の相対論の部分が岡 邦夫によって訳された[29]．

相対論の，おそらく日本では最初の総合的な連続講義が玉城嘉十郎により，1920 年には特殊相対論[30]，1921 年には一般相対論[31],[32] のように分けて，東京物理学校の同窓会で行なわれた．玉城は京都大学の教授で，後に湯川秀樹と朝永振一郎の大学院における指導教官となる．水野敏之丞も 1922 年に『相対原律』[33] を出版した．

非ユークリッド幾何学が早くも 1907 年に紹介され[34]，物理学と幾何学の交渉は 1922 年に議論されていた[35] ことを付け加えよう．

ところで，「東京物理学校雑誌」はどのくらい読まれていたのだろう？　創立から 1922 年までの卒業生の数は全部で 750 である[36]．この雑誌は同窓会のものだから，$750+\alpha+\beta$ 部は売れたはずだ．ここに α は在校生の数，β は学校と同窓会の外で売れる数である．次のことに注意しよう．東京物理学校の卒業生は，ほとんど中学校の教師になったので，卒業生 750 人が日本全国に散らばり，それぞれ 100 人の生徒を教えたとしても，影響は相当の数に及ぶ．α は 1921 年には 1000 に達したし [37]，この雑誌に読者が敬意をもっていたことからみて β も小さくないと思われる [38]．

4.2 アインシュタインの来日

4.2.1 西田，ラッセル，山本

「京都大学の哲学者・西田幾多郎が山本実彦にアインシュタインの招待を勧めたのです」と石原 純は回想している．「山本は 1920 年 10 月に，この件で助言を求めてやってきました．」[22]．山本実彦は出版人で，社会主義的な評論誌「改造」を 1919 年 4 月にはじめた．最初の 3 号は失敗だったが，第 4 号が爆発的に売れ，それから好調が続いた．また，キリスト教社会運動家の賀川豊彦の『死線を越えて』が大成功し百万部を売った．おかげで，1920 年 3 月の恐慌と続く経済不況にもかかわらず，彼は日本文化の振興に力を尽くすことができたのである．1921 年 7 月には北京にいたバートランド・ラッセルを招いて講義をしてもらった．その機会に，講義に招待するとよい人を三人あげるように求めた3)．ラッセルは「アインシュタイン，レーニン，そして 3 番目はいない」と答えた．山本は桑木と長岡に打診したうえで，実現に向かって走り出した．

1921 年の 8 月，石原が手紙でアインシュタインに山本の願いを伝え，同時にベルリンにいた改造社の室伏高信が，アインシュタインに接触して承諾をとりつけた [41]．10 月には，ある新聞が 12 月にアインシュタイン来日と報じ，12 月には「東京物理学校雑誌」が来春に来るとした [42]．1922 年 1 月に山本はアインシュタインに石原の手紙を添えて契約書の案を送り，次の講義をするよう要請した：

(1) 学術的な講義．東京で 3 時間/日，6 日間．

(2) 公開講演．東京，京都，大阪，福岡，仙台，札幌で各回 2.5 時間．

返事は 1922 年 3 月 27 日付．それには，公開講演の 2.5 時間は長すぎる，学術講演の 3 時間のうち半分は討論にあてるがよいとあった．

---

3) 山本は，まずラッセルに三人の名前をあげるよう求め，その後で西田に相談したとしている本がある [39]．これは正しくないと思われる．なぜなら，改造社は石原 純の相対論の本 [40] を 1921 年 2 月に出しており，したがって山本はそのときすでに石原と接触があったはずだからである．

10月に石原は詩人・原阿佐緒との恋愛事件がもとで東北大学を辞任した．石原自身も短歌読みの詩人だったのである．

4.2.2 相対論祭の前夜

アインシュタインの来日が発表されると相対論について多くの本やエッセイが書かれた (表 1)．新聞や通俗雑誌も相対論の解説を載せた．

表1 Einstein 来日が予告されてからの出版
(表題を『 』で囲んだものは単行本．囲んでないものは雑誌記事)

著者	表題	出版社 /「雑誌」	出版年月
寺田寅彦	アインシュタインの教育観	「科学知識」	1921. 07
寺田寅彦	アインシュタイン	「改造」	1921. 10
桑木彧雄	『相対と絶対』	下出書店	1921. 10
石原 純	相対性原理の真髄	「思想」	1921. 10
石原 純	相対性理論に対する論難その他	「思想」	1921. 12
石原 純	『相対性原理』	岩波書店	1921. 12
石原 純	『エーテルと相対性原理の話』	岩波書店	1921. 12
小倉金之助	物理学と幾何学の交渉	「日本中等教育数学会雑誌」	1922.
石原 純	相対性理論の重要なる一拡張	「思想」	1922. 01
松隈健彦	相対性原理と自然法則の絶対性	「哲学雑誌」	1922. 02
玉城嘉十郎	『相対原律』	島津製作所	1922. 02
水野敏之丞	『相対原律』	丸善	1922. 08. 25
土井不曇	『アインスタイン相対性原理の否定』	総文館	1922. 09
石原 純 編	『アインスタイン全集』	改造社	1922. 11–1924. 4
寺田寅彦	相対性原理側面観	「理学界」	1922. 11

これらの中で，石原の『相対性原理』[43] は定性的ながらエーテルの時代からの歴史的発展を含む優れたもので，1940 年代まで繰り返し刊行された．京都大学の教授，玉城嘉十郎 [31],[32] と水野敏之丞 [33] の本はやや専門的であった．石原，阿部良夫 (東京大学の物理学科を 1912 年に卒業) ほか二人の物理学者が翻訳した『アインシュタイン全集』全 4 巻は，最後の巻の出版は 1924 年になったが，よく売れた．予約販売だったが，熱狂的に迎えられたので締め切りを延ばさなければならなかった．土井不曇の『反相対性理論』は，彼の，相対論は誤りを含み内部矛盾があるという主張 [44] にもとづくもので，長岡，石原 [45]，池辺常刀 [46]，愛

知敬一[47]らの批判を受けた．土井はアインシュタインに手紙さえ書き自分の論文を送った．

4.3 アインシュタインの講義

1922年11月17日，アインシュタイン夫妻は神戸港に着いた．彼らは多くの都市を訪ね[41],[48]，教授は講義(表2)をした．東京では専門的な連続講義をしたが，それら以外では通俗講演をしたのだ．彼は話し始めると時の経つのを忘れ，予定より長く話すのであった．ほとんどの通俗講演は石原が通訳したが，注意深いものでたいへん役に立った．学術講演も通俗講演も，その概要は石原が本に[22]まとめた．それには岡本一平の描いた アインシュタインのマンガが添えてあった．

表2 Einstein の講義

月/日	演題	場所	時間	聴衆の数
11/19	特殊および一般相対性理論	慶応義塾大学ホール	3(休憩)2	2000
11/24	物理学における時間と空間	神田，青年会館	4	満員
11/25より6日間	相対性原理(専門家に)	東京大学・理学部講堂	1.5+1.5(質疑)/日	135
12/03	相対性原論	仙台市公会堂		
12/08	相対性原理	名古屋国技館		
12/10	特殊及び一般相対性理論	京都，岡崎公会堂	午前・午後，各2	
12/11	相対性理論とガリレオ	大阪，中之島中央公会堂	1.6(休憩)1.5	2500
12/13	相対性原理	神戸基督教青年会館	3?	1500
12/14	いかにして私は相対論を創ったか	京都大学・法学部講堂		
12/24	特殊および一般相対性原理	福岡，大博劇場		>3000

4.3.1 学術講演

東大において6日間にわたって行なわれた学術講演には教授120名，大学院生5名，学部学生18名が出席した(文献49にリストが載っているが完全ではない)．学部学生の出席は，アインシュタインが長岡に勧めたのだった．講義は彼の『相対論の意味』[50]を基礎にしたようにみえた．これは彼が1921年5月にプリンストン大学で行なった講義の記録である．実際，彼は第2, 3回目の講義以外にはこの本を持ってきた[49]．

萩原雄祐 (図 4) は当時，東京天文台の技師であったが，質問に立った．そのために，彼はドイツ語で予め準備したという．

図 4　萩原雄祐．東京大学の天文学科教授であった 1950 年ごろの写真．古在由秀氏 (群馬天文台) のご好意による．

第 2 回の講義の後，土井不曇がアインシュタインに反対する議論を開陳した．アインシュタインは親切に答え，ひとつひとつ誤りを指摘した．土井はいったんは引き下がったが，1926 年と 1934 年に再び反対論を提出した [51]．

3 年間のフランス留学から帰ったばかりだった数学者の小倉金之助はアインシュタインの講義についてこう書いている [49]：

> 私は未だかつて先生ほどニコニコした，そしておちついた講義振りを見たことがありません．先生は計算に達者ではありませんでした．併しながら先生は偉大なる直観力の持ち主でした．先生が吾々に教えて下されたことは，幾何学においても理論物理学においても，天才の尊い仕事が如何ばかり直観的であるかということでした．

松沢武雄は当時，物理学科の 3 年生だったが，後に東京大学の地震学の教授になった．彼はこう書いている [52]：

> 加速度をもったある 4 次元座標系の中で進行する現象は，その問題次第で与えられる 2 点間の最短距離に沿って進行するというのが結論のようでした．これを出すのに彼がほぼ 10 年間も苦心した点は，第 1 近似としてニュートン力学が出なければならないということであったようです．世間でいうように，ニュートン力学を否定したのではなく，むしろこれを尊重したのです．

アインシュタイン理論が，ある極限でニュートン力学に帰着することを彼は知らなかったようである．

講義を聴いた者のうち誰かが，後に相対論の仕事をしただろうか？　阿部良夫は，普通エネルギーの移動は超光速では起こり得ないというが，その速度は座標系の相対速度のことで，1 つの座標系の中では超光速もあり得ると論じた [53]．もちろん，例えば質点の運動量は質点の速さが光速を越えると虚数になるが，これには定義を変えて対処すべきだという．彼は 3 つの点事象 A, B, C の因果的な関連

を考え，ある座標系で A→B→C という順に A から B へ速さ q で，B から C へ速さ p で伝わる現象は，K に対して運動する K′ 系では A′ →B′ →C′ または A′ ← B′ ← C′ と見えるべきで，そのためには K 系での伝搬速度が $|q|$, $|p| < c$ であるか，$|q|$, $|p|$ のいずれかが c を超えていたら $q = p$ でなければならないと論じた．c は光速である．萩原雄祐は 1835 年から東京大学・天文学教室の教授となるが，彼は学生時代から相対性理論で天文学を書き換えようという野心をもっていた．「万有引力法則の吟味」[54]，「シュヴァルツシルトの重力場における相対論的軌道の理論」[55] から大作「一般相対論における多体問題」[56] にいたる論文がある．岡谷辰治は，与えられた球対称な質量分布による重力場をもとめた [57]．

4.3.2 一般講演

アインシュタインの一般講演は，東京での 2 回の後，仙台 (図 5)，名古屋，京都，大阪，神戸，福岡 (図 6) の 6 ヵ所で行なわれた．札幌には行かなかった．

図 5 仙台で微笑をたたえて公開講演するアインシュタイン．
石原 純『アインシュタイン講演録』，東京図書 (1971) の挿絵から．

図 6 博多駅におけるアインシュタインと桑木 (左端)，
1922 年 12 月 24 日．桑木務夫人のご好意による (桑木彧雄著，西尾成子・桑木務増補『アインシュタイン』，サイエンス社 (1979) 掲載)

名古屋では，アインシュタインは国技館の土俵に立ち，暖房がなかったのでオーバーを着て講演した．田村松平 [52] は当時，高等学校の 1 年生だったが，後に京都大学の物理の教授になる．彼は，かぶりつきで講演を聴いた．中学時代[4]に石原が「改造」に載せた解説を読んで感動し，さらに理解を進めるため，田辺の『自然科学概論』や微積分の本を読んでいた．アインシュタインの講演は彼に大きな影響を残した．

アインシュタインは，京都 (図 7) では岡崎の公会堂で相対論の哲学的な側面について一般講演をした．京都大学では学生たちが歓迎のパーティーを開いた．荒木俊馬が歓迎演説をし，アインシュタインは即興で「いかにして私は相対論を創ったか」[58] を話した．彼の招待を山本に勧めた哲学者・西田幾多郎の求めに応じたのである．なお，荒木は天文学科の学生で，東京までアインシュタインの学術講演を聴きにきていた．のちに京都大学の教授になる．

図 7 アインシュタインと石原 純．京都，知恩院の鶯張りの廊下に立つ．木と木とこすれ合って木の出す音と思えぬ微妙な響きに博士は捉えられ，子どものようになって廊下を踏む．石原 純『アインシュタイン講演録』，東京図書 (1971) の挿絵から．

---

4) 1945 年まで続いた旧制度では，小学校 6 年，中学校 4 ないし 5 年，高等学校 2 ないし 3 年の後，大学の 3 年がくるのだった．

アインシュタインの訪問が引き起こした興奮は若者たちにも及んだ．岡 潔 [59] は，後に複素多変数関数論における業績に対して文化勲章を受けるのだが，当時は高等学校の 3 年生で，大学では工科に行こうか理科に進もうかきめかねていた．彼は数学を好んだが，自信がなかったのだ．アインシュタインがくる 1 年も前から新聞や雑誌が彼の訪問や相対論について書き立てていた．大きなイヴェントの前夜のようで，それに刺激されて[5] 岡は京都大学の理学部に進学することにした．学部は学科に分かれていず，学生が数学か物理かなど自由に選んで勉強するのだった．岡は物理を選んだが，1 年の終わりに数学に変えた．

朝永振一郎 (図 8) は，1965 年にノーベル物理学賞を受けるのだが，友人の証言によれば一般講演を聴きに行った [60]：

> 中学 5 年生のときだったか，アインシュタインが来日して，京都では岡崎の公会堂で講演した．そのとき私たちも聴きに行った．しかし，それはジャーナリズムにあおられてのことで，わけもわからずに味噌もくそも押しかけたのであったが，朝永には何か感銘を与えたかもしれない．

朝永自身は，講演を聴いたとは言っていないけれど，それに備えて勉強していたことが彼の書いたものからうかがわれる [61]．

> 何もわからぬのにジャーナリズムはいろいろ書きたて，生意気な中学生もそれに刺激されて，なんにもわからぬのに石原 純先生の本などを手にしたりした．時間空間の相対性，四次元の世界，非ユークリッド幾何の世界，そんな神秘的なことが，このなまいきな中学生を魅了した．物理学というものは何と不思議な世界をもっていることよ，こういう世界のことを研究する学問はどんなにすばらしいものであろうかと思われた．

すでに彼は物理に進むときめていた．実際，かれは高等学校の理科に入る．

1949 年にノーベル物理学賞を受ける湯川秀樹 (図 9) は，朝永よりほぼ 1 年若く，当時は中学 4 年生だった．アインシュタインのことはほとんど知らず，京都での講演会も知らなかった [62]．

> アインシュタインが折角京都で講演したのに，私は聞きに行かなかった．講演がいつ，どこであるかさえ，よく知らなかったのである．三高へ入ってから私の同級生となり，後に数学者となった小堀 憲君は，講演を聞いたそうで

---

5) 岡がアインシュタインの講演を聴いたかどうか，わからない．

ある．私はどうしてそんなにうかつだったのか．一言にしていえば，私は自分の周囲の小さな世界以外で起こっている出来事に無関心であっただけでなく，自分自身が何者であるか，自分自身の中にどのような変化が起こりかけているかについての，自覚もなかったのである．

図 8　朝永振一郎．第三高等学校時代，朝永淳氏のご好意による．

図 9　湯川秀樹．第三高等学校時代，湯川秀樹夫人のご好意による．

彼は，田辺の『科学概論』や石原 純の『相対性原理』，「改造」誌の解説などを読みはじめた．これらには「量子」という言葉がしばしば現われる．何やら神秘的な，魅力的な言葉だった．中学 4 年を終えたところで彼は高等学校に進み，中学 5 年を終えてきた朝永と同学年になる．湯川は「英語」を第一外国語とし「力学」があって「生物実験」がない理科甲類で，朝永は「ドイツ語」が第一外国語で「力学」の代わりに「生物実験」のある理科乙類だったから，同じクラスだったわけではない．朝永が「力学」をとりにきたので，そこだけ一緒になった．

4.4 アインシュタイン来訪の日本の物理学へのインパクト

アインシュタインの来訪は日本の物理学にどんな影響を与えただろうか？

4.4.1　直接的インパクト

「改造」誌の 1923 年 1 月号はアインシュタインが東京大学で行なった学術講演の印象を載せている [63]．理論物理学からは三人の寄稿がある．遠藤美寿 (『アインシュタイン全集』の四人の訳者の一人)，愛知敬一，伊藤徳之助であるが，彼らはアインシュタインの講義振りを賛嘆しているだけだ．数学者の小倉金之助だけが講義の内容に触れている (3.1 節)．「改造」は一般向けの雑誌だから，専門的なことを述べるのは遠慮したということがあるかもしれない．

寺田寅彦は東京大学の実験物理学の教授であり，「相対性原理側面観」[64] という明快な解説を書いているが，ドイツ文学が専門の友人，小宮豊隆に手紙でこう言っている [65]．

> アインシュタインの講義が 23 日から 29 日までとか毎日 2 時間ずつあるらしい．講義はわからなくてもそれだけの時間顔を見ていたら少しはアインフルースがあるかも知れません．楽しみにしています (11 月 13 日)．

後には，同じ友人にこう書いている [66]．

> 美術史 etc. の御注意，機会があったら［アインシュタインに］話してやりたいが，実は未だ一度も話らしい話をする機会が得られない，大先生達がスッカリモノポライズしていて吾々末輩は中々近づけない．少々不平であります．しかし其中にある機会が到来しそうなので楽しみにしています．
>
> 一昨日だったか総長の午餐の時に遇って一寸握手すると，イキナリ君はスペクトルのロートフェルシーブング[6] の問題をどう思うと聞かれてマゴツイタ，僕の存じよりを述べるとそれから諄々と説明を始めた，あとからつめかけている人達に気の毒だから何でもヤーヤーで逃げてしまった．
>
> 講義は佳境に入った，本を読んで妙に腑に落ちなかったような事がアインシュタインの口からきくと頭の中へ透徹するから不思議であります (11 月 30 日)．

ところで，寺田は 1915 年，長岡に物理の学生に認識論を教えるよう提言したことがある．それ以来，彼は物理の哲学的基礎について深く想いめぐらし，桑木とも話し合っていた [67]．

アインシュタイン来日の後いくつかの仕事がなされた．1934 年までも見よう．阿部 [53]，萩原 [56]，岡谷 [57] の論文には 3.1 節で触れた．ほかにもある．三村剛昂の「波動幾何学」[68] は一般相対論を量子化する試みであるが，実を結ばなかった．粟野 保は統一場の理論 [69] を提出したが，彼は 1931 年に東京大学を卒業し

6)　ドイツ語．赤方偏移．

たのだからアインシュタインの影響を直接に受けたとはいえない．石原は，アインシュタインの日本旅行中ほとんど一緒で車中や夕食後に時間の許す限り意見を交換した．電磁場のエネルギー運動量テンソルの対称性について石原が東京で質問し，以後ずっと討論を続けたのだ．いくらかの計算をするところまで漕ぎつけたが，結論にはいたらなかった[70]．その後，石原は解説者となり，物理学の動向を評論し，あるいは雑誌や書物を編集したりして，自身では論文を書かなくなった．結局，名をなした物理学者たちにはアインシュタインの直接のインパクトは大きくなかったと結論せざるを得ない．

4.4.2 量子論受容への準備

アインシュタインの来訪によって物理学の認識論的な問題や歴史的発展について反省する機会をもったことは，物理学の次の革命である量子論を受け入れる助けとなったにちがいない[71]．やがて大阪大学の教授 (X 線回析) となる仁田 勇はこう述べている[72]．

> ジャーナリズムの魔力が，たちまちのうちに，アインシュタインとその相対性理論とを社会一般の人々にポピュラーなものとした．従来の時間，空間の観念を根本から変革した相対性理論の創始者アインシュタイン．この理論の啓蒙的な紹介者は，主として東北大学教授で，理論物理学者であると同時に歌人としても知られた石原 純博士 (1881–1947) であった．化学科学生であった私なども，同博士の『相対性原理』(岩波，1921) などを一所懸命に勉強したりした．このような勉強は，のちに思いがけぬ量了力学の誕生の折に，私の理解をたすけてくれたように思う．

この意味では，日本がちょうどよいときに，すなわち相対論と量子論という物理学の 2 つの革命の前に開国したのは幸運であった．革命に直面する前に，物理学の基礎を思い返す十分な時間をもつことができたからである．

4.4.3 若い世代への間接的な影響

アインシュタインのインパクトは，当時まだ若かった人々の間にさがさなければならない．アインシュタインが東大物理学教室のボス・長岡半太郎に，彼の学術講演を若い学部学生たちも聴けるようにすべきだと言ったのは正しかった．それまで彼らは聴講を許されていなかったのだ．インパクトは，より広範囲におよんだ．アインシュタインの一般講演を聴いた朝永振一郎，田村松平，聴かなかった湯川秀樹，不明の岡 潔の場合はすでに述べた．

図 10　菊池正士 (後列，右から 2 番目) と伏見康治 (前列，左端).
大阪大学・菊池研究室のコッククロフト・ウォルトン加速器の前で，1936 年ごろ．

後の阪大理学部教授 (原子核実験) 菊池正士 (図 10) は，アインシュタインの死にあたって，こう述べている[73]．

> 個人的には知らないけど，私が一高の 3 年のときに博士は日本にきて講演したが，そのとき相対性理論に対する興味を呼び起こされ，その後物理学を研究するうえに大きな刺激となった．私たちと同年輩の間で博士の理論に引きつけられて物理学を専門にやりだした人が大変に多い．

当時 13 歳だった伏見康治 (図 10) は，やはり後に阪大理学部の教授 (理論物理学) となり，菊池と同じく日本の物理学の指導者になるが，こう回想している[74]．

> 乾性肋膜炎で 3 ヵ月ばかり寝てくらしたうえで，房州保田の海岸に保養にやられた．ここで石原 純氏の姿を遠くから見た．東北帝大教授石原氏は理論物理学の権威であったが (アインシュタインが来朝し，石原氏がもっぱらその案内役をしてまわったこと，相対性原理の解説で洛陽の紙価を高からしめたことなど，愛読雑誌『科学知識』で承知していた)，閨秀詩人原 阿佐緒女史と恋愛に陥り，家庭と教授職をなげうって，保田に愛の巣を造っていた．少年はその巣を訪問したわけでも，往来で面会したわけでもない．ただ遠くから

ふたりが散歩しているのを何度か眺めただけのことである．ただ，この遠くから眺めたことが，後年物理学にはいって行った何ほどかの機縁になったかも知れないと思うだけのことである．

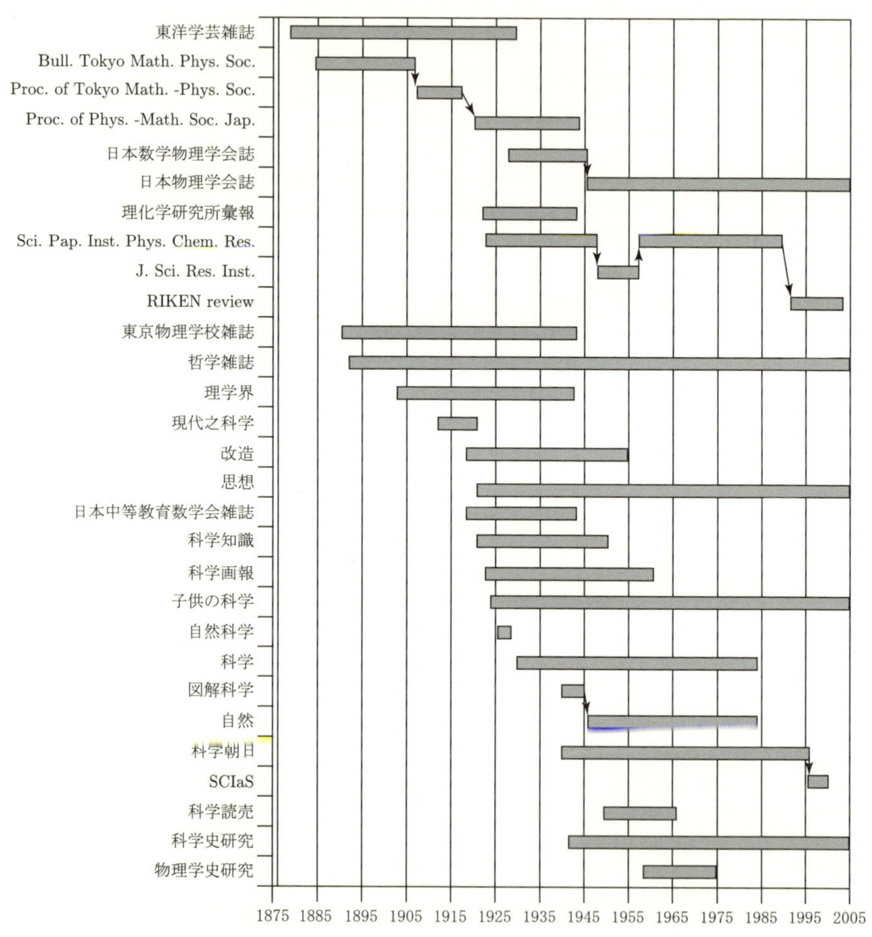

図 11　科学雑誌の誕生と死，誌名の変更を矢印で示す．

若い世代がインパクトを感じたことは，科学雑誌の種類の急増が証拠立てる．出版社が読者の急増を見込んだ結果に違いないからだ (図 11)．「科学知識」が 1921 年 7 月に，「科学画報」が 1923 年 4 月，「子供の科学」が 1924 年 10 月，「自然科学」(改造社) は 1926 年 1 月に創刊された．最後のものが最も高級だったが，短命だった．1929 年 9 月に廃刊になり，岩波書店が 1931 年 4 月に始めた「科学」に引きつがれる．どちらも石原 純が編集主任であった．

4.4.4 政治的環境

これらの背景には，科学を強化しようとする政府の努力があった[75]．それがアインシュタインのインパクトと共鳴したのである．1917 年から 1926 年までの 10 年間に 29 以上の研究所が新設された．そのほとんどは応用を目指していたが，基礎研究を含むものに理化学研究所 (理研，1917 年創設)，航空研究所 (東京大学付置，1921 年)，金属材料研究所 (東北大学付置，1922 年)，化学研究所 (京都大学付置，1926 年) などがあった．高等教育機関もその数と規模を急拡大した．

政府が大学に科学研究費を支給するようになったのも，このころである．それまで予算は教育に対してだけ付けられ，研究は学生の実験費を割いて行なわれていたのである[76]．研究を支援する私立の財団も生まれてきた[75]．

しかし，成長は 1920 年の経済恐慌と 1923 年 9 月 1 日の関東大震災で止まる．日本政府は軍事力の増強に向かい，石原，仁科らの科学者は反対の論陣を張った．

文献

[1] 板倉聖宣・木村東作・八木江理『長岡半太郎伝』，朝日新聞社 (1973).

[2] 桑木彧雄：絶対運動について，「東京物理学校雑誌」**15** (1916), 494–508.

[3] 桑木彧雄『物理学序論』，東京下出書店 (1921).

[4] 朝永三十郎：桑木理学士の絶対運動論，「哲学雑誌」**22** (1907), 202–206.

[5] 桑木彧雄『アインシュタイン伝』，改造社 (1934).

[6] 桑木彧雄『物理学と認識』，改造社 (1922), p.123. アインシュタインは桑木への手紙に「最初の日本人，それ以上に最初のアジア人」と書いた.

[7] Max Planck : *Vorträge und Erinnerungen*, S. Hirzel (1965)，田中加夫・浜田貞時・河合徳治訳『現代物理学の思想 —— 講演と回想』, I, II, 法律文化社 (1971, 1973).

[8] J. L. Heilbron : *The Dilemma of an Upright Man*, U. of California Press (1986), 47–60.

[9] アインシュタインは等価原理を 1907 年に提案した．A. Einstein : Über das Relativitätsprinzip und die aus demselben gezogenen Folgerungen, *Jahrb. d Radioaktivität u. Elektronik* **4** (1907), 411–462.

[10] 辻 哲夫：現代物理学のわが国への導入，「物理学史研究」**5**, no.2 (1969), 35–45.

[11] J. Ishiwara : Zur Optik der bewegten ponderablen Medien, *Proc. of Tokyo*

Math.-Phys. Soc. **5** (1909), 150–180.

［12］ J.Ishiwara : Bericht über die Relativitätstheorie, *Jahrb. d. Radioaktivität u. Elektronik* **19** (1912), 560–648.

［13］ 長岡半太郎：長岡博士のニュートン祭に寄せたる書状,「東洋学芸雑誌」**28** (1911), 89–92;「東京物理学校雑誌」**20**, no.232 (1911), 132–135；［1］の p.374.

［14］ 桑木彧雄：相待原則に於ける時間及空間の概念,「東京物理学校雑誌」**20**, no.232 (1911), 117–122；no.233 (1911), 157–165；no.234 (1911) 197–206.

［15］ 田辺 元：相対性の問題,「哲学雑誌」**27** (1912), 635–661.

［16］ M.Planck 著, 桑木彧雄訳：力学的自然観に対する新物理学の位置,「東洋学芸雑誌」**28**, no.352 (1911), 21–30, 60–65.

［17］ 長岡半太郎：クワンテン仮説,「哲学雑誌」**26** (1911), 883–895.

［18］ 湯浅光朝『コンサイス科学年表』, 三省堂 (1988).

［19］ 石原 純：物理学に於ける基礎的概念の変化及び其の発展,「理学界」**8**, no.11 (1911), 15–19;**9**, no.1 (1912), 25–29;no.5 (1912), pp.5–13;no.8 (1912), pp.7–9.

［20］ 石原 純：チューリッヒにおけるアインシュタイン教授,『物理学者の眼』, 科学随筆全集 2, 学生社 (1961), pp.52–57.

［21］ 成城学園・沢柳政太郎全集刊行会編『沢柳政太郎全集』, 第 10 巻, 国土社 (1980).

［22］ 石原 純, 岡本一平画『アインシュタイン講演録』, 改造社 (1923)；東京図書 (1971).

［23］ 桑木彧雄：物理学上の認識の問題,「理学界」**9**, no.9 (1912), 641–649 .

［24］ 田辺 元：桑木理学士『物理学上認識の問題』,「哲学雑誌」**27**, no.310 (1912), 1662–1675 .

［25］ 桑木の姿勢の詳しい分析は, 辻 哲夫：大正初期における科学と哲学,「物理学史研究」**4**, no.1 (1968), 1–22.

［26］ 田辺 元：最近の自然科学, 科学概論,『田辺 元全集』, 第 2 巻, 筑摩書房 (1963).

［27］ R. C. Tolman：非ニュートン力学, *Phil. Mag.* **21** (1911), 296.

［28］ H. Poincaré 著, 三上義夫訳：新力学,「東京物理学校雑誌」**23**, no.268 (1914), 127–136 .

［29］ 岡 邦雄：相対原律論,「東京物理学校雑誌」**30**, no.302 (1916), 45–53；no.303 (1916), 83–91.

［30］ 玉城は「昨年, 特殊相対論を講義した」と言っているが, 記録は見つからなかった.

［31］ 玉城嘉十郎：相対原律,「東京物理学校雑誌」, 特殊相対論の復習 **30** (1921), no.357, pp.301–310；no.358, pp.345–351；no.359, pp.389–394；一般相対論 **31**

(1922), no.361, pp.469–475；no.362, pp.1–6；no.363, pp.49–53；no.364, pp.89–93；no.365, pp.121–129；no.366, pp.151–159；no.367, pp.195–198.

[32] 玉城嘉十郎『相対原律』, 島津製作所 (1922).

[33] 水野敏之丞『相対原律』, 丸善 (1922).

[34] 林 鶴一：非ユークリッド幾何学について,「哲学雑誌」**22**, no.244 (1907), 563–589；窪田忠彦：非ゆーくりっど空間ニ於ケル微分幾何学,「東京物理学校雑誌」**31**, no.367 (1922), 198；三上義夫：ぽあんかれーノ空間論,「東京物理学校雑誌」**16** (1906), 8–19.

[35] 小倉金之助：物理学ト幾何学トノ交渉,「日本中等教育数学会雑誌」**4** (1922), 131–140.

[36] 橘高重義『物理学校の伝説』, すばる書房 (1982), p.143.

[37] [36] の p.117.

[38] [36] の p.146.

[39] 松原一枝『改造社と山本実彦』, 南方新社 (2000).

[40] 石原 純『アインスタインと相対性理論』, 改造社 (1921).

[41] 金子 務『アインシュタイン・ショック』, I, II, 河出書房新社 (1981)；岩波現代文庫 (2005).

[42] アインスタイン来春に来日,「東京物理学校雑誌」**31**, no.361 (1921), 503.

[43] 土井不曇『アインスタイン相対性理論の否定』, 総文館 (1922).

[44] H. Doi：On fundamental equation of electron theory, *Proc. Math.-Phys. Soc.* **3** (1921), 150–165；Velocity of propagation of electromagnetic wave, *ibid.* **4** (1922), 71–85.

[45] 石原 純：土井理学士の『相対性理論の否定』について,「思想」, 1922 年 4 月, 86–92；同年 8 月号も見よ.

[46] 池辺常刀：『アインスタイン相対性理論の否定』の誤謬,「改造」, 1922 年 12 月, 42–53.

[47] 金子 務：[41] (下), 第 7 章.

[48] 松尾重樹：アインシュタインの日本, 数理科学別冊『アインシュタイン』, 1976 年 4 月, 82–88.

[49] 改造 (1923 年 1 月). ここに集められた印象のうち, アインシュタインのもってきた本については愛知のものを見よ. なお, 愛知の名は, この号に載った聴講者リストにない.

[50] A. Einstein 著, 矢野健太郎訳『相対論の意味』, 岩波文庫 (2015).

[51] H. Doi：On the absolute space following from the principle of conservation of energy, *Proc. Phys.-Math. Soc. Jap.* **8** (1926), 21–30. なお, 次の論説が引用し

ている土井の論文も参照.
吉田省子・高田誠二：土井不曇と大正期物理科学界,「科学史研究」**31**, no.181 (1992), 19–26.

［52］ 松沢武雄：一学生の見たアインシュタイン,「自然」, 1979 年 4 月, 76–77；田村松平：相対性原理を学んだ頃, *ibid.* 76–77.

［53］ Y. Abe：On the usual argument for the denial of velocities which are greater than c, *Proc. Phys.-Math. Soc. Jap.* **8** (1926), 134–142；Causal connections among three point-events and velocities greater than c, *ibid.* **9** (1927), 79–80.

［54］ 萩原雄祐：万有引力法則の吟味,「天文学会要報」**1** (1930), 3.

［55］ Y. Hagihara：Theory of relativistic trajectories in a gravitationa field of Schwarzschild,「日本天文学および地球物理学輯報」**8** (1931), 67.

［56］ 萩原雄祐：一般相対性理論に於ける多体問題, 文部省科学局・学術研究会議共編『物理学講演集』(3), 丸善 (1943).

［57］ T. Okaya：Le champ gravique du a une sphere massique heteroge, *Proc. Phys.-Math. Soc. Jap.* **6** (1924), 142–145；L'extremale dans un champ gravique a pseudoorthogonalite, *ibid.* **7** (1925), 51–58；Sur l'applicabilite du theoreme fondamentale relativistique, *ibid.* **8** (1926), 99–100.

［58］ A. Einstein「いかにして私は相対性理論を創ったか」, 石原 純による記録が［22］にある.

［59］ 高瀬正仁『評伝・岡 潔 星の章』, 海鳴社 (2003), pp.191–192.

［60］ 松井巻之助編『回想の朝永振一郎』, みすず書房 (1980).

［61］ 朝永振一郎：仁科先生の温情に泣く,『わが師わが友』1, みすず書房 (1967).

［62］ 湯川秀樹『旅人』, 角川文庫, 角川書店 (1960).

［63］ 講義室のアインスタイン教授,「改造」, 1923 年 1 月, 293–301.

［64］ 寺田寅彦：相対性原理側面観, 『寺田寅彦全集』第 5 巻, 岩波書店 (1997), 99–111.

［65］ 『寺田寅彦全集』, 第 26 巻, 岩波書店 (1999), pp.424–425.

［66］ 『寺田寅彦全集』, 第 26 巻, 岩波書店 (1999), p.426.

［67］ 矢島祐利『寺田寅彦』, 岩波書店 (1949), pp.121–134.

［68］ 三村剛昂：波動幾何学の思想,「科学」**9** (1939), 373–376, 413–415；三村剛昂：波動幾何学, 文部省科学局・学術研究会議共編『物理学講演集』(1), 丸善 (1941), pp.17–38. なお, ibid., (3) 所収の宇宙論も参照.

［69］ T. Awano：On the unified field theory, I, II, *Proc. Phys.-Math. Soc. Jap.* **16** (1934), 244–251, 414–423.

[70]　石原 純：「アインシュタイン教授の講演」後記. [22] の p.97.

[71]　日本物理学会編『日本の物理学史』上，東海大学出版会 (1978), p.238.

[72]　仁田 勇『流れの中に —— 科学者の回想』，東京化学同人 (1973), p.154.

[73]　菊池正士，読売新聞，1955 年 4 月 19 日．[41]，2 の p.217.

[74]　伏見康治：罪深き青春の記，『わが師わが友』1，みすず書房 (1967).

[75]　広重 徹『科学の社会史 —— 近代日本の科学体制』I, II, § 3.2，岩波現代文庫，岩波書店 (2005)，[71] の p.253.

[76]　日本科学史学会編『科学技術史大系』13，物理科学，第一法規 (1970), p.245.

5. つりあっているテコが回る
——ルイス–トールマンのパラドックス

16歳のアインシュタインは考えた．光と並んで同じ速さで走ったら，その光はどう見えるだろうか？

光は電磁場の振動である．電場の振動が磁場を生み，その磁場の振動が電場を生んで，電場と磁場とが二人三脚で進んでゆく——これが光にほかならない．ところが，光と並んで同じ速さで走りながら見たら，電場も磁場も振動なしの静寂．ただ空間的に山と谷をくりかえすのみとなろう．いや，しかし，そんなことがあり得ようか？

このパラドックスから相対性理論は芽生えた．そればかりではない．相対性理論が育ったのも，またさまざまのパラドックスにもまれながらのことであった．その一，二を以下に御紹介しよう．

5.1 電流は磁場をつくる．そうすると…

針金に電流を流すと，そのまわりに渦をまくような磁場ができる (図1)．電流は磁場の生むのである．このことは誰でも知っている．

その電流は，よくよく見れば電気を荷った微粒子たちの流れである．だから，磁場をつくっているのは，それらの荷電微粒子たちの運動であるといわなければなるまい．

荷電粒子は，たとえ1個であっても，走っていれば，そのまわりに磁場をつくるにちがいない．

そこで，問題：——

細い棒の一端に $+e$, 他端に $-e$ の電荷をつける．2つの電荷はクーロン力によって引き合うが，棒はすこし縮みこそすれ弾性応力で対抗して，その結果，力学的

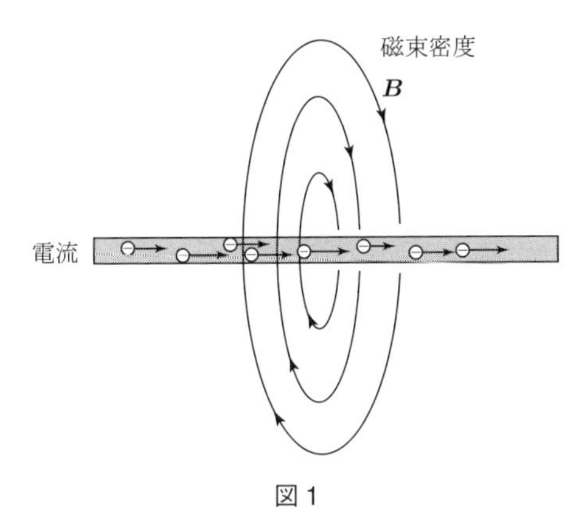

図 1

つりあいが実現するだろう．これが棒のそばに立っている静子さんの結論である．

では，この電荷つきの棒を，そばを通り過ぎる列車から眺めたら？　列車の速度を $-\boldsymbol{v}$ とする．

棒と電荷は図 2 のように見えるはずだ．棒は紙面に平行とする．電荷 $+e$ は走っているので，まわりに磁場をつくる．他方の電荷 $-e$ の場所にも，もちろん磁場 $\boldsymbol{B}$ ができる．その向きは，$+e$ が進む向きに右ネジを押し込むときに回す向きと同じである．電荷 $-e$ は，その磁場 $\boldsymbol{B}$ のなかを速度 $\boldsymbol{v}$ で走るから，ローレンツの力

$$\boldsymbol{f}_{\mathrm{L}} = -e\boldsymbol{v} \times \boldsymbol{B} \tag{1}$$

を受ける．c は光の速さである．この表式はともかく，この力が $\boldsymbol{v}$ と $\boldsymbol{B}$ とに垂直

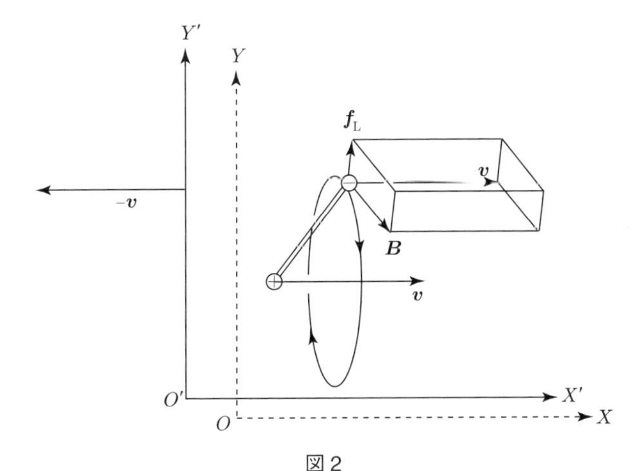

図 2

で棒を反時計まわりに回転させようとする向きにはたらくことは，誰でも諒解できるだろう．

同様の推論から，電荷 $-e$ のほうが電荷 $+e$ の場所につくる磁場のため電荷 $+e$ にはローレンツ力 $-\boldsymbol{f}_{\mathrm{L}}$ がはたらくことがわかる．この力は，やはり棒を反時計まわりに回転させようとする．

正確にいえば，電荷 $-e$ にはたらく力 $\boldsymbol{f}_{\mathrm{L}}$ と電荷 $+e$ にはたらく力 $-\boldsymbol{f}_{\mathrm{L}}$ とが一対になって偶力をなし，棒を反時計まわりに回転させようとする —— これが，列車のなかから棒を眺める隼人君の推論である．棒は回転する．

そこで，隼人君は，地上にいて棒に対して静止している静子さんが見ても棒は回転するはずだと推論する．

これは，しかし，静子さん自身の結論とちがっている．

こうして，二人はパラドックスに逢着した！

5.2 念のために

電場や磁場のことをよく御存知の読者のために言い訳をする．

(1) 式の $\boldsymbol{B}$ を磁場とよんだが，正しくは磁束密度とよぶべきであった．

(1) 式は SI 単位系の式である．もし，電荷 e や磁束密度 $\boldsymbol{B}$ をガウス単位系で測ることにするなら，光の速さ c を用いて e を e/c でおきかえねばならない．(1) 式は $\boldsymbol{f}_{\mathrm{L}} = -\dfrac{e}{c}\boldsymbol{v} \times \boldsymbol{B}$ となる．

相対性理論の話をするときには，c の入るガウス単位系のほうが具合がいいと，ぼくは思う．

5.3 力の見え方

さて，隼人君である．彼は動揺する．静子さんの推論のほうが単純だ．やはり，彼女のほうに分があるのではないか．棒は，やはり回るべきでないのではなかろうか？

隼人君は考える．上の推論では，電荷にはたらくローレンツの力のことだけ考えた．電荷には，そのほかに，クーロン力と棒からの弾性力がはたらくのだ．もしかして，走る列車のなかから眺めたとき，それらがちがって見えるということがあるのではないか？

いま仮に，棒がなかったとしてみよう．つまり，空間に2つの電荷粒子 $+e$ と $-e$ があるとするのである．さらに，静子さんから見て，2つの粒子がともに静止しているという瞬間を考えよう．静子さんが2つの粒子を握っていて，その手をパッと開いた瞬間 —— これを考えると思えばよい．

静子さんから見れば，電荷にはたらく力は他方の電荷によるクーロン力だけである．この力は，2つの電荷を結ぶ直線に沿ってはたらく．

ところが，隼人君から見ると，2つの電荷がおよぼしあう力にはローレンツ力が加わり，合力は，2つを結ぶ直線の方向からはずれている (図3).

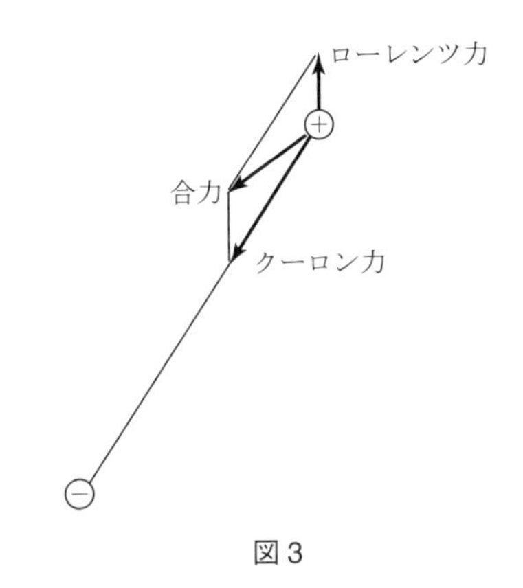

図3

この事実は，と隼人君は考える．一般に力というものが，‘それに対して動いている人から見ると方向を変える’ということを示しているのではないか？

歴史をさかのぼれば，電磁気的な力に対してなりたつことは他の種類の力に対してもなりたつといった自然の斉一性への信念が，アインシュタインの相対性理論への原動力であった．

そこで，再び，2つの電荷が棒で結ばれているものとする．

棒の弾性力は，静子さんから見れば，棒に沿ってはたらく．これが2つの電荷のクーロン引力に対抗して力学的なつりあいをもたらすのである．

この弾性力の方向が，隼人君にはちがって見えて，もはや棒に沿ってはいないということであれば，棒は隼人君から見ても回転しないですむことになろう．

これが教室での講義だったら，ここで次のような質問がとんでくるかもしれない．これまでの推論では，棒そのものの方向は隼人君が見ても静子さんが見るのとちがわないとしているだろう．実際には，隼人君から見れば棒は速度 $\boldsymbol{v}$ の方向にはローレンツ短縮し，それと垂直の方向には短縮しないから，棒の方向はちがって見えるはずだ．たしかに弾性力の方向もちがって見えるはずだが，棒の方向もちがい，その結果として両者は隼人君から見ても相変らず平行ということになるのではないか？

いや，そうは問屋がおろさない．

なぜなら，棒のほうは走行方向のローレンツ短縮のため X 軸との角度が増すのに対して，力のほうでは図 3，図 4 からわかるとおり X 軸との角度が減るのである．こういうわけで，棒と力とが平行性を維持するということはない．

5.4 力のローレンツ変換

一般に力というものは‘それに対して動いている人’には違って見える．前節のこのテーゼをはっきりと示すために，その違い方を式に書いてお目にかけよう．

図 2 の電荷 $-e$ にはたらく電磁気力 (クーロン力 + ローレンツ力) が，静子さんから見て (f_x, f_y)，隼人君から見て $({f_x}', {f_y}')$ であるとすれば，これらの間には

$$
{f_x}' = f_x, \qquad {f_y}' = f_y\sqrt{1-\left(\frac{v}{c}\right)^2} \tag{2}
$$

の関係がある．おもしろいことに，力についてはその速度 $\boldsymbol{v}$ に‘垂直な’成分がローレンツ短縮するのである！　速度 $\boldsymbol{v}$ に平行な成分は短縮も伸張もしない！　図 3 の電磁気的な力の場合，隼人君から見ると，その y 成分の大きさがローレンツ力のために確かに減少している．x 成分は変っていない．アインシュタインの相対性理論は，(2) の関係が電磁気的な力だけでなく，他のどんな種類の力にも —— 棒の応力にも —— 通用することを要請する．その結果，図 3 の棒はつりあうことになる．

5.5 念のために

公式 (2) について，これは，静子さんから見た力の作用点が静止している場合にだけなりたつものであることを注意する．

一般に，静子さんから見て力 $\boldsymbol{f} = (f_x, f_y, f_z)$ の作用点が速度 $\boldsymbol{u}$ で動いている場合には，4 元力

$$\boldsymbol{F} = \frac{1}{\sqrt{1-(u/c)^2}}\left(f_x, f_y, f_z, \frac{1}{c}\boldsymbol{f}\cdot\boldsymbol{u}\right)$$

を定義する．ここで 4 番めの成分を F_t とよぶことにしよう．隼人君の側でも同様に 4 元力 $\boldsymbol{F}'$ を定義すると，それらの間にローレンツ変換の関係がなりたつ：

$$F_t{}' = \gamma\left(F_t + \frac{v}{c}F_x\right), \tag{3}$$

$$F_x{}' = \gamma\left(F_x + \frac{v}{c}F_t\right), \tag{4}$$

$$F_y{}' = F_y, \tag{5}$$

$$F_z{}' = F_z, \tag{6}$$

ここに $\gamma = 1/\sqrt{1-(v/c)^2}$ である．

図 2 の場合には，静子さんから見れば力の作用点は静止しているから $\boldsymbol{u} = 0$ であって，静子さんの見る 4 元力は

$$\boldsymbol{F} = (f_x, f_y, f_z, 0)$$

となる．他方，この力を隼人君が見ると作用点が速度 $\boldsymbol{v}$ で動いているので，4 元力は

$$\boldsymbol{F}' = \frac{1}{\sqrt{1-(v/c)^2}}\left(f_x{}', f_y{}', f_z{}', \frac{1}{c}\boldsymbol{f}'\cdot\boldsymbol{v}\right)$$

となる．ローレンツ変換は，(4) なら

$$\frac{f_x{}'}{\sqrt{1-(v/c)^2}} = \frac{f_x}{\sqrt{1-(v/c)^2}}$$

そして，(5) なら

$$\frac{f_y{}'}{\sqrt{1-(v/c)^2}} = f_y$$

となり，これから以前の (2) が得られる．

5.6 L 字形のテコのパラドックス

こんどは L 字型の剛体 ACB を考えて，これが固定軸 C のまわりに自由に滑らかに回れるものとする (図 4).

この L 字は，それに対して静止している静子さんから見て

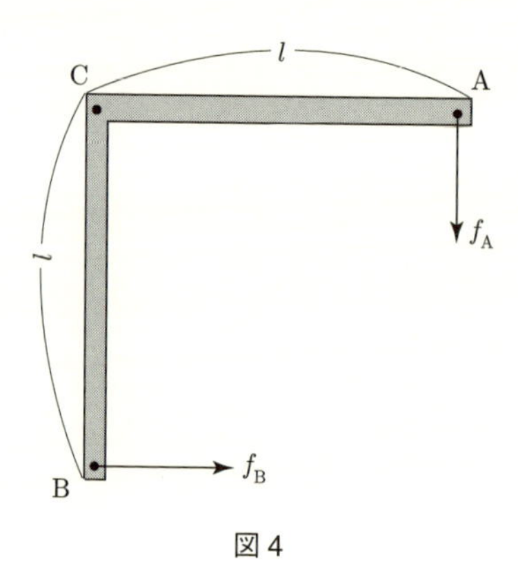

図 4

$$\overline{\mathrm{AC}} = \overline{\mathrm{BC}} = l$$

にできており，端 A, B にそれぞれの腕に垂直に同じ大きさの力 $f_{\mathrm{A}}, f_{\mathrm{B}}$ がはたらいて，つりあっている．すなわち，軸 C のまわりの力のモーメントでいって

$$f_{\mathrm{B}} l = f_{\mathrm{A}} l$$

がなりたっているものとしよう．

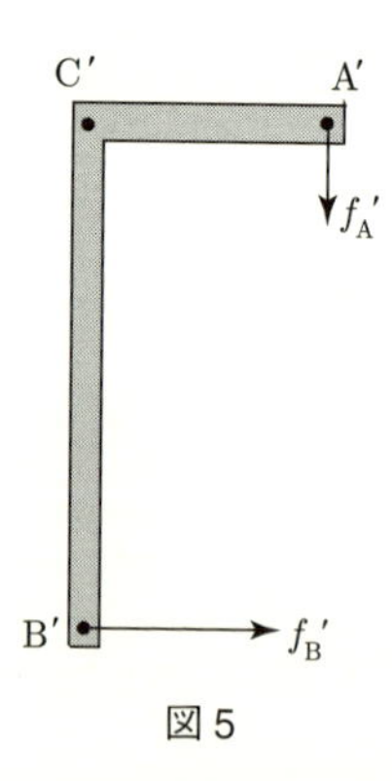

図 5

これを，これに対して速度 $-\boldsymbol{v}$ で走る隼人君から見るとどうなるか？

その答を図 5 に示した．まず，L 字の一方の腕 AC はローレンツ短縮し，BC には伸縮がない：

$$\overline{\mathrm{A'C'}} = l\sqrt{1 - \left(\frac{v}{c}\right)^2}, \qquad \overline{\mathrm{B'C'}} = l$$

他方，力の見えかたは (2) であたえられ

$$f_{\mathrm{A}}{}' = f_{\mathrm{A}}\sqrt{1-\left(\frac{v}{c}\right)^2}, \qquad f_{\mathrm{B}}{}' = f_{\mathrm{B}}$$

となる．

その結果として，このL字には，これを反時計まわりに回転させようとする力のモーメント

$$N = f_{\mathrm{B}}l - f_{\mathrm{A}}l\left[1-\left(\frac{v}{c}\right)^2\right]$$

がはたらくことになる．すなわち

$$N = \left(\frac{v}{c}\right)^2 f_{\mathrm{A}}l \qquad (7)$$

がはたらくので，これでは隼人君から見てL字が回りだすことになる．一方，静子さんから見るとL字には回転の気配はまったくないので，2人は再びパラドックスに見舞われたことになる！

このパラドックスを解いたのはM.フォン・ラウエである．

5.7 エネルギーが流れる

隼人君から見ると，力 f_{B} は点Bを速さ v で引っ張っていることになるので，L字に対して単位時間あたり $f_{\mathrm{B}}v$ の仕事をしている．とラウエは指摘した．それにもかかわらずL字のエネルギーが増さないのは，軸Cによる抗力 $-f_{\mathrm{B}}$ が単位時間あたり $-f_{\mathrm{B}}v$ の仕事をして，仕事の合計を0にしているからである．このエネルギーはL字の端Bから入って軸Cから出てゆくので，腕BCには単位時間あたり $f_{\mathrm{B}}v$ のエネルギーが流れていることになる．

相対性理論によれば，エネルギーは慣性をもつ．L字の腕BC上を単位時間に $f_{\mathrm{B}}v/c^2$ の質量が距離 l を走るから，そこには常に $f_{\mathrm{B}}lv/c^2$ の運動量があり，これは座標原点Oのまわりに角運動量をもつ．ところが，Oから腕BCまでの距離は単位時間に v ずつ増すので，その角運動量は単位時間に $f_{\mathrm{B}}l(v/c)^2$ ずつ増すことになる．そして，これは —— $f_{\mathrm{B}} = f_{\mathrm{A}}$ なので —— 以前にL字を回転させると思った力の能率(7)に等しいのである．つまり，その力の能率はL字のなかにエネルギーの流れをおこすばかりで，これを回転させることはしない．こうしてパラドックスは解決されたことになる．

人は，ここで，一見なんの動きもない棒のなかをエネルギーが流れている場合

があることを学んだのである．それならば，図２の棒を——もちろん隼人の立場から——この目で見直したら，どうなるだろうか？

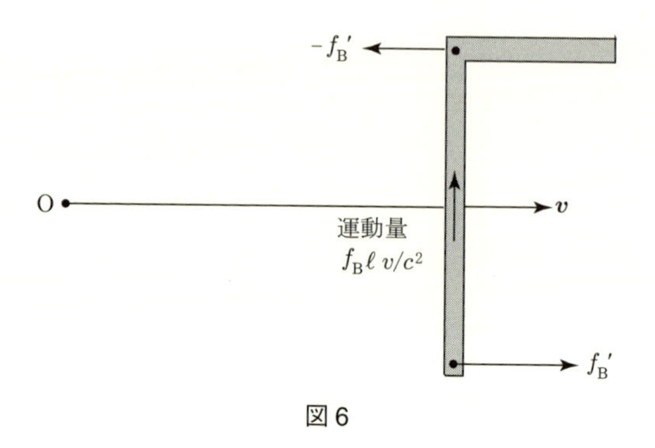

図６

6. まわれない電子の歴史
——相対論的な剛体をめぐって

6.1 ローレンツ短縮と回転

半径 R の円板があるとする.

というよりも，いっそ遊園地のメリー・ゴーラウンドでも想像していただくほうがいいかもしれない．これが，いずれは電子論の歴史の一駒につながってゆくはずなのだ.

半径 R のメリー・ゴーラウンドがあって，それを，まんなかの柱によじのぼって高みの見物とシャレている男 S がいる (図 1).

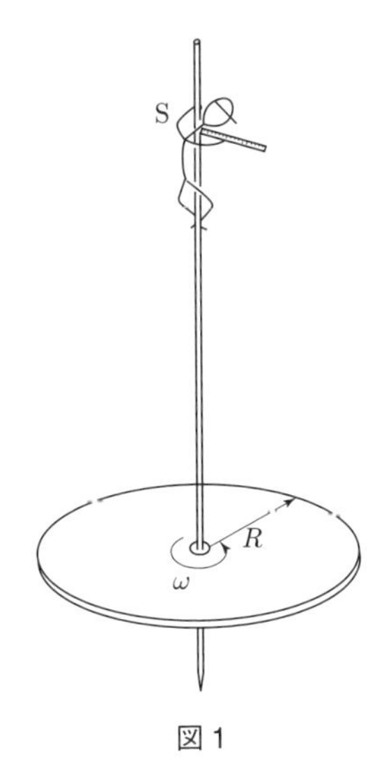

図 1

ところが，S がいくら待っても，このメリー・ゴーラウンドはまわりはじめない.

どうしたのだろう？

いや，円板はまわりはじめてはいけないのだった．

うそだと思ったら，円板がまわりはじめたと想像してみるといい．高みの見物をしているSのつもりになって——円板が一定の角速度 ω でまわっているとする．そうすると，円板の周囲のごく一部分は，Sから見れば，ごく短い時間のあいだだけなら，等速直線運動をしているように見える．円周のその部分は，だから，いくらかローレンツ短縮して見えるはずだ．動く物体は，その運動の方向に長さが縮んで見える．ローレンツ短縮．これは特殊相対性理論のイロハである．

Sがぐるりと見まわすと，円周のどの部分も一様にローレンツ短縮して見えるから，円周全体の長さも，もともとの $2\pi R$ より小さくなっている．円板の半径が縮んで $R' < R$ になったにちがいない．

そう思ってSが円板の半径に眼をうつすと，円板の回転につれて半径はどれも自身に垂直に運動している．運動の方向に垂直な長さはローレンツ短縮しないはずなので $R' = R$.

一方からいうと $R' < R$, 他方からは $R' = R$.

これは矛盾である．

この矛盾は，円板がまわりはじめるとしたためにおこったのだ．だから，《円板はまわりはじめることができない！》と結論しないわけにはいかない．

ローレンツ短縮が回転の自由を奪った！

6.2 ボルンの相対論的剛体

しかし，現実のメリー・ゴーラウンドはまわるではないか．自動車の車だってまわるし，大型発電機の回転子などは相当な速さでまわっているだろう．

そのとおり．たしかに回転しはじめることのできる円板は，世の中にたくさんある．でも，それは，どれも材料がやわらかいからこそなのである．

学校で力学を習うと“剛体”という言葉がでてくる．どんなに大きな力をくわえても形の変わらない物体である．目に見える大きさの現実の物体には，そんな‘かたい’ものはないが，よい近似で剛体とみなせるというものはたくさんある．そして，剛体とみなしてよければ，力学による扱いの簡単さが月とスッポンほどちがうことになるのだ (図2).

アインシュタインが特殊相対性理論をはじめ (1905)，それをうけてプランクが相対論的な質点の力学をつくった (1906) とき，ボルンは，それを点ではなくて大きさをもつ物体の力学に拡張したいと思った．ここでも剛体の力学から手をつけるべきだろうとボルンは考えた．

剛体というのは，相対論以前の力学では，どんな力をくわえても形も大きさも変わらない物体ということだった．数学にのりやすい言いまわしをすれば，《その物体のなかの任意の二点を結ぶ線分の長さが変わらない》ということになる．

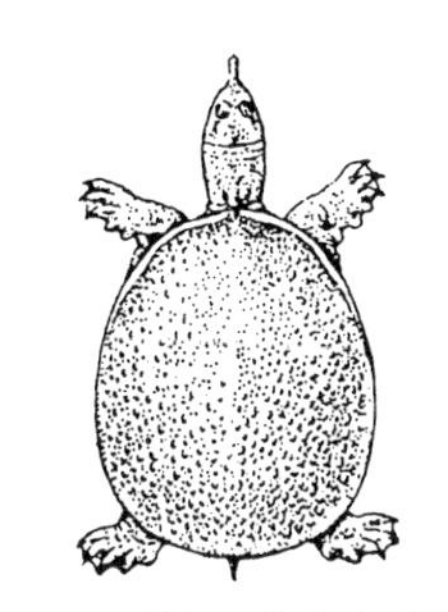

図 2　スッポン．他のカメと異なり，背甲の縁辺は軟骨でやわらかい．頸は長く自在に伸縮する．肉は美味．こんなものは剛体ではない！

しかし，相対性理論にはローレンツ短縮ということがあって，物体の長さが縮む．球が走ると，走っている方向につぶれた楕円体になる．このことを考えに入れなければならない以上，剛体の定義もまた新しく考え直さなければならない．

ボルンは考えた．相対論的な剛体の条件は，こうしたらどうだろう：

その物体と一緒に走る人が測って，物体の任意の 2 点のあいだの距離が決して変らないこと ——

距離は物体と一緒に走りながら測るということに限定したので，ローレンツ短縮ということは考えなくてよくなった．物体に力が加わっても変形や大きさの変化がおこらないということが，これでたしかに言いあらわせたように見える．

考えてみると，しかし，問題が多い．

力がくわわると物体は加速される．速度が変わるのだから，その物体と‘一緒に走りながら’変形を監視している人も，すぐ速度を変えて物体の速度にあわせなければいけない．一方，そのさいの加速度で‘ものさし’が伸縮したり曲がったりしては困る．

‘ものさし’も相対論的な剛体でできている，といったのでは相対論的な剛体の定義として同語反復になってしまう．

そこで，‘物体と一緒に走る人が測って……’を，つぎのように言いかえよう．

(慣性系にたいして) 等速運動している観測者 (＝慣性的な観測者) で，距離を測定する瞬間に，その速度が物体の速度に一致しているような人が測って……

これでも，まだ困る．物体の速度といっても，部分々々でまちまちなのが一般だからである．

そこで，ボルンは剛体の定義を微分形にした (図 3)[1]：

《物体のなかで，ごく近く隣接した二点は各時刻に共通の速度をもつから，観測の瞬間それに一致する速度をもつ慣性的な観測者がその二点間の距離を測るものとする．物体のなかの隣接したどの二点についても，この約束で測った距離が常に一定であるとき，この物体を相対論的な剛体という》

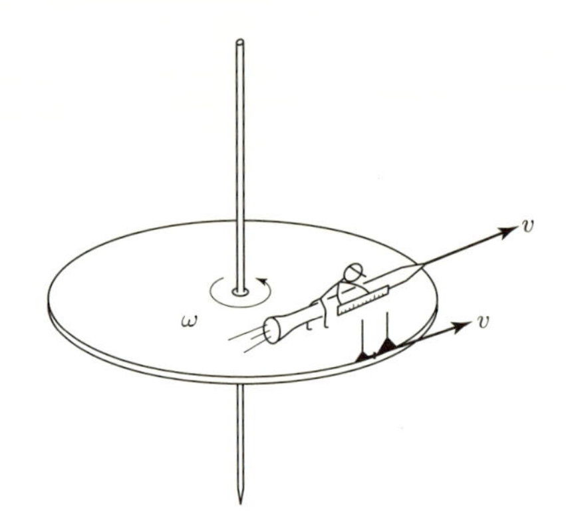

図 3　瞬間静止系を用意しておこなう長さの測定．

6.3 電子のばあい

実際，電子は，このボルンの意味の剛体であるように思われたのである．

歴史に忠実にいうと，ボルンが相対論的な剛体を定義した 1909 年の前年に，電子というものは運動するとちょうどローレンツ短縮だけ運動方向につぶれるということが，速度によって質量の変わる様子からわかってきたのだった．

電子の質量がその速度に依存して変わることは，もっとまえから電磁気学によって予想され，実験によっても見出されていた．

電磁気学によると，電場や磁場は変化をきらう．磁場が変化しそうになると，電磁誘導でそこに電場が生じ，そのように電場が変化すると磁場が生ずるというぐあいにして，電磁場は変化に抵抗する．つまり，慣性をもつのである．

電子は，そのまわりに電場をせおっている．走れば磁場もせおうことになる．電子が加速されると，それに応じて，まわりの電磁場も変化せざるをえないが，電磁場は変化をきらって抵抗するのだ．

このことは，電子がまわりに電磁場をせおっているために電子の慣性が増すことを意味している．この慣性の増分を‘電磁的質量’という．まわりの電磁場は電子の速度によってちがう (速度がゼロなら磁場はない，というように！) から，電磁的質量も電子の速度によってちがってくる (図 4).

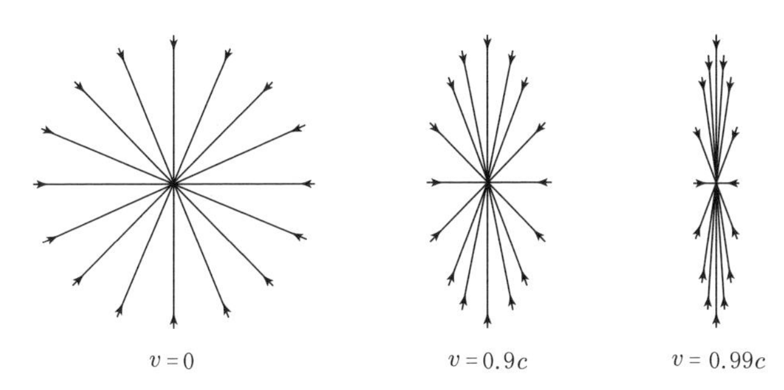

図 4　電子のまわりの電場が電子の速度によって変わる様子を電気力線でしめす．電子は速さ v で右むきに走っている．c は光速．このような電場をになっている電子に力をくわえて急に速度を変えたら，なにがおこると思う？　電子の運動のむきを変えたら？

ここまでは，電子の慣性が電磁的質量だけ増すという言い方をしてきた．しかし，理論的な可能性としては，電子の質量がすべて電磁的なものであると考えてみることもできる．これは物理学全体が電磁気学により基礎づけられるとして 20 世紀初頭に注目をあつめた‘電磁的自然観’に属する．

電子の質量を完全に電磁的なものと考えて理論的に計算してだした速度依存性が，実験と比較されたのだ．

もちろん，電子の形によって電子のまわりの電磁場はちがうから，電磁的質量もちがってくる．2 つの模型が調べられた．

アブラハムの模型 (1903)：電子は，運動状態によらず常に一定の半径の球である．

ローレンツの模型 (1904)：電子は，静止しているときは球だが，運動すると，速度に応じて (加速度などによらず) ローレンツ短縮して楕円体になる．

この後者が，電子はボルンの剛体であるというのと同じである．

1905 年から，カウフマンがラジウムの β 線をもちいて電子質量の速度依存性をきめる実験をくりかえして，アブラハムの模型が正しい，ローレンツの模型はすてなければならないと結論した．

その半年後のドイツ自然科学者医師大会 (1906 年 9 月) で，プランクはこの結論に疑問を表明した．たしかに実験結果はアブラハム理論に近いけれども，それでも理論と実験のくいちがいは2つの理論のちがいより大きい．その上，質量の測定値からアブラハム理論によって電子の速度を逆算してみると，光速をこえる受け入れがたい値がでる……

この大会での討論がおもしろい．一部だけ引用しよう．

> **プランク**　アブラハム理論の本質的な利点は，純電気的だというところにある．これはそのとおりです．それで首尾一貫するなら非常に結構ですが，ともかく，さしあたりは，これは一つの要請にすぎません．ローレンツ–アインシュタイン理論も一つの要請，すなわち絶対的な並進運動は証明できないということを基礎にしています．いまや，どちらの要請を選ぶかが問題です．私はローレンツの方に賛成します．
> **ゾンマーフェルト**　さしあたり，私はプランクさんの悲観的な立場には賛成しません．測定がとても困難なのですから，くいちがいが，よくわからない誤差から生ずることもあるでしょう．プランクさんの提出した選択では，たぶん40才以下の方は電気力学的要請を，40才以上の方は力学的・相対的要請を選ぶだろうと私は推測します[1)]．私は，電気力学的要請を選びます．(笑声)
> **カウフマン**　要請の問題については，相対運動の要請の認識論的な価値は，それほど大きくないことを注意したいのです．実際，一様な並進運動にしか適用できないのですから！　回転や一様でない並進運動まで考えると，それでは間に合いません．それに，人々はエーテルを不都合だと感じて，しばしば世界からとり除こうとしますが，回転運動については，たとえば天体が偏平になるというときには，再びそれを導入しなければならないのです．

1908年になって，ビュヒェラーがローレンツ理論に有利な実験結果をだした

---

1)　なぜ相対論が年寄りのほうになるのか，広重 徹の解説をきこう[3]：

相対論は，ローレンツ–アインシュタインの理論というふうに一括されて，その革新性，とくに時空概念の革新は必らずしも認識されていなかった．

もっとも早くアインシュタインの理論の価値を認めたように見えるプランクにしても，この点では必らずしも明確でなかった．

ビュヒェラーは，独自の相対性原理をとなえていたためもあってか，かなり明確な認識に達しているが，それでも当時の電磁的自然観ないしエーテル一元論への執着をすてきっていない．

まして一般の物理学者のあいだでは，1906年のプランクの講演に対する討論にも見られるように，電磁的自然観こそ革新的な理論であって，相対性原理は力学のものであり後退的な原理でしかないと見る空気が強かったのである．……

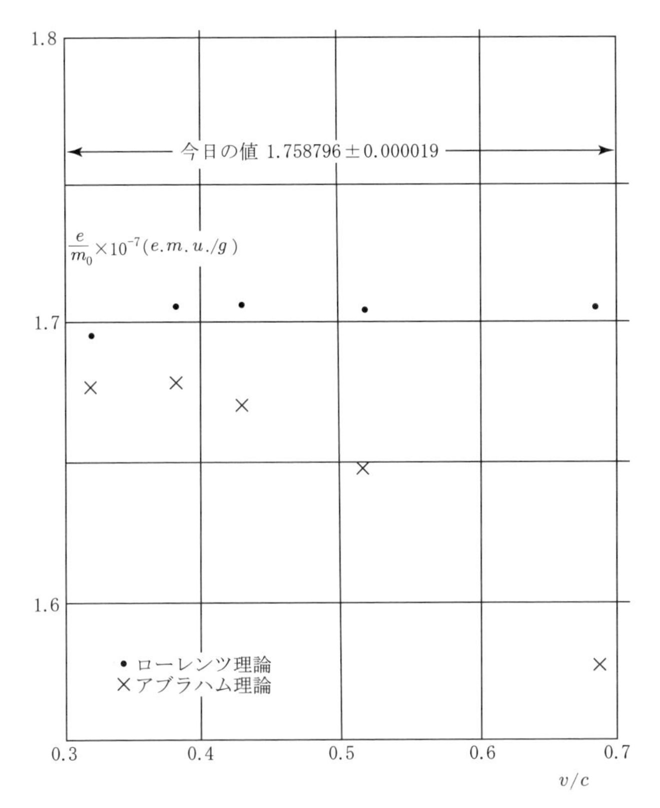

図5　ビュフェラーによる電子質量の測定(1908)．電子の速さが v のときの質量の実測値 m を，ローレンツ理論，アブラハム理論をもちいて速さ0のときの値 m_0 にひきなおし，電子の電荷の絶対値 e との比 e/m_0 としてビュヒェラーの論文に表になっている数値をプロットしてみた．ひきなおしにもちいた理論が正しければ e/m_0 は v によらぬ一定値になるはずなのだ．

(図5)．しかし，この実験は微妙なもので，たくさんの実験家が批判をくわえ，追試をおこなった．電子質量 m がローレンツ理論にあう速度依存性

$$m=\frac{m_0}{\sqrt{1-\left(\dfrac{v}{c}\right)^2}}$$

をもつという最終的な判定がくだされたのは1910年をすぎてからであったという．ここに，v が電子の速さ，c は光速，そして m_0 は‘静止質量’とよばれる定数である．

6.4 エーレンフェストのパラドックス

相対論的な剛体を定義し，その力学と電磁気学を論じたボルンの長い論文 (56 ページ！) がでてから何週間もたたないうちに，エーレンフェストが，たった 1 ページの論文を雑誌に送った[4].

《ボルンの定義した相対論的な剛体は決して回転をはじめることができない》

ボルンの定義は —— 実は同等な定義を自分でも考えていたのだが —— このようにパラドックスに導く．これがエーレンフェストの結論である．《……》の部分の証明として第 1 節に述べたものは，彼のこの論文によったものである．

ボルンの論文には数学者からもただちに反応があった．ヘルグロッツ関数によって量子力学の学生にも知られている G. ヘルグロッツ．それからフリッツ・ネーター．これは物理の学生には不変変分論で知られるエミー・ネーターの兄である．

この二人が，それぞれ独立に，1910 年の論文で

《ボルンの剛体の運動は，その一点の運動をきめれば完全にきまってしまう》

ということを証明した．その一点は勝手な曲線運動をしてよいが，相対論以前の剛体だったら '一点の運動とそのまわりの回転運動' という 6 個の自由度をもっていたのに，ボルンの剛体には回転の自由度がないということである．

ボルンはこういって応じた (1910)[5]：

《電子は実際に剛体の条件をみたしており，回転はしないのだ．電子が回転するという仮定は，電子論のどこでも必要とされていない》

たしかに，電子論は，電子の回転を必要としなかった．暗黙のうちに回転はないとして押しとおしてきたのだが，考えてみれば，電子は小さいのだから，人間のつくるような空間スケールで変化する電磁場でもって電子に力のモーメントをくわえ回転をおこすことは —— 仮に回転が可能だったとしても —— もともと無理なことだったのだ．

それでも，回転がさけられぬという場面がないわけではなかった．金属の比熱の問題である．量子力学以前の統計力学では，エネルギー等分配という法則があり，もし実験時間のあいだに電子の回転が金属の他の自由度と熱平衡にたっするなら，回転は金属の温度が T のとき電子 1 個あたり $(3/2)\,kT$ のエネルギーをくっているという結論がでる．金属のなかに電子はたくさんあるので，金属の温度を上げ

ようとするときに電子の回転にいくはずの熱量は，金属の比熱を何倍にもするだろう．ところが，比熱の実測値は電子が回転運動にも並進運動にもエネルギーを全然くわないことを示したのだ．だから，相対論から電子が回転できないという結論になったことは，一応歓迎すべきこととともいえる．並進運動がなぜ起こらないかの問題は残るのだが．

6.5 剛体の直線運動

回転の自由を奪われた剛体電子は，それでは，どんなふうに運動するのだろうか？

それを考えると，一般に相対性理論は剛体を許容しないと言われていることについても，ひとつの理解が得られることになろう．相対性理論が剛体を許容しないというのは，つぎのような理由からであった．もし剛体があったら，それで棒をつくると，その一端を押したとき‘同時に’他端が動いて遠方に光速よりもはやく信号がつたえられることになって，相対論の基本に真向から衝突する，というのだった．

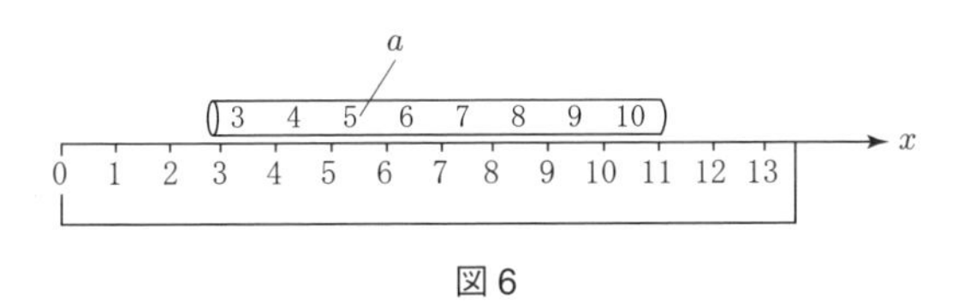

図 6

ここでは，簡単のために，ボルンの剛体が一直線 (x 軸) にそって動くというばあいを考えることにしよう．そのかぎりでは，動くものは棒だとしてよい．ボルンの剛体でできた棒である．

その棒が，ひとつの慣性系 S で x 軸にそって横たわり静止しているという状況で，棒の一方の端から x 座標の目盛をきざみつけておく．x 座標が a の点には a ときざむのである (図 6)．これが棒の各点の標識になる．a の範囲を $a_1 \leq a \leq a_2$ としておこう．

さて，慣性系 S でこの剛体の棒の運動を記述するには，各 a の点の時刻 t における位置

$$x = x(t\,;\,a)$$

をいえばよい．

もしも，この棒が相対論以前の力学における剛体であったら，この関数は特別の形 $x(t\,;\,a) = x(t) + a$ をしていなければならないところだ．

相対論的なボルンの剛体のばあいには，$x(t\,;\,a)$ にはどんな条件がつくことになるだろうか？

標識 a をもつ点 P に隣接して標識が $a + da$ の点 Q を考える．これらは，隣接した点だから，ほぼ同じ速度

$$v = \frac{\partial x(t\,;\,a)}{\partial t}$$

で動く．二点 P, Q 間の距離は，いまつかっている S 系で見れば

$$\delta x = x(t\,;\,a+da) - x(t\,;\,a) = \frac{\partial x(t\,;\,a)}{\partial a}da$$

である．

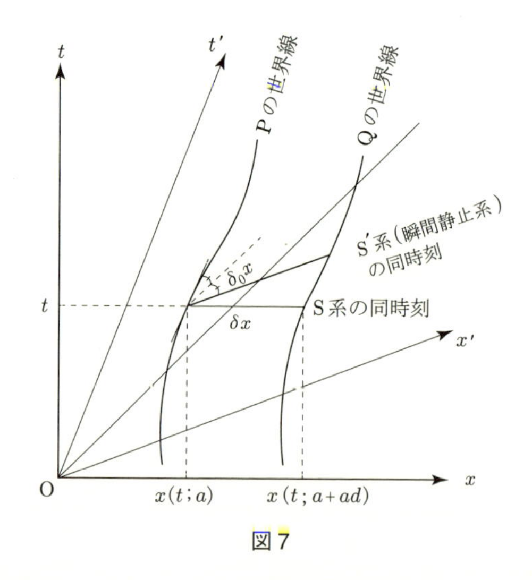

図 7

ボルンの剛体条件は，しかし，二点 P, Q の静止系 S′ をとって述べられている：静止系でみた P, Q の距離 $\delta_0 x$ は，棒の運動状態によらず，常に棒が静止していたときの距離 da に等しかるべし——

そこで $\delta_0 x$ を $x(t\,;\,a)$ で表わさなければならない．

P, Q の距離は，それらの静止系では $\delta_0 x$ で，それらが上の速度 v で動くと δx に見えるというのは，つまりローレンツ短縮である (図 7)：$\delta x = \delta_0 x\sqrt{1-(v/c)^2}$．よって

$$\delta_0 x = \frac{1}{\sqrt{1-\left(\dfrac{v}{c}\right)^2}}\,\delta x$$

これが t によらず常に da に等しかるべしというのだから，さきの v と δx との表式を思いだして

$$\frac{1}{\sqrt{1-\left(\dfrac{1}{c}\,\dfrac{\partial x(t\,;\,a)}{\partial t}\right)^2}}\,\frac{\partial x(t\,;\,a)}{\partial a} = 1.$$

書き直せば

$$\textbf{剛体条件}：\quad \left[\frac{\partial x(t\,;\,a)}{\partial a}\right]^2 + \left[\frac{1}{c}\frac{\partial x(t\,;\,a)}{\partial t}\right]^2 = 1, \tag{1}$$

すべての $a \in [a_1, a_2]$ と t にたいして

を得る．

この偏微分方程式は一般解がたやすく求められる．まず，λ, μ, ν を定数として

$$x = \lambda t + \mu a + \nu \tag{2}$$

とおいてみる．

$$\frac{\partial x}{\partial t} = \lambda, \qquad \frac{\partial x}{\partial a} = \mu$$

だから，この λ, μ を $\mu^2 + (\lambda/c)^2 = 1$ をみたすように $\mu = \sqrt{1-(\lambda/c)^2}$ に選べば，(2) は (1) の解になる：

$$x = \lambda t + a\sqrt{1-\left(\frac{\lambda}{c}\right)^2} + \nu. \tag{3}$$

これは λ と ν と 2 つの任意定数をふくむから，完全解である．

つぎに偏微分方程式の一般論にしたがって任意関数 ψ を導入し，(3) で $\nu = \psi(\lambda)$ とおいた式

$$x = \lambda t + a\sqrt{1-\left(\frac{\lambda}{c}\right)^2} + \psi(\lambda) \tag{4A}$$

と，これを λ で偏微分した式

$$0 = t - \frac{1}{\sqrt{1-\left(\dfrac{\lambda}{c}\right)^2}}\,\frac{\lambda a}{c^2} + \psi'(\lambda) \tag{4B}$$

から λ を消去する．これで任意関数 ψ に媒介された x と t の関係が得られ，これ

が偏微分方程式 (1) の一般解である．

いま，特に ψ として恒等的にゼロという関数をとって λ の消去をおこなってみよう．それには，(4B) をもちいて λ を t であらわし，

$$\left(\frac{\lambda}{c}\right)^2 = \frac{(ct)^2}{a^2 + (ct)^2}.$$

この λ を (4A) に代入するのがよい．そうすると，

$$x = \sqrt{a^2 + (ct)^2} \tag{5}$$

を得る．

こうして得られた解のうち，(3) は $x = \lambda t + \mathrm{const.}$ の形であって，速度 λ の**等速運動**をあらわす．そして (3) の第 2 項の a の係数 $\sqrt{1-(\lambda/c)^2}$ は，剛体上の二点 $x(t\,;a)$ と $x(t\,;a+da)$ の距離が静止系での距離にくらべてローレンツ短縮していることをあらわしている．

解 (5) は，ボルンが**双曲的運動**とよんだ加速度運動である (図 8)．とくに $a \gg ct$ としてみると

$$x \cong a + \frac{c^2}{2a}t^2 \tag{5'}$$

となり，加速度は $c^2/(2a)$ となる．十分に時間がたって $a \ll ct$ になると，運動は $x = ct$，すなわち光速でする等速運動に近づいてゆく．時間がたつにつれて加速度がだんだん鈍ってゆくのである．こうして棒のどの点の速度も光速をこえることはないから，ボルンの剛体の棒で光より速く信号を送ることはできない．

たやすく確かめられるとおり，運動 (5) の加速度は $t = 0$ で最大で，最大値は上に見た $c^2/(2a)$ だ．この値は，a を小さくとれば，いくらでも大きくなるが，しかし，この a はその意味からいって棒の長さ程度より小さくならない！　こうして加速度にも剛体の大きさできまる上限がでてきた．ボルンも 1909 年の報告でこのことを注意し，電子を相対論的の剛体だとして，a を‘ふつう電子の半径と仮定される’ 1.5×10^{-13} cm にとると

$$(\text{電子の加速度}) \lesssim 3 \times 10^{33}\ \mathrm{cm/sec^2}$$

となるので，この結論の正否を実験でしらべる見込はない，といっている．ちなみに，電子の静止質量をもちいて，この加速度を生み出す電場をもとめてみると 2×10^{18} volt/cm になる！　いや，そういうよりも，c^2/a は，電子半径を半径とする円周上を光速ではしるときの加速度だといったほうが，大きさの感じがでる

かもしれない.

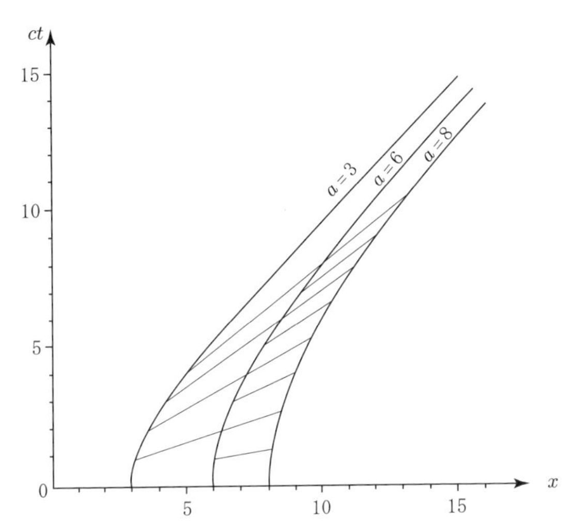

図 8　双曲的運動における棒の標識の世界線. 細い斜線は各点における瞬間静止系での同時刻線 ($t' =$ 一定の線) である.

6.6 パラドックス

ボルンの剛体でできている棒は, 長さ方向への直線運動にかぎっていうと, 等速運動 (3) と双曲的運動 (5) をすることができる. ここまでは前節でわかったが, では, 棒の直線運動はこの 2 つにかぎるのか?

いや, そんなことはあるまい. (3) は剛体条件の偏微分方程式 (1) の完全解でしかないし, (5) は一般解のごく特別なばあいにすぎないのだ.

ぼくは, これから次のことを証明しようと思う: 関数 $x_0(t)$ を勝手にあたえたとき

(i)　剛体の一点は, その勝手な運動 $x = x_0(t)$ をすることができる.

(ii)　そのように一点の運動をきめると, 剛体全体の運動がきまってしまう.

もちろん, ボルンの剛体でできた棒が長さ方向に直線運動をするというばあいの話とする.

さて, 証明には, 前節の (4A) と (4B) から λ を消去することが, λ をパラメタとして (t, x) 平面上に (4A) の描きだす直線叢の包絡線の方程式をもとめることだ

という幾何学的解釈を利用する.

いま，剛体の上の注目する一点が標識 a_0 をもつとし (4A) を

$$x = \lambda t + \varphi(\lambda) \tag{6}$$

と書く．ここに

$$\varphi(\lambda) \equiv a_0\sqrt{1-\left(\frac{\lambda}{c}\right)^2} + \psi(\lambda). \tag{7}$$

この (6) は，パラメタ λ をあたえると (ct, x) 平面上に 1 本の直線をさだめる．直線の勾配が λ/c，x–截片が $\varphi(\lambda)$ である．λ を変えてゆくと，つぎつぎに直線ができる．この直線叢の包絡線の方程式が $x = x(t\,;\,a_0)$ になるわけだ．ただし，これは関数 $\varphi(\lambda)$ が知られているとしての話である．

いまは，$\varphi(\lambda)$ は知れていない．あたえられているのは包絡線の方程式のほうだ：$x(t\,;\,a_0) = x_0(t)$．これを知って，$\varphi(\lambda)$ をもとめることが問題なのだ．

The tail must wag the dog!

簡単のために，あたえられた関数 $x_0(t)$ のグラフは上または下に凸だとする．(そうでないばあいは上に凸の部分，下に凸の部分を別々に考えればよい．)

どちらの場合にも，$x_0(t)$ のグラフに接線を引くと勾配 λ にたいして，x–截片 $\varphi(\lambda)$ がきまり，これを接線の勾配を変えながらつぎつぎにおこなえば関数 $\varphi(\lambda)$ がきまる (図 9)．そうすると (7) によって $\psi(\lambda)$ がきまる．

この $\psi(\lambda)$ をもちいて，あらためて (4A), (4B) から λ を消去すれば，剛体上のすべての a にたいして $x(t\,;\,a)$ かきまる！

こうして約束の (i), (ii) がともに証明された．

ボルンの剛体は，直線運動にかぎっての話だが，その上の一点の運動をきめると，それだけで全体の運動がきまる．一点の運動は勝手である．このかぎりでは相対論以前の力学における剛体と異らない．

—— おや，これでいいのだろうか？

読者のみなさん，こんな結論がでていいとお思いですか？

剛体の一点の運動は勝手であるというのは新たなパラドックスではないか．その速さは光速をこえてもいいというのか？

このパラドックスの解決は，読者はとっくのむかしにお気づきかもしれないが，手近なところにある．いま x–截片としてもとめたつもりの $\varphi(\lambda)$ は，(7) のように $a_0\sqrt{1-(\lambda/c)^2}$ という項をふくむ形をしていた．だから，λ が光速 c をこえる

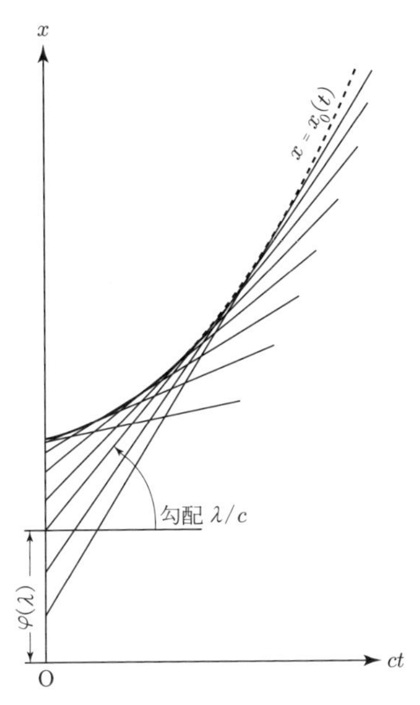

図 9　あたえられた曲線 $x = x_0(t)$ を包絡する直線叢の方程式 $x = \lambda t + \varphi(\lambda)$ をもとめ，関数 $\varphi(\lambda)$ を決定する．ここでは時間軸が横にとってあることに注意.

と実数であるべき a_0 が虚になってしまう．もし $|\lambda| < c$ なら，なんの不都合もおこらない.

というわけで，上の (i) は

(i′)　剛体の一点は，光速をこえないかぎり，勝手な運動をすることができる.

と直しておかなければならない．図 9 で $x_0(t)$ のグラフの一部を点線にしておいたのは，このためでした.

しかし，まわることのできない剛体電子は，その後どうなっただろう……？

文献

[1] M. Born : Die Theorie des starren Elektrons in der kinematik des Relativitäts-prinzips, *Ann. d. Phys.* **30** (1909), 1–56.

[2]　物理学史研究刊行会編『相対論』，物理学古典論文叢書，東海大学出版会 (1969) による.

[3]　上記『相対論』の巻末の解説.

[4]　P. Ehrenfest : Gleichförmige Rotation starrer Körper und Relativitätstheorie,

Phys. Zeits. **10** (1909), 918. なお **11** (1910), 1127–9, **12** (1911), 412–3 も参照.
〔5〕 *Phys. Zeits.* **11** (1910), 910.

［付記］

回転する電子のモデルを創ることは，その各点が加速度をもつ曲がった時空を構成する問題であって，一般相対性理論に属する．

ここに引用されている論文は，1909, 1910 年のもので，アインシュタインが一般相対論をだす 1915 年以前のものである．

曲がった時空という対処法をまだ知らない人々が，この未知の世界にどう分け入ろうとしたか，それもまた興味があると考え提出，この 1 章を入れた．

7. 双子のパラドックス

7.1 パラドックス

ミューという素粒子があって，電子とよく似ているのだが，電子より重くて，ひとりでに電子とニュートリノ 2 個に壊れてしまう．宇宙線として降ってきて地中深く数 km まで達する．

静止しているときの平均寿命は 2.197×10^{-6} s．そんなに寿命が短くては，たとえ光速 $c = 3 \times 10^8$ m/s で走っても数百 m しか行けないではないか．空気中を走って，その上に地中に数 km も進むなんてあり得ないではないか！

いや，**寿命は走っていると長くなる**のだ．速さ V で走っている粒子の寿命は，止まっているときに比べて $1/\sqrt{1-(V/c)^2}$ 倍だけ長くなる．c は上に言った光速 3×10^8 m/s である．

だから，仮に光速の 99.9%で走っているとしたら

$$\frac{1}{\sqrt{1-0.999^2}} = \frac{1}{\sqrt{1-0.998}} = 22.4 \text{ 倍}$$

だけ寿命が長くなり，14.7 km 走れることになる．

これはミュー粒子に限らない．一般に，**走る時計は進みが遅くなる**のである．たとえば，水素原子の電子は軌道を一周するのに 1.52×10^{-16} s かかるが，原子が速さ V で走っているときには $1.52 \times 10^{-16}\,\mathrm{s}/\sqrt{1-(V/c)^2}$ だけの時間がかかる．人間だって，超高速のロケットに乗って飛んでいれば寿命が延びるはずである．

「走る時計は遅れる」というのは，相対性理論からでてくることだからである．

そういうと，たちまち次のような疑問が浮かぶだろう．A と B と二人がいたとしよう．「相対性理論というのは，A が止まっていて B が走っているとしても，B が止まっていて A が走っているとしても同じことだ，という理論でしょう？」

「そのとおり．運動は相対的だ，という理論です．」

「A が止まっていて，走る B を見ると，B の寿命が延びるのですね？」

「そのとおり．」

「反対に B から見たら，A が走っていることになりますね．そうすると，B が見ると A の寿命が延びる？」

「そのとおり．」

「変ですよ．それは！　A が地球にいて，B が超高速ロケットで宇宙旅行をして帰ってきたとしましょう．A から見ると B は高速で運動してきたので時計が遅れて，あまり年をとっていない．A がおじいさんになっているのに帰ってきた B はまだ青年だ．

だけど，B から見たらどうですか？　A は地球ごと高速で運動して，やがて B のロケットのところに帰ってくる．A は高速で運動していたので年をとっていない．まだ青年だ．ところが B はおじいさん．

見方によって話がアベコベになってしまった．相対性理論も怪しいものですね．」

これが**双子のパラドックス**である．上の A と B が双子だったとしよう，というわけである．

これから，このパラドックスを解こう．それには，相対性理論のことを少しお話する必要がある．

7.2 光速不変の原理とローレンツ変換

相対性理論の世界では，x 軸上の各点にビッシリ時計が敷きつめられていて，一斉に時を刻んでいるさまを想像する．もちろん，すべての時計は合っているとする．この x 軸と時計たちの組を K 系とよぶことにしよう．

その x 軸上を一定の速さ V で動いて行く車を想像して，この車に x' 軸がついていて，その各点にまた時計が敷きつめてあるとする (図 1)．この x' 軸と時計たちの組を K$'$ 系とよぶことにしよう．

K$'$ 系は，K 系から見ると右向きに (x, x' 軸の正の向きに) 速さ V で動いて行く．反対に K$'$ 系から見たら，K 系は左向きに (x, x' 軸の負の向きに) 速さ V で動いて行く．右向きに速度 $-V$ で動いて行くといってもよい．

x 軸と x' 軸の原点は時刻 0 に一致していたとしよう．x 軸と x' 軸の原点が一致していたときに，その原点にある x 軸上の時計も x' 軸上の時計もともに 0 を

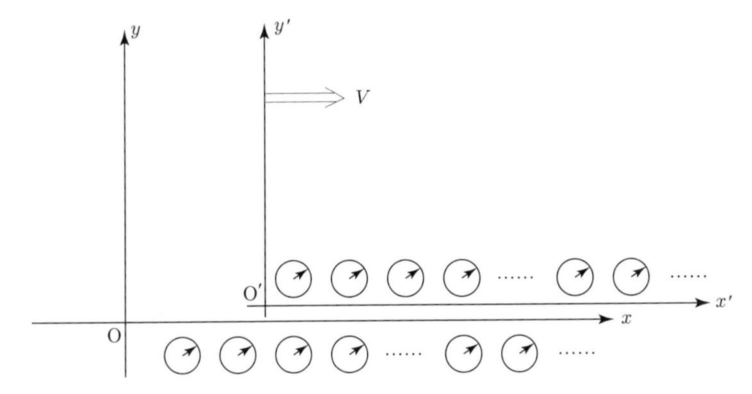

図1　K 系に対して動く座標系 K′. どちらにも，互いによく合った時計が敷きつめられている.

指していたとするのである.

その時刻 0 に原点から左右に光を送り出したとしよう. S 系で見ると

$$\text{時刻}\ t\ \text{には光は}\quad x = \pm ct\ \text{にきている} \tag{1}$$

その瞬間に光を K′ 系で見ると

$$\text{時刻}\ t'\ \text{には光は}\quad x' = \pm ct'\ \text{にきている} \tag{2}$$

としよう.

ここで，どちらの系でも光の速さを同じとしたことに注意して欲しい. 常識では，あり得ないことだが，これが相対性理論のいう**光速不変の原理**であって，実験で確かめられたことである.

同じ光を見たのだから x, t と x', t' の間に何かの関係があるはずだ.

光がきた位置は x 軸でみたら座標が x だった，その位置の時計が t を指していた. 同じ位置を x' 軸でみたら座標が x' だった，その位置の時計は t' を指していた，というのである. だから，同じ光を見たのだから x, t と x', t' の間に何かの関係があるはずだ，というわけである.

相対性理論では位置座標と時間の組が重要な役割をになう. x, t で何かがおこった——いまなら光の波がきた！——というとき，その「何か」を**事象**という. そして，(x, ct) で表わす. (x, ct) と (x', ct') とが同一の事象を表わすことを**事象の一致**という. t の代わりに ct を用いるのは，後のミンコフスキーの図が見やすくなるからである.

$x = \pm ct$ は $x^2 - (ct)^2 = 0$ といっても同じことだ. 同様に $x'^2 - (ct')^2 = 0$ が

成り立つ．そこで，この両方が同時に成り立つことを保証するため

$$x^2 - (ct)^2 = x'^2 - (ct')^2 \tag{3}$$

を要請しよう．これを

$$\frac{x' - ct'}{x - ct} = \frac{x + ct}{x' + ct'}$$

と書いて $= e^{\chi}$ とおこう (指数関数を知らない人は $= \lambda$ とおくとよい)． χ は座標系の相対速度 V の関数になるはずだろう．$\chi = \chi(V)$．特に $V = 0$ のときには $\chi(0) = 0$ となる (λ なら 1 となる)．こうすると

$$\begin{aligned} x' - ct' &= e^{\chi}(x - ct), \\ x' + ct' &= e^{-\chi}(x + ct) \end{aligned}$$

となるから

$$\begin{aligned} x' &= \frac{e^{\chi} + e^{-\chi}}{2} x - \frac{e^{\chi} - e^{-\chi}}{2} ct, \\ ct' &= \frac{e^{\chi} + e^{-\chi}}{2} ct - \frac{e^{\chi} - e^{-\chi}}{2} x \end{aligned} \tag{4}$$

が得られる．

ところで，x' 軸の原点 $x' = 0$ は x 軸上を速さ V で滑って行くはずだから，$x' = 0$, t' を見ると，それは $x = Vt$, t に見えるはずである．よって

$$0 = \frac{e^{\chi} + e^{-\chi}}{2} x - \frac{e^{\chi} - e^{-\chi}}{2} ct$$

は，$x = Vt$ と同じでなければならない．したがって

$$V = \frac{e^{\chi} - e^{-\chi}}{e^{\chi} + e^{-\chi}} c$$

が成り立つ．すなわち

$$(e^{\chi} + e^{-\chi}) \frac{V}{c} = e^{\chi} - e^{-\chi}$$

だから

$$e^{\chi} \left(1 - \frac{V}{c}\right) = e^{-\chi} \left(1 + \frac{V}{c}\right)$$

が成り立ち

$$e^{\chi} = \sqrt{\frac{1 + (V/c)}{1 - (V/c)}}, \qquad e^{-\chi} = \sqrt{\frac{1 - (V/c)}{1 + (V/c)}}$$

となるから，(4) の係数は

$$\frac{e^{\chi}+e^{-\chi}}{2}=\frac{1}{\sqrt{1-(V/c)^2}},\qquad \frac{e^{\chi}-e^{-\chi}}{2}=\frac{V/c}{\sqrt{1-(V/c)^2}}$$

となる．よって，(4) は

$$x'=\frac{x-Vt}{\sqrt{1-(V/c)^2}},\qquad t'=\frac{t-(V/c^2)x}{\sqrt{1-(V/c)^2}} \tag{5}$$

となる．これが一致した事象 $(x,\,ct)$ と $(x',\,ct')$ の関係であって，**ローレンツ変換**とよばれる．左辺の K′ 系は K 系に対して速度 V で動いている．

これを，逆に x, t について解いてみると

$$x=\frac{x'+Vt'}{\sqrt{1-(V/c)^2}},\qquad t=\frac{t'+(V/c^2)x'}{\sqrt{1-(V/c)^2}} \tag{6}$$

となり，(5) の V を $-V$ に変えただけの式になる．左辺の S 系は S′ 系に対して $-V$ で動いているのだから，この結果はたいへん満足である．

7.3 ミンコフスキー空間

$(x,\,ct)$ を事象というと，いかにも座標系に依存した概念のように聞こえるが，本当は，その位置，時刻にそこでおこった「こと」を指しているのである．異なる座標系の背後にある「こと」を表わすうまい方法をミンコフスキーが考え出した．

まず，K 系の時空座標軸として，直交する x 軸，$T=ct$ 軸をとり，それぞれ原点 O から単位の長さ $x=T=1\,\mathrm{m}$ のところを A, B とする．その n 倍のところに $\mathrm{A}_n, \mathrm{B}_n$ の印をつける $(n=\cdots,\,-1,\,0,\,1,\,2,\,\cdots)$．

そこに K′ 系の x' 軸，T' 軸を描くのだが，これらは (5) で定まる，

x' 軸なら，その上で $T'=ct'=0$ だから (5) により直線 $T=(V/c)x$ となる．これに平行な直線は，どれも K′ 系で同時刻の事象の軌跡となる．

$T'=ct'$ 軸なら，その上で $x'=0$ だから (5) により直線 $x=(V/c)T$ となる．これに平行な直線は，どれも K′ 系で同じ場所の事象の軌跡となる．

x' 軸，T' 軸に単位の長さ毎に目盛りをつけなければならない．x' 軸上の $x'=1\,\mathrm{m}, T'=0$ の点は，(5) によれば

$$x-(V/c)T=\sqrt{1-(V/c)^2},\qquad T-(V/c)x=0$$

だから，それぞれを 2 乗して引けば，V が消去され

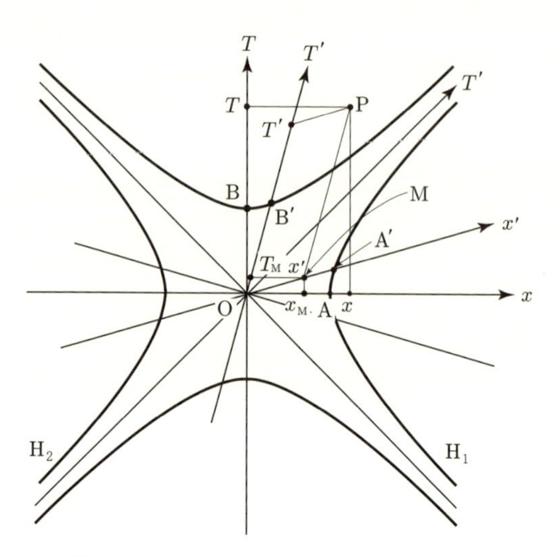

図 2　ミンコフスキーの図と 2 つの座標系.

$$x^2 - T^2 = 1$$

となる．これは，ミンコフスキーの図の上では双曲線 H_1, H_2 である．x' 軸上の $x' = 1\,\mathrm{m}$ の点は，この双曲線 H_1 上にあるのだから，この双曲線と x' 軸との交点である．これで x' 軸上，原点から単位長さの点 A′ が定まった．原点から単位長さの n 倍の点は双曲線 $x^2 - T^2 = n^2$ と x' 軸の交点である．

T' 軸上にも同様にして目盛りがつけられる．

そうすると，ミンコフスキー図の上の点 A′ の座標は，K′ 系で見れば

$$x' = 1, \qquad T' = 0 \tag{7}$$

となり，K 系で見れば，$x^2 - T^2 = 1$, $T = (V/c)x$ の交点であることから

$$x = \frac{1}{\sqrt{1-(V/c)^2}}, \qquad T = \frac{V/c}{\sqrt{1-(V/c)^2}} \tag{8}$$

となる．これらは，もちろんローレンツ変換 (5) でつながっている．座標こそ違え，同一の時空点を表わしているのである．このことは，(5) に代入してみれば容易に確かめられる．

K′ 系の長さの単位とした $\overline{\mathrm{OA'}}_{\mathrm{K'}} = 1$ を K 系で見ると，(8) の x, T を用いて

$$\overline{\mathrm{OA'}}_{\mathrm{K}} = \sqrt{x^2 + T^2} = \sqrt{\frac{1+(V/c)^2}{1-(V/c)^2}} \tag{9}$$

となる．これがミンコフスキー図の上で異なる系の長さを比べるときの単位長さの比である．

一般に，任意の点 P の K 系で見た座標 (x, T) と K$'$ 系で見た座標がローレンツ変換でつながっていることも，次のようにして確かめることができる：

ミンコフスキーの図の上で，点 P から OT' に平行な直線と x' 軸との交点を M とすれば，

$$T - T_\mathrm{M} = \frac{c}{V}(x - x_\mathrm{M}), \qquad T_\mathrm{M} = \frac{V}{c}x_\mathrm{M}$$

から

$$x_\mathrm{M} = \frac{x - (V/c)T}{1 - (V/c)^2}$$

を得て

$$\begin{aligned}\overline{\mathrm{OM}} &= \sqrt{x_\mathrm{M}^2 + T_\mathrm{M}^2} = x_\mathrm{M}\sqrt{1 + (V/c)^2} \\ &= \{x - (V/c)T\}\frac{\sqrt{1 + (V/c)^2}}{1 - (V/c)^2}.\end{aligned}$$

ここで K$'$ 系では $\overline{\mathrm{OA}'}$ を単位の長さとしたことを思い出して

$$x' = \frac{\overline{\mathrm{OM}}}{\overline{\mathrm{OA}'}} = \frac{x - Vt}{\sqrt{1 - (V/c)^2}} \tag{10}$$

を得る．T' も同様にして

$$T' = \frac{T - (V/c)x}{\sqrt{1 - (V/c)^2}} \tag{11}$$

を得て，ローレンツ変換が完成する．

7.4 走る棒は縮み，走る時計は遅れる

いま K$'$ 系に横たわる棒を考える．この棒の (x, ct) 系でみた長さとは，同時刻に見た左端と右端の距離であるから，(x, ct) 系では $t =$(一定) でみた棒の右端，左端の間の距離であり，(x', ct') 系で見た長さは $t' =$ 一定で見た $\mathrm{P'Q'}$ である．これらは，違うだろう．実際，(5) で (x_Q, ct) と (x_P, ct) にあたる (x', ct') 系での座標を書いて

$$x'_\mathrm{Q} = \frac{x_\mathrm{Q} - Vt}{\sqrt{1 - (V/c)^2}}, \qquad x'_\mathrm{P} = \frac{x_\mathrm{P} - Vt}{\sqrt{1 - (V/c)^2}}$$

の差をとると，Vt は消えて

$$x_Q - x_P = (x'_Q - x'_P)\sqrt{1 - \left(\frac{V}{c}\right)^2}$$

となる．走っている棒の長さ $x_Q - x_P$ は，静止しているときの長さ $x'_Q - x'_P$ より $\sqrt{1-(V/c)^2}$ 倍だけ短くなっている．

次に，$(x',\, ct')$ 系の時計の 1 つを考えよう．原点 $x' = 0$ にある時計としようか．その時計が時刻 t'_1 を示した事象 $(0,\, ct'_1)$ は，$(x,\, ct)$ 座標系では (6) によれば

$$ct_1 = \frac{ct'_1}{\sqrt{1-(V/c)^2}}, \qquad x_1 = \frac{Vt'_1}{\sqrt{1-(V/c)^2}} \tag{12}$$

になる．時刻 0 では両系の時計はともに 0 を指していたのだから，$(x',\, ct')$ 系で時間 t'_1 がたつ間に $(x,\, ct)$ 系ではより長い時間がたったのである．つまり，走る時計は遅れている (図 3).

ここで 1 つ注意．走っている時計の時間は，走っている時計自身，つまり同一の時計で測っているのに対して，それを見ている系の時間は別々の時計で測っている．すなわち，走っている時計が $t' = 0$ を指していたときの位置 $x = 0$ にあった時計による時刻 $t = 0$ と，走っている時計が $t' = t'_1$ を指したときの位置 x_1 にある時計による時刻 t_1 との差をとって経過時間としている．

これは，まったく相互的であって，$(x,\, ct)$ 系の時計の 1 つ――原点 $x = 0$ にある時計を考えると，それが時刻 t_2 を指したという事象 $(0,\, ct_2)$ は (5) によれば $(x',\, ct')$ 系の事象

$$ct'_2 = \frac{ct_2}{\sqrt{1-(V/c)^2}}, \qquad x'_2 = \frac{-Vt_2}{\sqrt{1-(V/c)^2}}$$

となる．したがって，$(x,\, ct)$ 系とともに走る時計を $(x',\, ct')$ 系から見れば，やはり遅れて見えるのである (図 3)．これではパラドックスの解決にならない．

7.5 双子のパラドックス

太郎のいる地球の座標系 K : $(x,\, ct)$ は慣性系であるとする．次郎の乗ったロケットの座標系 K$'$: $(x',\, ct')$ は地球を出るとき，星 S に達して地球への帰路につくとき，地球に帰ってきたとき，それぞれ加速度運動をするが，その時間は次郎の旅の時間に比べて極めて短いものとする．

7.5.1 地球は静止していると見る扱い

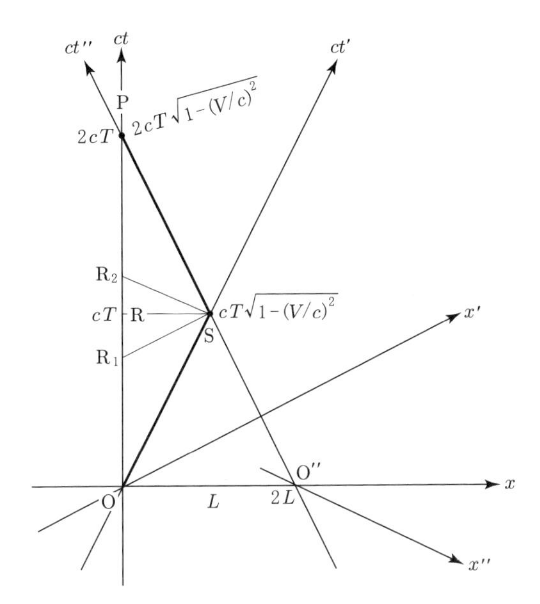

図3　ロケットの世界線 OSP といろいろの座標系．地球に固着した K : (x, ct)，ロケットに固着した K$'$: (x', ct') (往路), K$''$: (x'', ct'') (帰路).

ロケットの運動のミンコフスキー図は図3のようになる．OSP がロケットの世界線である．地球から星 S までの距離を L とする．ロケットが速度 V で等速運動して星 S に到達したという事象は，K で見れば

$$(\text{引き返し点 S}) \quad : \quad t = T, \quad x = L \qquad (T = L/V) \tag{13}$$

であるが，K$'$ で見ると，ローレンツ変換

$$(\text{往路}) \quad : \qquad t' = \gamma\left(t - \frac{V}{c^2}x\right), \quad x' = \gamma(x - Vt) \tag{14}$$

により

$$(\text{引き返し点 S}) \quad : \quad t' = \gamma\left(t - \frac{V}{c^2}L\right) = \frac{1}{\gamma}T, \quad x' = 0 \tag{15}$$

となる．ここで

$$\gamma = \frac{1}{\sqrt{1-(V/c)^2}}.$$

続いて，地球に引き返す．ロケットの帰路でのローレンツ変換は (14) で V を

$-V$ にすればよいと思ってはいけない (何故か？). ミンコフスキー図を見よう. ロケットの世界線の「往路」の部分では常に $x'=0$ になっているが,「帰路」ではなっていない. ロケットが常に $x''=0$ にいるようにするには, 図3に示すように時間軸 ct'' を SP に一致させ, かつ S で $t''=t'$ となるようにしなければならない. それにはローレンツ変換を

$$(\text{帰路}) \ : \ t'' = \gamma\left\{t + \frac{V}{c^2}(x-2L)\right\}, \quad x'' = \gamma\{(x-2L)+Vt\} \tag{16}$$

とする. これを座標とする系を K″ とよぶ.

ロケットが地球の帰り着く時刻は (16) で $x = x'' = 0$ とおき $t = 2L/V = 2T$ に注意して

$$(\text{地球で再会}) \begin{cases} (\text{K 系}) & : \quad t = 2T \\ (\text{K}'' \text{ 系}) & : \quad t'' = 2T/\gamma \end{cases} \tag{17}$$

となる. このとき, 旅行してきた次郎は $2T/\gamma$ しか歳をとっていないのに, 地球に留まっていた太郎は $2T$ まで年老いている.

7.5.2 ロケットが静止と見る扱い

次郎からみると, 地球も星も速度 $-V$ で走っているように見えるので, 地球と星の距離もローレンツ収縮する. そこを太郎が往復するので

$$(\text{再会までの時間, 次郎の時計で}) \ : \quad \frac{2L}{V}\sqrt{1-\left(\frac{V}{c}\right)^2} \tag{18}$$

太郎は, 次郎に対して速度 $-V$ で走っているから, 太郎の時計は次郎の時計より遅れるので

$$(\text{再会までの時間, 太郎の時計で}) \ : \quad \frac{2L}{V}\left\{1-\left(\frac{V}{c}\right)^2\right\} \tag{19}$$

となる. ここまではパラドックスのいうとおりである.

しかし, まだ問題が残っている.

ロケットの引き返し点 S と同時刻の地球上の点が, 往路のロケット系 K′ で見ると R_1 で, 帰路の K″ 系で見ると R_2 である. 同一の点 S と同時な点が 2 つあるのが問題だ.

地球の系 K での点 R_1 の時刻 $t(\mathrm{R}_1)$ をもとめよう. 点 S の K′ 系での時刻は (15) により $t' = T/\gamma$ である. ローレンツ変換 (14) を逆に解いて

$$t = \gamma\left(t' + \frac{V}{c^2}x'\right), \qquad x = \gamma(x' + Vt') \tag{20}$$

とすると $x = 0$ には $x' = -Vt'$ が対応するから，(20) の第 1 式から

$$t(\mathrm{R}_1) = \gamma\left(1 - \frac{V}{c^2}V\right)t' = \left(1 - \frac{V^2}{c^2}\right)T \tag{21}$$

となる．同様にして

$$t(\mathrm{R}_2) = \left(1 + \frac{V^2}{c^2}\right)T. \tag{22}$$

ここで $\overline{\mathrm{OR}_1} + \overline{\mathrm{R}_2\mathrm{P}}$ は

$$t(\mathrm{R}_1) + \{2T - t(\mathrm{R}_2)\} = \left(1 - \frac{V^2}{c^2}\right)\cdot 2T \tag{23}$$

となり，確かに (19) に一致している．

ロケットの引き返し点 S に地球上の 2 つの時刻が対応するのは，ロケットの引き返しに多少とも時間がかかり世界線が点 S で湾曲するためである (図 4)．この時間の間，ロケットの座標系は加速度運動をするので慣性系でなく，そこに置かれた地球の K 系の時計は強い重力場にさらされる．一般相対性理論の出番である．

一般相対性理論によれば，次の小節で説明するように重力ポテンシャルの高いところでは低いところよりも時計の進みが速い．

ロケットが地球へと進行方向を変えるとき発生する重力場は，地球からロケットに向かう向きなので，ロケットの位置の重力ポテンシャルは地球の位置より低い．だからポテンシャルはロケットの位置の方が低く，時計の進みも遅い．その結果，地球の時計は

$$t(\mathrm{R}_2) - t(\mathrm{R}_1) = 2\left(\frac{V}{c}\right)^2\frac{L}{V} \tag{24}$$

だけ進むことになる．

こうして，ロケットの出発から帰着までの時間は，ロケットが静止していて地球が往復運動するとしても，地球の座標系では (23) + (24)，すなわちミンコフスキー図の $\overline{\mathrm{OP}}$ となる：

$$2T = \frac{2L}{V}. \tag{25}$$

また，ロケットの座標系では (18) で

$$\sqrt{1 - \left(\frac{V}{c}\right)^2}\,\frac{2L}{V} \tag{26}$$

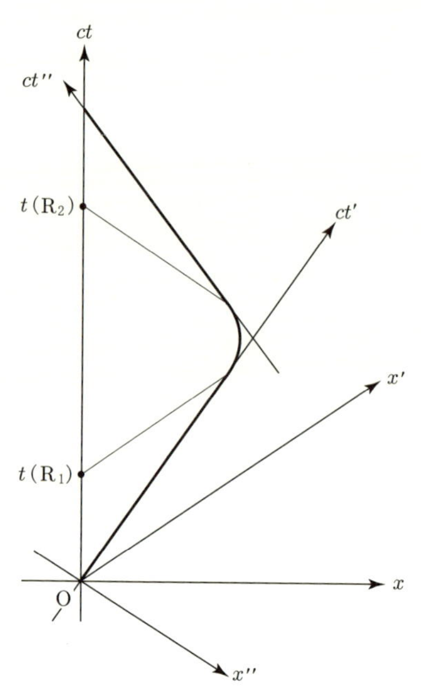

図4　ロケットの世界線の湾曲．図3にはロケットの世界線がSで折れ曲がるように描いてあるが，実はある曲率をもって湾曲している．世界線が湾曲している間 —— 地球の時計では $t(\mathrm{R}_1)$ から $t(\mathrm{R}_2)$ まで —— は，ロケットが往路から帰路へ運動の向きを変える，すなわち加速度運動をしている時間である．

となる．

いずれも，地球が静止しロケットが動くとした場合の (17) に一致している．双子のパラドックスは解決した．浦島効果は実在するのだ．

なお，ロケットが地球から発進するとき，地球に帰着するときにはロケットは慣性系に対して加速度運動をするが，ロケットの次郎の時計の位置と地球の太郎の時計の位置に差がないのでポテンシャルの差もなく，時計の進み方に重力ポテンシャルによる差は生じないのである．

こうして，パラドックスは，重力が時計の進みに影響することを確かめれば解決することになった．その確かめを次の節でしよう．

7.6 重力と時計

重力が時計の進みに影響することは一般相対性理論からの帰結であるが，もっと簡単に示すこともできる．物理学のあらゆる部分は相互につながっているのであって，それを掘り起こすことも物理学のおもしろさである．

7.6.1 光子時計

光の振動を時計として使うことを考えよう．振動数 ν の光は 1 秒間に ν 回の振動をする．それが N 回の振動をしたら N/ν 秒が経過したということである．だから光の振動の回数を数えて経過した時間を知ることができる．こうして光の信号で時計をあわせるところが相対性理論である．

ところで，重力加速度が下向きに g の重力場で L の高さにある質量 m の物体は，高さ 0 にあるときより mgL だけ余分の位置エネルギーをもつ．

振動数 ν の光子は $h\nu$ のエネルギーをもつ．h はプランクの定数である．これは $mc^2 = h\nu$ からきまる質量

$$m = \frac{h\nu}{c^2} \tag{27}$$

をもつ．これが重力場で高さ L にあれば位置エネルギー mgL ももつ．それが高さ 0 まで下がってくれば

$$h\nu' = h\nu + mgL \tag{28}$$

からきまる振動数 ν' になる．これはエネルギー保存則である．

(27) を代入して，両辺を h で割れば

$$\nu' = \nu + \frac{gL}{c^2}\nu = \left(1 + \frac{gL}{c^2}\right)\nu \tag{29}$$

が得られる．この式は，重力場では高さによって光の振動数が変わることを示している．振動数が変われば，時間の進み方も変わる．

重力場で高さによって光の振動数が変わることは，天文学では赤方偏移として知られている．星の表面という位置エネルギーの小さいところで生まれた光子 $h\nu$ は，星から離れて位置エネルギーの大きいところに出てくると振動数が減り，波長が長くなる．可視光でいえば赤くなるのである．地球上でも，高い塔から光子を落して確かめられている．

いま，高さ 0 で時間 $\Delta T' = N/\nu'$ が経過したとしよう．(28) の両辺を $h\nu\nu'$ で

割り，N 倍すると

$$\frac{N}{\nu} = \frac{N}{\nu'} + \frac{mgL}{h\nu}\frac{N}{\nu'}$$

が得られる．$N/h\nu = \Delta T$ は，高さ 0 で時間 $\Delta T'$ が経過する間に高さ L で経過する時間である．(27) の m を代入して

$$\Delta T - \Delta T' = \frac{gL}{c^2}\Delta T' \tag{30}$$

となる．

ここで，太郎とロケットの場合に移ろう．ロケットが方向転換の加速をしている間，ロケットの系では太郎からロケットに向かう重力場が発生している．慣性系で見たロケットの加速度を g とすれば，ロケットの系に発生している重力場の加速度の大きさも g である．そして，太郎の位置のエネルギーの方がロケットより大きい．したがって，太郎の位置で経過する時間を ΔT，ロケットの位置で経過する時間を $\Delta T'$ として (30) が成り立つ．L は太郎とロケットの距離であって

$$L = VT$$

である．したがって

$$\Delta T - \Delta T' = \frac{Vg\Delta T'}{c^2}T$$

となるが，時間 $\Delta T'$ の間にロケットは速度 V を反転させるので

$$g\Delta T' = 2V$$

が成り立つ．g が無限に大きく，$\Delta T'$ が無限に短い場合を考えれば

$$\Delta T = \frac{2V^2}{c^2}T \tag{31}$$

となる．こうして (24) が得られた！

7.6.2 等価原理

一般相対論でいうと，どうなるか，簡単に説明しよう．一般相対性理論の本質は等価原理にある．それは，重力は，自由落下する系に移ることによって——少なくとも局所的には——消し去ることができる，という原理である．

われわれの太郎とロケットの場合は，もともと太郎の慣性系で見れば重力などなかったのである．だから，等価原理はいまはトリヴィアルである．相対性理論

を使うのは，今度も光の信号で時計を合わせるところだ．

太郎の慣性系で見ると，ロケットは太郎に向かう加速度 g で方向転換する．いま，太郎が振動数 ν の光をロケットに送ったとする．その瞬間にロケットの速さが V_1 だったとすれば，光が距離 L を走ってロケットに到達するとき，ロケットの速さは

$$V_1' = V_1 - g\,\frac{L}{c}$$

になっている．ロケットは，速さ

$$-V_1' = \frac{gL}{c} - V_1$$

で太郎に向かってくるので，ロケットの受ける光の振動数は，ドップラー効果により

$$\nu' = \left(1 + \frac{gL}{c^2} - \frac{V_1}{c}\right)\nu \tag{32}$$

になる．これは，もし $V_1 = 0$ だったら (29) と同じである．いや，(29) でも，もしロケットの速さを考えに入れたらドップラー効果で V_1 の項が入ってきたはずなのである．

(32) の両辺を $\nu\nu'$ で割り，前小節にならって N 倍すれば

$$dT = \left(1 + \frac{gL}{c^2}\right)dT' - \frac{V_1}{c}\,dT'$$

が得られる．

ここに dT' は，ロケットの方向転換の時間の微小部分を意味する．これを，方向転換の始めから終りまで積分すれば

$$\int_{\text{始め}}^{\text{終り}} V_1(T')\,dT' = 0$$

となる．V_1 は方向転換の前半では正であるが後半では負になるからである．そして

$$\int_{\text{始め}}^{\text{終り}} dT' = \Delta T', \qquad \int_{\text{始め}}^{\text{終り}} dT = \Delta T$$

は，それぞれ，ロケットが方向転換に要した時間をロケットの系で測ったもの，太郎が測ったものである．こうして，(30) が再び得られた．

実は，前小節の議論も V_1 を考えに入れて今のようにすべきだったのである．

(30) から後の議論は前小節とまったく同じで，(31) に到達し，すなわち (24) が

得られる.

7.7 結論

地球からロケットに乗って宇宙旅行してきた次郎は若いままで，地球に残っていた太郎は年老いている．このことは，往復の時間を計算した上の結果からわかる．

実際，ロケット (次郎) が運動して地球 (太郎) は静止していると見る立場では，往復の時間は (17) から

太郎から見ると　　$2T$

次郎から見ると　　$2T' = 2T\sqrt{1-(V/c)^2}$

であった.

ロケットは静止していて地球が運動していると見る立場からも，往復の時間は，(26) により同じ $2T$ である．次郎から見た往復の時間は，ロケットが静止していると見る場合でも，地球が静止していると見る場合でも，次郎自身の時計で測るので同じ T' となるのである.

注意

「7.5 双子のパラドックス」の始めに次の意味のことを書いた：

> そこにロケットに固着した (x', ct') 系があって，(x, ct) 系と時間を含めて完全に一致していたとしよう．ロケットは，その原点にあり，次郎が乗っている.
>
> 時刻 0 にロケットが噴射してロケットに “無限に大きな力が瞬間的に” はたらき，この系 S′ は慣性系に対し速さ V で x 軸の正の向きに運動をはじめた．等速運動である.

初め時間を含めて完全に一致していた座標系が，一方が運動を始めた途端に

$$x = \frac{x' + Vt'}{\sqrt{1-(V/c)^2}}, \qquad t = \frac{t' + (V/c^2)x'}{\sqrt{1-(V/c)^2}}$$

のように食い違うのは奇妙なようだが，これも S′ 系の加速に伴い，この座標系に生ずる重力のせいである．(30) から加速が瞬時におこったとし，$g\Delta T' = V$ を用いて得る式

$$\Delta T = \frac{V}{c^2}\,L$$

を t の式の $(V/c^2)x'$ の項に比べれば，その片鱗が窺えよう．因子 $1/\sqrt{1-(V/c)^2}$ について議論することは省略しよう．

8. 重力レンズ——0957＋561 A, B の謎

お互いに 20 万光年も離れているはずの 2 つのクエーサーが強度も含めて同じスペクトルの光を出していることが，昨年の春に発見された．見えない巨大暗黒星雲の重力が光の道筋を曲げレンズのはたらきをして，単一のクエーサーを 2 つに見せているためだという，なにやら不気味なお話．

8.1 二重クエーサー (準星) の謎

1979 年 3 月 29 日，0957＋561 A, B とよばれてきた 2 つのクエーサーが，ほとんど完全に同じスペクトルをもつことが発見された．2 つのクエーサーのスペクトルが一致しているのは，偶然だろうか？　それとも，なにか理由のあることだろうか？

その謎ときに入るまえに，観測データをいくらかご紹介しておいたほうがよいだろう．昨年 3 月 29 日の発見をしたのは，イギリスのウォルシュ，カーズウェルとアメリカのウェイマンの 3 人であって，その観測はアメリカはアリゾナ州にあるキット・ピーク国立天文台の口径 2.1 m の望遠鏡をもちいて行なわれた．なにしろ 460 億光年という遠方にある星のことなので映像増幅などの技術がつかわれているが，いまは観測技術的なことには立ち入らないでおこう．

クエーサーのスペクトル観測は，イギリスのジョードレル・バンクの電波望遠鏡 (966 MHz の電波をとらえる．波長にすれは 31.1 cm) がつくったクエーサー候補のリストにしたがい，すでに数年にわたって続けられてきている．問題の 0957＋561 は，ドイツのポルカたちにより，青く輝く星状の一対からなり，2 つは地球から見た角度にして 6 秒くらい離れていると報告されていた．明るさは，赤色で見ると両者とも 17.0 等級，青色では A がやや明るくて 16.7 等級あるのに対して B は

17.0 等級と計算された.

さて，ウォルシュたちが 4 月 1 日の観測で得た**スペクトル強度曲線**を見ていただこう．図 1 の上が 0957 + 561 A のもの，下が B のもの．横軸に波長 λ をとって，それぞれのクエーサーからくる光の波長ごとの強度をグラフにしたものである．たしかに，2 つのグラフは非常によく似ているではないか.

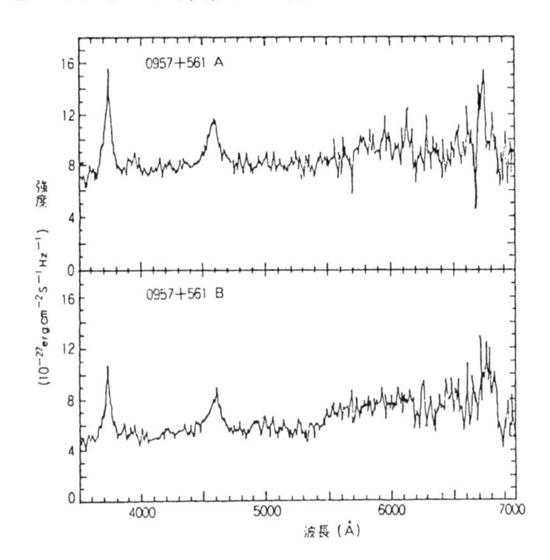

図 1　二重クエーサーのスペクトル強度．2 つのスペクトルは，一見して酷似していることがわかる．はたして，これは何を意味するのか.

念のためにいえば，波長 λ の単位として書かれている Å はオングストローム，すなわち 10^{-8} cm のこと[1] だから，横軸の右端の $\lambda = 7000$ Å は赤い光をあらわし，左端の $\lambda = 3500$ Å は菫色から紫外線にかかったところである．このグラフは，だから可視部の全域をおおっているわけだ．縦軸のスペクトル強度というのは，波長ごとのエネルギー流束のことであって，地上で星の方向をむいた面積 $1\,\mathrm{cm}^2$ が 1 s 間に受けとる光のエネルギー (erg) のうち当の波長 λ を中心に振動数幅 1 Hz に属する分のことである．ここでは $10^{-27}\,\mathrm{erg/(cm^2\,s\,Hz)}$ が単位にとってある.

2 つのクエーサーのスペクトル強度曲線がほとんど同じであることは，なにを意味しているのか．それを考えるには，図 1 のグラフのギザギザが一体なにを意味するのか知らねばなるまい．さいわい，ウォルシュたちの論文に図 1 の一部分

1)　Å は A と書くこともあるが，電流の単位アンペアと混同する恐れがある.

をより精密に調べた結果がのっている (図 2(a)). それを借りて説明をしよう.

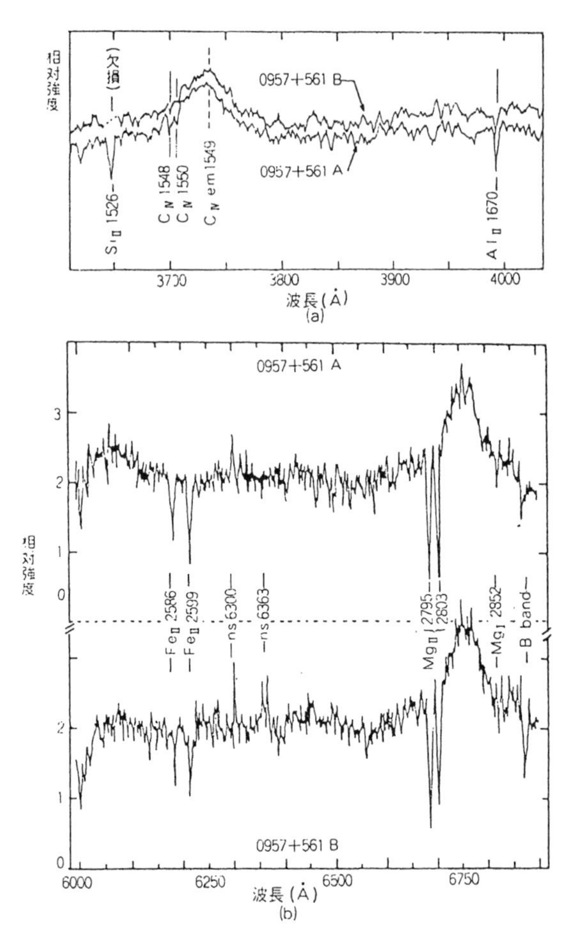

図 2　二重クエーサーのスペクトルの腑分け. 原子スペクトルとの同定を縦線で示す. ただし, 実線は吸収スペクトル, 点線は発光スペクトルである.
(a) はウォルシュたちが 1979 年 3 月 30 日にアリゾナ大学の, 2, 3 m 望遠鏡でとったもの.
(b) はウェイマンたちがホプキンス山天文台の多重反射鏡型望遠鏡 (口径 4.5 m に相当) で 4 月 20～22 日に得たもので, この望遠鏡の最初の科学的成果といわれる.

この図 2(a) で, $Si_{II}1526$ として実線の縦棒が書いてあるのは, その場所でのスペクトル強度曲線の凹みがシリコン原子の 1 価のイオン Si^{+} による波長 1526 Å の吸収に対応していることを示す. ほかの実線の縦棒も同じく吸収スペクトルを表わすのであって, 元素記号の横にあるローマ数字はイオン価の度合を示す. I は中性原子，II は 1 価のイオン，III は……．また，縦棒には点線もあって，$\mathrm{C_{IV}}$ em 1549 とあるが，これは発光スペクトルを表わす．炭素原子から電子が 3 個とれてしまった残りの $\mathrm{C^{+++}}$ は波長 1549 Å の光を出す．スペクトル強度が点線の縦棒を中心に数十 Å の幅で山のようにもりあがっているのは，$\mathrm{C^{+++}}$ が光っていることに対応しているというのである．図 2 には現われていないが，発行スペクトルとしては，なお $\mathrm{O_{IV)}}$1402，$\mathrm{He_{II}}$1640，$\mathrm{C_{III)}}$1909，$\mathrm{Mg_{II}}$2798 に対応するものが見いだされている．図 2 には (b) としてウェイマンたちが昨年 (1979 年) の 6 月に行なった測定の結果も示した．ここにはマグネシウムのほか鉄のスペクトルに対応する吸収が見える．

ここで“対応する”という歯切れの悪い言葉をつかったのは，いわゆる赤方偏移があって，原子が出したり吸ったりする固有の波長が，そのまま地上で観測されるスペクトル強度の凸凹に現われるわけではないからである．実際，たとえば $\mathrm{C_{IV}}$ 1549 の発光スペクトルは原子に固有の波長 $\lambda_0 = 1549\,\text{Å}$ の 2 倍以上に延びた $\lambda_{\text{観測}} = 3729.5\,\text{Å}$ のところに図 2(a) では現われている．一般に，

$$z \equiv \frac{\lambda_{\text{観測}} - \lambda_0}{\lambda_0}$$

を**赤方偏移** (または赤方偏移パラメータ) とよぶ．いまいった $\mathrm{C_{IV}}$ 1549 では，これは $z_{\text{発光}} = 1.408$ になる．問題のクエーサーの場合，発光スペクトルの赤方偏移[2]は，どの輝線についても，だいたい等しいのである．2 つのクエーサー A, B で比べても等しい．同じことを吸収スペクトルについてみると，こちらは A と B の差がなく $z_{\text{吸収}} = 1.390$ になる．この値は $z_{\text{発光}}$ より小さい．

スペクトルの赤方偏移は，宇宙の膨張にともなって星たちが地球から離れてゆくためにおこるドップラー効果によるものと考えられる．星たちの後退速度は地球から遠いものほど大きく，その距離 (いわゆる光度距離) L と赤方偏移 z のあいだには，およそ

$$L = \frac{c}{H_0}\left(z + \frac{1}{2}z^2\right)$$

の関係がなりたつ．ただし，$H_0 = (6 \times 10^{17}\,\mathrm{s})^{-1}$ はハッブル定数，$c = 3 \times 10^{10}\,\mathrm{cm/s}$ は光速である．いわゆる減速パラメータは 0 とした．問題のクエーサーについては，

2)　p.99 に説明がある．

$$z_{\text{発光}} = 1.4 \quad \text{から} \quad L_{\text{発光}} = 4.3 \times 10^{28}\,\text{cm}$$
$$z_{\text{発光}} - z_{\text{吸収}} = 0.018 \quad \text{から} \quad L_{\text{発光}} - L_{\text{吸収}} = 7.8 \times 10^{26}\,\text{cm}$$

こうしていまの場合, 光を発しているものは460億光年 (1光年 $= 9.5 \times 10^{17}$ cm) の距離にあって, そこから約100分の1の距離だけ手前に光を吸収するなにものかがあるという推定がなりたつ.

2つのクエーサーA, Bは, 地球から見た角度にして $\varphi = 5.7$ 秒ほど離れているということだから, 視線に垂直な距離だけで $d_\perp = 2.2 \times 10^{23}$ cm にもなる. これはクエーサーを光が出た時点での距離であって, 地球にくるまでの間に宇宙が膨張していることを考慮して $d_\perp = L\varphi/(1+z)^2$ としてある.

クエーサーA, Bのスペクトル強度曲線がほとんど一致しているということは, 両者がほぼ同じ物質を同じ量だけ含み, それらがほぼ同じ状況にあることを意味するだろう. 垂直距離だけで $d_\perp = 2.2 \times 10^5$ 光年も離れているものが, そのように“同じ”になるということは考えにくいのではないだろうか？ ちなみに, この距離は, ほぼ, われわれの銀河系の直径にあたる.

8.2 重力レンズ効果

ウォルシュたちは, イギリスの科学速報誌「ネイチュア」の1979年5月31日号に論文を発表して, “2つのクエーサー0957 + 561 A, Bは実はひとつのものが重力レンズ効果によって2つに見えているのだ” という仮説を提出した. もともと発光体がひとつなのだから, スペクトル強度曲線が同じになるのは当然だというわけである.

では, 重力レンズ効果とはなにか？

石ころを投げると, その道筋は重力のために曲がる. 同様に, 光も重力を感じて曲がるというのがアインシュタインの一般相対性理論からの帰結であった. 光線は太陽の近くを通過するとき太陽に引かれて屈曲するはずだ. このことが1919年5月29日の皆既日食のときに実際に認められてセンセーションをおこしたことは周知であろう.

重力場が光の道筋を曲げるのならば, それがレンズのはたらきをする場合もあるのではないか？ チェコの電気技術者マンドルが, このようにアインシュタインに書き送ったのは1935年のことである. アインシュタインは小さな論文を書いて，それに答えた.「遠方の星 O から光が地球までくる途中で重い星 M の近くを通るなら，光は M の重力場によって曲げられ，その結果 “M がないときよりも O は明るく見える！” しかし，このようなことが実際におこる確率は残念ながら小さい——」

実は，それより 15 年も前に，エディントンが上と同じ状況を考えて，地上から見ると，O の 1 次的な像に加えて，少しずれたところに M のレンズ作用による O の弱い 2 次的な像が見えるだろうと予言していたのである．このレンズが星の明るさを強めることには，彼は気づかなかった．1923 年には，そのときにか後にかヤークス天文台の台長をつとめたフロストがレンズ効果を実際に見つけようという計画を素描していたという.

1937 年には，アメリカのツヴィッキイが，星ではなしに星雲のレンズ作用ならば見つけられる確率は小さくないと論じている．その後も，今日にいたるまで，重力レンズ効果はときどき検討されてきた.

閑話休題．点状の質量 M があると，まっすぐにいけば M から距離 b のところを通過するはずであった光線は,

$$\varepsilon = \frac{4GM}{c^2 b} \qquad (\text{単位：ラジアン}) \tag{1}$$

という角度だけ屈曲する (図 3). ここに，c は光速, $G = 6.7\times 10^{-8}\,\mathrm{dyn\,cm^2/g^2}$ は

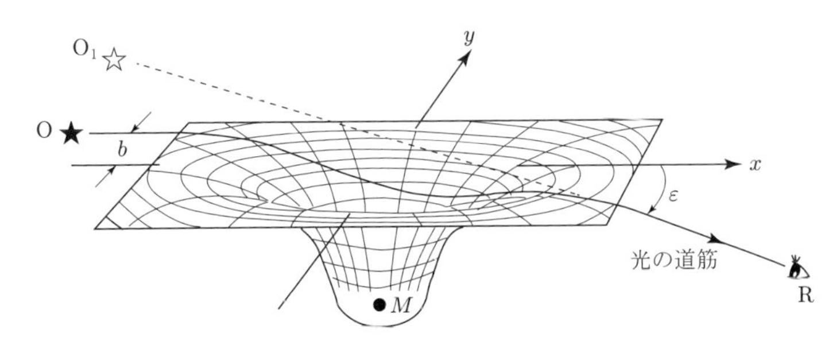

図 3　重力場すなわち時空の歪みによる光の道筋の屈曲．大きな質量の近くでは時空が歪んで，いわば 2 点間の距離がユークリッド空間のときより延びるようなことがおこる．そのことを，xy 平面を曲面に見たてることで表わしたものである.

重力定数である．この屈曲角は，ニュートンによる質点の屈曲角の 2 倍である．この式の M に太陽の質量 $M_\odot = 2.0\times 10^{33}$ g を入れ，b に太陽の半径 7.0×10^{10} cm を入れると，光線の屈曲角 ε として有名な値 1.75 秒がでてくる．1919 年の日食

のとき，太陽の縁あたりに見えた7つの星の方位が，太陽が離れていたときに比べて，ちょうどこの ε の値 (1.98 ± 0.16) 秒に相当するだけずれたことが確かめられ，これがアインシュタインの一般相対性理論の数少ない実験的証拠に加えられたのであった．その後も皆既日食のたびに同様の観測がくりかえされたが，精度は上がったとはいいがたい．今日では，それに代わって電波の屈曲を測る実験が公式 (1) を精度よく実証している．

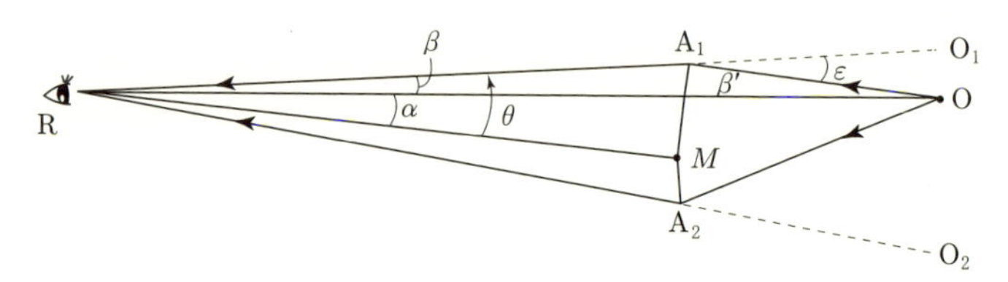

図4　重力レンズ効果．単一の光源Oから出た光が，大きな質量 M による空間の歪みで曲げられて，2つの異なった方向から地球の観測者Rにとどく．その結果，観測者には光源が O_1 と O_2 の2つであるように見える．

そこで，図4のように，観測者Rを遠方の光源Oに結ぶ直線から角 α だけずれて点状の質量 M があるとしよう．そうすると，Oから出た光は M の重力に引かれて曲線 OA_1R あるいは OA_2R をたどって観測者Rにとどくことになる．その光を受けた観測者は O_1 と O_2 という2つの方向に光源があると思うだろう．こうして，ウォルシュたちの "2つのクエーサー" 0957 + 561 A, B が重力レンズのいたずらかもしれないという可能性が考えられる．

実際，重力レンズ効果による単一光源の像は2つであって，それ以上ではないのである．第1に，Oから発射された光線は，それと M を含む平面から外に出ることはなく，したがって，その平面が同時にRを含む場合のほか光線は観測者Rにとどくことができない．第2に，いまの条件をみたして平面 OMR 内にOから発射された光線でも，その方向が適当でないとRに達し得ない．

たとえば，図4で A_2 がもっと M 寄りだったら，その光線にたいしては公式 (1) の b がより小さくなるから屈曲角 ε が大きくなって，光線は観測者Rをそれてしまう．A_2 が図4の位置よりも M から離れた場合も同様である．この点，光学凸レンズが点光源から発散する光線を "すべて" 一点に集めるのとはちがっている．かつてロッジが "太陽の重力場は焦点距離をもたないのだからレンズとはいえない" と注意した (1919年) のも，むべなるかな．

いそいで付け加えるが，ひとつの光源Oが2つに見えるというのは，重力レ

ンズ作用をする M が直線 OR からはずれて位置している場合 ($\alpha \neq 0$) の話である．たまたま M が OR 上にあるなら，O は M を中心とする円環に見える (後の図 5(c) を参照)．

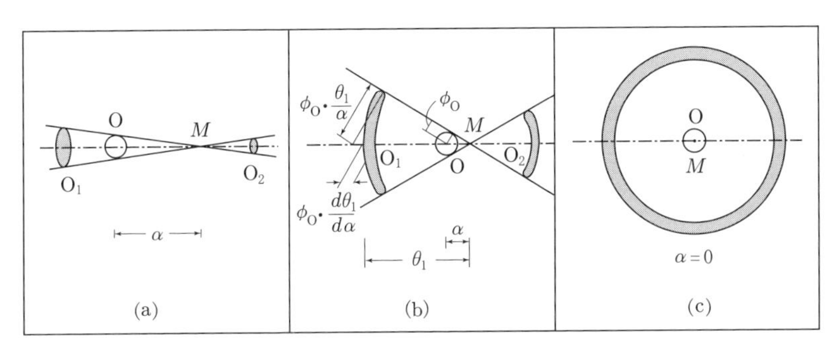

図 5　重力レンズ効果による球状の光源 O の像．像の形は，レンズ効果をおこす質量 M と光源 O のあいだの角距離 α (図 4 を参照) によって異なる．ϕ_{O} とか $\phi_{\mathrm{O}}\theta_1/\alpha$, $\phi_{\mathrm{O}}d\theta_1/d\alpha$ は地上から見込む角度を表わす．ヘルムホルツの相反定理により $\mathrm{O}_1, \mathrm{O}_2$ の輝度は光源 O の輝度に等しい．

8.3 像の形，明るさ

すこしだけ簡単な計算をしてみよう．そうすると，レンズ作用をする質量 M の大きさが推定できる．

まず，M はあたえられたとしよう．図 4 の状況で $\angle M\mathrm{RA}_1 \equiv \theta$ はいくらになるか？　これからは，角度はすべてラジアンを単位として表わす．

いま $\angle \mathrm{A}_1\mathrm{RO} \equiv \beta$, $\angle \mathrm{A}_1\mathrm{OR} \equiv \beta'$ とおけば，図から，

$$\theta = \alpha + \beta$$

となる．ところが，やはり図から，

$$\overline{\mathrm{R}M}\beta \fallingdotseq \overline{\mathrm{O}M}\beta', \qquad \beta + \beta' = \varepsilon - \frac{4GM}{c^2}\frac{1}{\overline{\mathrm{R}M}\theta}$$

が知れるので，

$$\beta = \frac{{\theta_0}^2}{\theta} \qquad \left({\theta_0}^2 \equiv \frac{4GM}{c^2}\frac{\overline{\mathrm{O}M}}{\overline{\mathrm{R}M}(\overline{\mathrm{R}M} + \overline{\mathrm{O}M})}\right)$$

この θ_0 の値が観測者 R に対する O, M の配置と M の質量とから定まることを注意しておく．

さて，いま算出したβを上の$\theta = \alpha + \beta$に代入すると，求めるθに対する2次方程式が得られる．すなわち，

$$\theta^2 - \alpha\theta - {\theta_0}^2 = 0$$

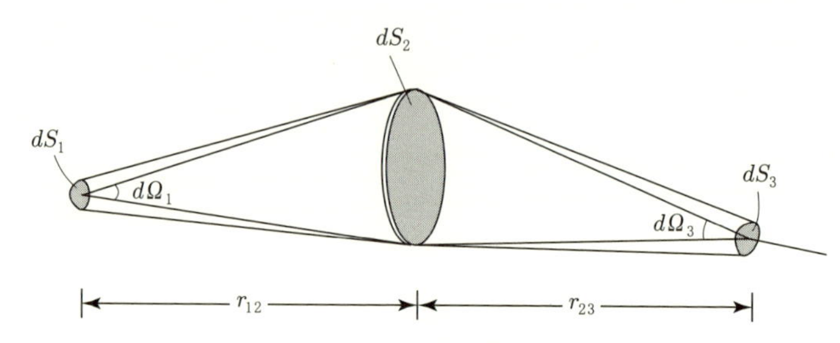

図6　ヘルムホルツの相反定理と輝度，照度．光線が屈折性の媒質を通過するとき，もし図の面積dS_1, dS_2, $\cdots$ のところで屈折率が1であるならば，

$$\frac{dS_1\, dS_2}{{r_{12}}^2} = \frac{dS_2\, dS_3}{{r_{23}}^2} = \cdots$$

がなりたつ．ただし，光線はこれらの面積をほとんど垂直に通過するとしている．$dS_2/{r_{12}}^2$はdS_1の位置からdS_2を見込む立体角$d\Omega_1$に等しいので，光源dS_1の輝度をBとすれば$BdS_1\, dS_2/{r_{12}}^2$がdS_2を単位時間に通過する光のエネルギーとなり，上の等式にBをかけるとエネルギー保存則になる．観測点のdS_3を単位時間に通過する光のエネルギーは$BdS_2\, dS_3/{r_{23}}^2$になるから，ここでの照度は$Bd\Omega_3$となる．

これは，αとθ_0の値がどうであっても2つの実根をもつ．

$$\left.\begin{array}{l}\theta_1 \\ \theta_2\end{array}\right\} = \frac{\alpha}{2} \pm \sqrt{\left(\frac{\alpha}{2}\right)^2 + {\theta_0}^2} \tag{2}$$

これらが図4における$\angle M\mathrm{RO}_1$と$\angle M\mathrm{RO}_2$に当たることはいうまでもない．

この結果をつかうと，観測者が見た像O_1, O_2の明るさが計算できる．

ただし，その計算をするには光源Oの拡がりを考えに入れなければならない．図5(b)を見ていただこう．観測者Rから見て，光源Oは角半径ϕ_{O}をもつとした．この場合，像O_1, O_2も拡がりをもち，それぞれ図に示すような“三日月形”になる．そして，光学の定理(クラウジウスの相反定理)によれば，この三日月形の輝度(三日月の単位面積から単位立体角のなかへ単位時間に送り出される光のエネルギー)は，光源Oを重力レンズなしに見たときの輝度に等しい．だから，像O_1のほうでいうと，

$$\frac{(\mathrm{O}_1\text{ の明るさ})}{(\mathrm{O}\text{ の明るさ})} = \frac{(\text{三日月 }\mathrm{O}_1\text{ の面積})}{(\text{円板 }\mathrm{O}\text{ の面積})}$$

としてよいことになる．ここで像の明るさというのは，像から地上の単位面積にあらゆる方向から単位時間に注ぐ光のエネルギー (照度) のこと．天文学では光源の光度ともいう．上の式で O_1 の面積というのは，観測者 R が O_1 を見込む立体角ともいえる．O についても同じ．

さて，三日月 O_1 の縦の長さは —— 地上の R から見た角度でいうのだが —— 三角形の相似から，ほぼ $\phi_{\mathrm{O}} \cdot (\theta_1/\alpha)$ としてよかろう．三日月の横幅は，光源 O が拡がって角 α に幅 ϕ_{O} ができたせいで生じたのだから $\phi_{\mathrm{O}} \cdot (d\theta_1/d\alpha)$ としてよい．この微係数は，さきの (2) 式から計算するのである．そこで，

$$(\text{三日月 }\mathrm{O}_1\text{ の面積}) = \pi\phi_{\mathrm{O}}^2 \cdot (\theta_1/\alpha)\,(d\theta_1/d\alpha)$$

となるが，$\pi\phi_{\mathrm{O}}^2$ はちょうど円板 O の面積である．こうして，重力レンズによる光度の増倍率は，

$$\frac{(\mathrm{O}_1\text{ の明るさ})}{(\mathrm{O}\text{ の明るさ})} = \frac{1}{4}\left(\xi + 2 + \frac{1}{\xi}\right) \tag{3}$$

となることがわかる．同様にして，

$$\frac{(\mathrm{O}_2\text{ の明るさ})}{(\mathrm{O}\text{ の明るさ})} = \frac{1}{4}\left(\xi - 2 + \frac{1}{\xi}\right) \tag{4}$$

ただし，

$$\xi \equiv \sqrt{1 + \left(\frac{2\theta_0}{\alpha}\right)^2} \tag{5}$$

とおいた．もし小さい α のところに大きい M があって θ_0/α が大きくなれば，重力レンズによる像 $\mathrm{O}_1, \mathrm{O}_2$ は光源 O をそのまま見たのよりも何倍も明るいということになる．だからこそ，クエーサーが発見された当時，その異常な光度を説明するだけのエネルギー源を考えあぐねた人びとは，一時は重力レンズ作用を疑ってみたのだった．

上の計算は，繁をさけて，時空の宇宙論的な歪みや膨張を無視するリーヅズ (1964) の仕方にならった．フリードマン宇宙を基礎とするプレスとガン (1973) の計算などもあるが，結果の大勢は変わらない．

われわれは，問題の二重クエーサー 0957＋561 A, B にかえらなければならない．

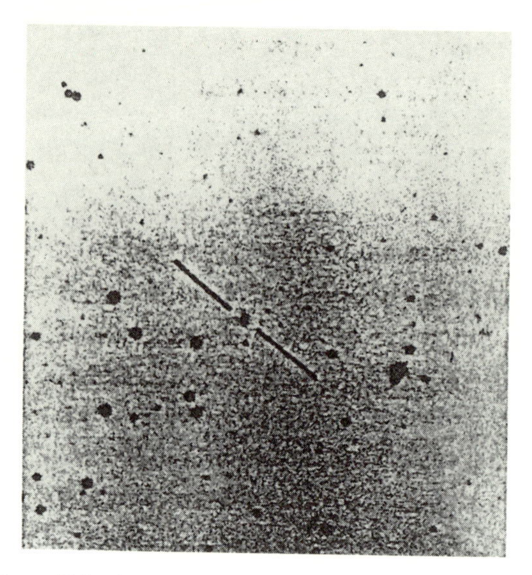

図 7　二重クエーサーの写真．図の中央に長い実線ではさまれたところにみられるのが二重クエーサーである．この写真では分解能がよくないので 2 つのクエーサーが重なって上下 (南北) 方向にのびた形に見える．パロマー天文台のシュミット望遠鏡で撮影．

8.4 単一クエーサーの仮説

“もし，その 2 つのクエーサー A, B が実は単一のものであって，ただ重力レンズ効果により 2 つに見えているにすぎないのだとしたら” とウォルシュたちは考えた．“A と B のスペクトル強度がほとんど同じという事実は，偶然どころか，必然の結果として理解されることになる．”

スペクトル強度は完全に同じというわけではない．図 1 もそれを示しているが，すでにポルカたちの観測により A が 16.7 等であるのに B は 17 等であることが知れていた．もっとも，これは青色で見た明るさであって，赤色で見れば両者ともに 17 等だったのである．

このことは，クエーサーからの光が重力レンズ作用で二手に分かれて地球にくる途中で，道筋によって異なる吸収を受けるためと解釈できる．吸収がなかったら，地球から見て A は 16.7 等，B は 17 等のはずだったのが，A の道筋を通る光のうち赤色が吸収を受けて 17 等にさがるという解釈である．

この解釈をとれば，吸収がなかったら地上から見て (A の明るさ)/(B の明るさ)

$= (100)^{0.3} = 1.3$ となり，重力レンズによる光度の増倍率の公式 (3), (4) をもちいると，

$$\frac{\xi^2 + 2\xi + 1}{\xi^2 - 2\xi + 1} = 1.3$$

から ξ の値が決定できる．すなわち，$\xi = 15$.

この値を公式 (3), (4) にもどせば，重力レンズ作用なしに見たクエーサー本来の明るさに比べて A は 4.3 倍，B は 3.3 倍も明るく見えていることがわかる．いや，A と B はもともとクエーサーとしては明るすぎるので，この倍率だけ割り引いてちょうど並の明るさになるのだ，とウォルシュたちはいっている．すると，これは重力レンズ作用にもとづく単一クエーサーの仮説を支持する証拠のひとつになるわけだ．

ξ の値が知れたので前節の式 (5) から $\alpha = \theta_0/7.5$. これを (2) に代入して $\theta_1 = 1.2\theta_0$, $\theta_2 = -0.90\theta_0$ を得る．ところが，観測によれば $\theta_1 - \theta_2 = 5.7$ 秒だというから，

$$\theta_0 = 1.3 \times 10^{-5} \text{ ラジアン}$$

となる．

ここで前節の θ_0 の定義式を思いだそう．その式には重力レンズ作用をする質量 M の位置にかかわる $\overline{\mathrm{R}M}$, $\overline{\mathrm{O}M}$ という距離が入っている．おそらく，M は，最初の節に述べた吸収物質の位置にあると見るのが至当であろう．そう考えると，

$$\overline{\mathrm{R}M} \cong 4.3 \times 10^{28}\,\mathrm{cm}, \qquad \overline{\mathrm{O}M} = 7.8 \times 10^{26}\,\mathrm{cm}$$

となるので，θ_0 の定義式から，

$$M = 1.4 \times 10^{48}\,\mathrm{g} = 7.0 \times 10^{14}\,M_\odot$$

この値をだしたロバーツ (1979) たちは “大きすぎる．ドラマチックに新しい種類の天体を考えねばならなくなる” といって単一クエーサーの仮説に疑問を表明している．しかし，彼らも注意しているが，こういう大きい質量が現在まで全然みつかっていないわけでもない．超巨大楕円銀河とよばれる M87 は約 $10^{13}\,M_\odot$ の質量をもっている．

重力レンズ作用をする M のあるべき方向には，地上からの望遠鏡観測の限界といわれてきた 22 等 (赤色) まで何も見えない．いくつかのグループが目下，より微弱な光を探索中だという．

もし単一クエーサーの仮説が正しく 0957 + 561 A, B という可視光で見えた 2 つの像が重力レンズ作用の結果だとすると，他の波長領域でも 2 つの像が同じ “明るさ” の比で見えるはずである．すべての波長の光をも重力は等しく屈曲させるのだから——．

プーリーたちはケンブリッジの基線 5 km の電波望遠鏡をもちいて，またロバーツたちはニューメキシコにある電波望遠鏡の巨大配列 (VLA) をもちいて，波長 6 cm で見た 0957 + 561 の “地図” をそれぞれ作った．後者の結果を図 8 に示す．たしかに可視光で見えた A, B と同じ位置に電波源があって，それぞれの電波強度は表 1 に示すとおり，たしかに可視光におけるのと同じ比をなしていた．

表 1　0957 + 561 A, B からの電波の強度

観測者	観測した時	波長 (cm)	電波強度 A	電波強度 B	強度比 A/B
プーリーたち	5 月 22–29 日	6	48	37	1.3
ロバーツたち	6 月 23–24 日	6			1.2
ポルカたち	6 月 2–4 日	18.01	44 ± 4	32 ± 4	1.38 ± 0.15
プーリーたち	4 月–5 月	73.5	120	0 ?	

A, B それぞれの電波強度が，可視光におけるのと同じ比をなしている．

ポルカたちはヨーロッパ・ネットワークの巨大基線干渉計 (VLBI) をもちいて観測し，波長 18.01 cm でほぼ同様の結果を得ている．これらは単一クエーサーの仮説を支持する強い証拠である．しかし，波長 73.5 cm でプーリーたちが行なった観測に B からの電波がかからなかったのは，謎といわなければならない．なお，ロバーツたちによれば，電波源として波長 6 cm ではほかに C, D, E が観測され (図 6)，それぞれから 75, 28, 10 mJy の電波がきている．ただし，$1\,\mathrm{mJy} = 10^{-22}\,\mathrm{erg/(cm^2\,sHz)}$．

クエーサーには変光するものが多い．プーリーたちは当の 0957 + 561 が変光する可能性を考えている．その場合 A, B からの光が地球にくるまでの経路の差が到着時間の差として検出できることになる．そして，A と B からの光の光度曲線は時間差こそあれ同じ形になるはずである．これらを確かめるには数ヵ月ないし数年の観測が必要だろうといわれているが，もし確認されれば単一クエーサー仮説を支持する決定的な証拠になるであろう．もちろん，観測の波長域を X 線なども含むように拡げることも強く望まれる．

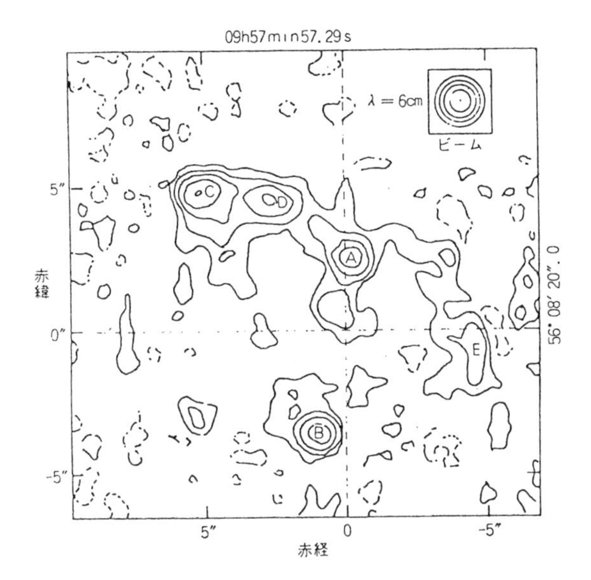

図 8　電波で見た二重クエーサー．ロバーツたちが電波望遠鏡の巨大配列 (Very Large Array) をもちいてつくった地図である．赤緯と赤経は元期 1950.0 のもの．A, B が可視光で見た像に一致している．等高線はピーク・フラックス 39 mJy の -2.5, 2.5, 6.3, 15.6, 39.1, 97.7 %のところに引いた．C と D は，基線 5 m の電波望遠鏡をもちいたプーリーたちの観測では識別されなかった．

8.5 むすび

前節で触れたように，ロバーツたちは二重クエーサーが実は単一だとする仮説に疑問を表明している．重力レンズ作用に必要な質量 M が大きすぎるだけでなく，M をもっと地球に近くおいて質量を小さくしたとしても遠方のクエーサーと方角がほとんど一致する (角距離 $\lesssim 0.1$ 秒) 確率は 10^{-8}〜10^{-5} という小さなものだというのである．そして，図 6 のような配列は電波源として，ごく普通だ，と指摘している．彼らは，クエーサーが実際に 2 つあるとしたほうが無理が少ないというのだが，2 つのスペクトル強度が酷似していることは事実なので，これを進化の初期条件が似ていた偶然としなければならなかった．二重か単一か，今後の研究の展開が楽しみである．

［追記（1980 年）］

“重力レンズが見えた！” という報告がカリフォルニア工科大学のヤングたちから届いた．CCD カメラを 200 インチ望遠鏡につけ赤色 300 秒の露出で撮影して，重力レンズとして予想された位置を中心に一群の銀河をとらえたのだ．また，これら銀河による吸収と信じられる赤方偏移 0.39 の段差が二重クエーサーの連続スペクトルに確認され，115 ページの $\overline{\mathrm{R}M}$ は 8.4×10^{27} cm に，M は 5.9×10^{45} g に下がった．

参考文献

［1］ 江沢 洋：重力レンズ効果,「科学」1983 年 9 月号.

［2］ 池内 了：重力レンズと宇宙のアーチ,「科学」1989 年 2 月号.

［3］ 福江 純：重力レンズと宇宙の構造,「科学」1989 年 4 月号.

［4］ 葛西真寿・二間瀬敏史：重力レンズで見る宇宙の大域的幾何学,「科学」1991 年 7 月号.

［5］ 宮崎 聡：重力レンズ効果で探る宇宙の構造,「科学」2001 年 8 月号.

9. マッハ原理と宇宙の背景輻射

9.1 はじめに

表題のような問題について書くことになったのは，ぼくが以前ある座談会(「数理科学」1976年10月号所収)でいったことを，この本(『アインシュタインと現代の物理』柳瀬睦男・江沢 洋編，ダイヤモンド社(1979))の編者の一人である柳瀬先生がおぼえていてくださって「ぜひ」とおっしゃったからである．そのとき，ぼくは，こういったのだった.「宇宙に背景輻射が存在して等方的であるということは，絶対静止系があるということです.」

その背景輻射というのは，宇宙にいたるところ一様に満ちていて，しかも，どの方向にとくに強いということもなく等方的に飛び交っているといわれる光のことで，これを実験的に検出したペンジアスとウィルソンは，この発見に対して1978年度のノーベル物理学賞を授けられた．彼らがこの発見をしたのは1965年である.

さて，もし宇宙に地球だけがただ1つあって，そのほかには星も背景輻射もなかったとしたら，地球が動いているか静止しているかは，そもそも問題にできない．地球のほかに少なくとも1つの星があるとき，そのときにはじめて，「その星に対して」地球が動いているか静止しているかをいうことができる．それでも，なお，その星が止まっていて地球が動いているのか，その星のほうが動いていて地球は止まっているのであるか，と問われたら困ってしまう．このように運動というものは「相対的」なのだという認識が相対性理論の歴史の出発点であった.

電車に乗っていても，外の景色を見ないように眼をつむり音を聞かないように耳を塞いでいれば，電車が走っているかどうかわからない．と思うと電車が急に止まって，あるいは走り出して，乗客は電車の運動を痛いほど知らされる．このことは，宇宙に電車と乗客だけがあるという場合にも同様であろうか？　電車では具合がわるいというなら，宇宙ロケットの乗員にでもなったつもりで考えていただこう．

宇宙ロケットがガスを噴射して加速度運動をしている間，乗員はある力を感じるだろう．たとえば座席に押しつけられるように感じる．いわゆる慣性力である．それは，ロケットが等速度運動にうつれば，消える．慣性力のない系を「慣性系」という．そうすると，ガスの噴射により加速度がついているロケットは慣性系でなく，等速度運動をしているロケットは慣性系であるということになるが，しかし，いったい，何に対する加速度運動なのか？[1]

マッハは「宇宙の星々の総体に対して」と答えた．これは1882年の著『エネルギーの保存』や1883年の『力学・その批判的発展史』のなかで彼が与えた答で，「マッハの原理」と呼ばれる．

確かに，夜空を仰ぐと，満天の星々の大部分は相互の相対的な位置を変えない恒星たちである．細かく見れば，それぞれ何らかの運動をしているのだろうが，それは眼につかないばかりでなく，運動の方向も速度もまちまちで，総体としての平均をとれば1つの定常的な基準系を定めるとみてよさそうだ．それに対して等速度運動している系が，そしてそういう系だけが慣性系なのだと主張するマッハの原理は，確かに意味のある提言に見える．運動の相対性という原理を保持しながら慣性系を選び出している点は魅力的である[2]．アインシュタインも，かつて，つぎのように述べたことがある(1917年の論文「一般相対性理論における宇宙論的考察」)．

> 「徹底的な相対性理論においては空間に対する慣性はまったく存在しえないのであって，ただ質量相互の慣性のみが存在する．それゆえ，もし1つの質量を世界の他のすべての質量から空間的に十分に遠ざけるならば，その質量の慣性は減じてゼロにならなければならない．」

では，マッハの原理が正しいか否かを実験で検証することは可能であろうか？

宇宙の星々には手がとどかないけれども，背景輻射は手のとどくところにある．それは，いたるところ一様で等方的だという．しかし，等方的といっても，これに対して運動している観測者から見れば，——波動につきもののドップラー効果のために——等方性は破れるはずだろう．だから，背景輻射が完全に等方的に見えるという条件で1つの基準系が定まるはずである．宇宙に一様に充満しているという背景輻射が等方的に見える系は，慣性の基準系にもなっているのではなかろうか？　これを新しいマッハ原理といってもよさそうであるが，宇宙の質量密度が平均約 $2\times10^{-29}\,\mathrm{g/cm^3}$ (星雲の質量のみから計算すると $(1\sim3)\times10^{-31}\,\mathrm{g/cm^3}$) といわれているのに対して，背景輻射は質量密度に直して $5\times10^{-34}\,\mathrm{g/cm^3}$ しかない．マッハにしたがうなら，慣性基準系をきめるのは質量分布であるから，第一次的には，それを星の分布に帰すべきであろう．だから，問題は星の分布から定めた基準系が背景輻射から定めたものと一致するか，ということになるが，それはさておくとしても，背景輻射が慣性基準系に使えるとあれば，これは手のとどくところにあるだけに，ことのほか大きな意味をもつことになる．

9.2 マッハ原理の実験的基盤

マッハ原理の実験的検証といっても，恒星系に対する直線加速度の影響を調べるのは容易ではない．いきおい恒星系に対する回転運動の影響をみることになる．

実際，マッハ原理の正しさを示す証拠として，われわれに親しいのは，フーコーの振子である．天井から吊った振子の振動面は，まさしく地球の自転に応じて回転し，いいかえれば恒星系に対して一定不変であって，マッハがいうとおり恒星系が慣性系であることを示しているように見える．ここで地球の自転に応じて，というのは，恒星時の1日，すなわち23時間56分4秒なにがしで1回転と数える自転であって，太陽が振子の振動面を回転させているのではないことは，はっきりしている．

これは，しかし，精度において天体観測にかなわない．

太陽のまわりを公転する惑星たちの運動はニュートンの力学によって詳しく分析されているが，水星の近日点移動が示すように一般相対論的な効果も無視できない．いま，それまで含めるとして，惑星たちの運動の観測が力学に正しく適合するような座標系を求めてみたら，それは恒星系に対してはたして回転していないであろうか．1947年の計算であるが，内惑星 (水星，金星，地球，火星) についてみると，そのような回転があるとしても，1世紀当り角度0.4秒の回転を超えることはないという結果が得られている．この回転の速さを

$$0.4\ \text{秒/世紀}$$

と書き表わして角速度と呼ぶ．

この場合，もちろん，恒星系というものがどんな精度で定められるかが問題に

なる．恒星であっても運動をしているので，その観測者と星を結ぶ方向の成分を視線運動と呼び，それに垂直な方向の成分を固有運動と呼ぶ．これまでに測られた固有運動のうちで最も大きいのはバーナード星のものであって，角度にして1年当り10.3秒に達する．しかし，遠方の多くの星や星雲について固有運動を求めてみると，その統計的な散らばりは意外に小さく，1世紀当り角度0.1秒の程度であるという．遠方の恒星たちが平均において静止して見える座標系(恒星座標系)は，このくらいよい精度で定められるわけである．これは，惑星たちの運動から慣性系を定めた精度よりよい．いうまでもなく，恒星たちがはるか遠く離れているおかげである．では，われわれの地球は，恒星座標系でみたとき，どんな運動をしているのだろうか．

9.3 地球の運動

われわれの太陽系は銀河系という星雲のなかにある．これは無数の恒星が薄い凸レンズ状に集まったもので，われわれは，その中心から半径の3分の1ほどの距離(2.5×10^{17} km)にいる．その位置からレンズの周縁の方向を眺めまわせばとくにたくさんの星が帯状に密集して見える道理であって，それが銀河にほかならない．銀河系は全体としてレンズの軸のまわりに自転している．銀河系が偏平なのは，この自転による遠心力のせいである．といっても地球のように剛体的に自転しているわけではなくて，角速度は中心からの距離によって変わるが，太陽の位置でおよそ0.6秒/世紀である．その結果，太陽系は「いて座」の方向に300 km/sの速度で運動していることになる——銀河系の中心に対して．この速度を今後$\boldsymbol{V}_{\mathrm{SG}}$と書くことにしよう．Sは太陽，Gは銀河系の中心を表わし，SGを$\boldsymbol{V}$に添えて「銀河系の中心に対する太陽系の」速度を表わすのである．

たくさんの恒星が凸レンズ状に集まってわれわれの銀河系星雲をつくっているのと同様に，われわれの銀河系星雲を含むたくさんの星雲たちが，また凸レンズ状に集まっている．これを超銀河系と呼ぶ．その中心核は「おとめ座星雲団(Virgo Cluster)」のあたりにあって，レンズの半径は5×10^{20} kmほどである．われわれの銀河系はだいたいその周縁に位置している．

超銀河系も，その形が偏平であることからみて，やはりレンズの軸のまわりに回転しているにちがいない．実際，これもまた中心に近いところほど速く回転しており，そのうえ，中心から外側にゆくほど大きい速度で膨張運動をしていると

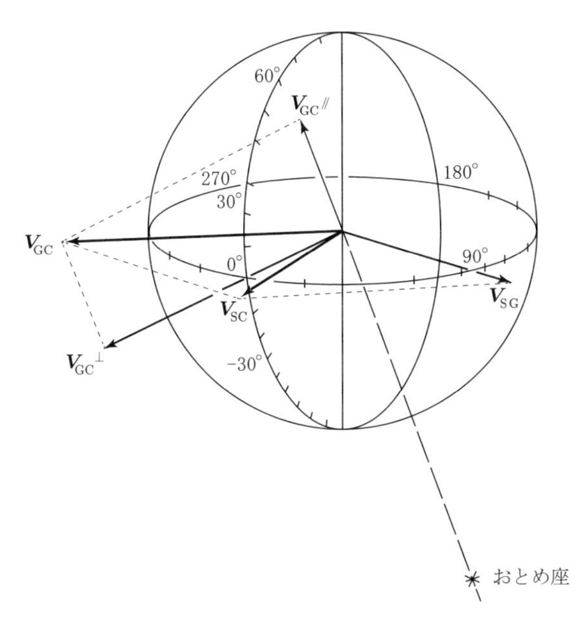

図 1　われわれの銀河系の中心が超銀河系の中心に対してもつ速度 $\boldsymbol{V}_{\mathrm{GC}}$ を求めて，太陽が超銀河系の中心に対してもつ速度 $\boldsymbol{V}_{\mathrm{SC}}$ を出す．その結果は

$$\boldsymbol{V}_{\mathrm{SC}} \simeq (400,\ 355°,\ 7°)$$

である．これは $\boldsymbol{V}_{\mathrm{SC}}$ が大きさ 400 km/s をもち銀経 355°・銀緯 7° の方向をむいていることを表わす．この流儀で書けば，

$$\boldsymbol{V}_{\mathrm{GC}\perp} \simeq (600,\ 319°,\ -14°)$$

$$\boldsymbol{V}_{\mathrm{GC}//} \simeq (250,\ 287°,\ 72.3°)$$

および

$$\boldsymbol{V}_{\mathrm{SG}} \simeq (300,\ 107°,\ -7°)$$

左辺の記号の意味については本文を見よ．

いう．

イギリスの天文学者シアマが 1967 年に行なった推算によれば，超銀河系の中心に対してわれわれの銀河系が運動している速度は —— 宇宙の膨張による分を差し引いて —— およそ図 1 のようである．この図で，0°, 90°, 180° などと目盛ってある水平な円の面がわれわれの銀河系の面であって，これらの目盛は銀河経度を表わす．それに垂直な円に 60°, 30°, −30° などと目盛ってあるのが銀河緯度である．われわれの銀河系の中心が超銀河系の中心のまわりを回転する速度が $\boldsymbol{V}_{\mathrm{GC}\perp}$ であり，超銀河系の中心から遠ざかる速度が $\boldsymbol{V}_{\mathrm{GC}//}$ であって，これら 2 つを合成

した $\boldsymbol{V}_{\mathrm{GC}}$ が，われわれの銀河系の中心が超銀河系の中心に対して運動する速度ということになる．その大きさは 650 km/s である．

ここで，$\boldsymbol{V}_{\mathrm{GC}\perp}$ の大きさから，われわれの銀河系の中心が超銀河系の中心のまわりを回る角速度が

$$0.001 \ \text{秒/世紀}$$

と得られることに注意しておこう．超銀河系の中心からわれわれの銀河系の位置までの距離が，前に記したとおり約 5×10^{20} km だからである．

同じ図 1 には，太陽がわれわれの銀河系の中心に対して運動する速度 $\boldsymbol{V}_{\mathrm{SG}}$ も書き込んでおいた．これを銀河系の中心が超銀河系の中心に対して運動する速度 $\boldsymbol{V}_{\mathrm{GC}}$ に加えると，太陽が超銀河系の中心に対して運動する速度 $\boldsymbol{V}_{\mathrm{SC}}$ が求まる．それは大きさ 400 km/s をもち，銀経 335 度・銀緯 7 度の方向をむいている．比較のためにいえば，太陽に対する地球の速度は 30 km/s であって，$\boldsymbol{V}_{\mathrm{SC}}$ の 10 分の 1 にもならない．地球の自転のために地表が地球の中心に対してもつ速度は，赤道上でも 0.44 km/s しかない．それゆえ，ここでしているような大づかみの話のなかでは，$\boldsymbol{V}_{\mathrm{SC}}$ を地表が超銀河系の中心に対して運動する速度とみなすこともできる．

このような推算をシアマが行なったのは，アメリカはプリンストン大学のパートリッジとウィルキンソンによる宇宙の背景輻射の測定から，地球の背景輻射に対する運動がわかりかけてきたときであった．測定の精度はまだ低かったが，地表の背景輻射に対する速度は赤道面への射影の大きさが 300 km/s 以下で，銀経 357 度・銀緯 37 度の方向をむいていると推測された．これがシアマの得た $\boldsymbol{V}_{\mathrm{SC}}$ にたいへん近かったので，彼は背景輻射は超銀河系の中心に対して静止しているとみてよいだろうと思った．そして，あと少しだけ背景輻射の測定精度が上がれば，この問題に決着がつくと結論したのだった．

背景輻射が「おとめ座」を中心とする超銀河系の中心に対して静止しているというシアマの結論は，予備的なものであるにせよ，たいへん興味深い．そのうえ，後に説明するとおり，彼の結論は 10 年後の今日おこなわれた背景輻射の精密な測定によって裏書きされているように見えるのである．

しかし，考えてみると，その超銀河系はわれわれの位置から $R_{\mathrm{SC}} \sim 5 \times 10^{20}$ km しか離れていない．仮に宇宙の半径を 50 億光年とすると，R_{SC} は，その 100 分の 1 でしかないではないか．宇宙空間の曲率を考慮してない点は，だから大目に

みてよさそうだが，しかし，ここで止まってよいものか，どうか.

念のために繰り返せば，シアマが $\boldsymbol{V}_{\mathrm{GC}//} \simeq 250\,\mathrm{km/s}$ としたのは，宇宙の膨張から起こる後退速度との差の値である．いま仮に宇宙にある媒質が満ちていて，おとめ座星雲団に対して静止していると想像すれば——それが背景輻射であってもよいのだが——これも宇宙の膨張につれて膨張するために，われわれの場所にある媒質は，おとめ座星雲団の場所にある媒質からハッブルの法則にしたがう速度 (ハッブル定数を $50\,\mathrm{km\cdot s^{-1}/Mpc}$ に[1]とれば $800\,\mathrm{km/s}$ となる．$1\,\mathrm{Mpc} = 3.1 \times 10^{19}\,\mathrm{km}$) で後退していることになる．その速度を差し引いた残りの $\boldsymbol{V}_{\mathrm{GC}//} \simeq 250\,\mathrm{km/s}$ は，だから，われわれの太陽ないし地球が*われわれの場所に*ある宇宙的媒質——すなわち背景輻射——に対してもつ相対速度ということになるわけである．しかし，もちろん，シアマの推算には多くの不確定要素が含まれている．このことは，やはり心に留めておかなければならない.

9.4 背景輻射

ここで話を宇宙の背景輻射に戻そう．これは，宇宙のいたるところに一様に満ちていて，しかも，どの方向にとくに強いということもなく等方的に飛び交っている光のことで，その強さと色合いは絶対零度より 3 度ほど高温にした炉のなかに生ずる光と同じだという．絶対温度は K で表わす習慣なので，この輻射のことを 3K の輻射とも呼ぶ．3K は 3 ケルヴィンと読む.

もし，炉を数百度にまで熱すれば，そのなかは鈍く赤く光るだろう．さらに温度を上げて 2,000 度にでもすれば，炉のなかには波長の短い光が圧倒的に優勢になって，つまり白熱の様相を呈する．これは，炉のなかにガスがあって熱せられて光るというのではなくて，たとえ炉を密閉して真空にしてから熱しても，炉のなかは，やはり一様かつ等方的に飛び交う光でいっぱいになる．この光を熱輻射と呼ぶが，いわば真空が白熱するのである.

その炉に小さな孔をあければ，その孔からなかの光がとび出してくるから，その光をプリズムに通して分光し，どんな波長の光がどれだけの強さで混じっている

---

1) 視差とは，天体から，それと太陽を結ぶ直線に垂直においた，地球の軌道の長半径だけの長さをみる角度（秒単位）をいう．パーセク（略号 pc）とは距離の単位で，1pc は視差 1 秒の距離で 3.26 光年になる．視差 n 秒の距離は $1/n\,\mathrm{pc} = 3.26/n$ 光年となる.

かを調べることができる．いや，実はプランクの熱輻射の公式というものがあって，そのような炉のなかに，どんな波長の光が，それぞれどれだけの強さまで生ずるかは，炉の温度だけで定まることがわかっているので (図 2)，とび出してくる光を見れば，逆に炉の温度が知れる．このことは，実際に製鉄所などで炉の温度を測る手段として用いられている (輻射温度計)．プランクの発見した熱輻射の公式は今世紀の初頭になされた量子力学の形成の過程で何重にも役に立ったのであり，そこでアインシュタインの果たした役割は『江沢 洋選集』第 III 巻・第 2 部に語られているとおりであるが，そもそも前世紀の末からドイツで熱輻射の研究が盛んになったのは，新興の製鉄工業，冶金工業，電灯製造業など実用上の要求に促されてのことであった．

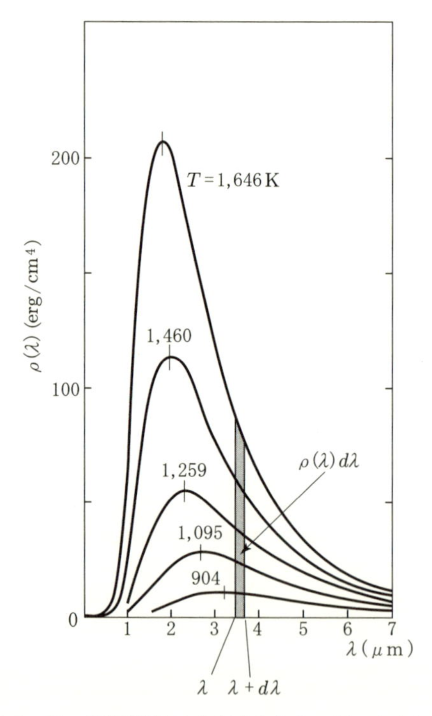

図 2　プランクの輻射公式．炉の絶対温度 T を定めたとき，炉のなかには波長 λ と $\lambda + d\lambda$ の間の光がエネルギー密度 $\rho(\lambda)d\lambda$ で表わされる強さまで充満する．波長の単位 μm はミクロ・メートルで，$1\mu\text{m} = 10^{-6}$ m．炉の温度を上げるにつれて光の強度の極大が波長の短いほうに移動してゆくことに注意．その極大を与える波長は 0.29 cm を輻射の絶対温度 T で割った値である (ウィーンの変位則)．

宇宙の背景輻射についても，それを分光して，波長ごとに強度がどれだけあるかを測ってみたところ，ちょうどプランクの熱輻射の公式のとおりになっていることがわかったのである (図 3)．公式に入れるべき温度 T は，正確には 2.7K であった．もっとも，宇宙に満ちた輻射だから，炉に孔をあけて取り出すというようなわけにはいかない．ラッパのような形をしたアンテナを空に向けて測定器のなかに取り込むのである．

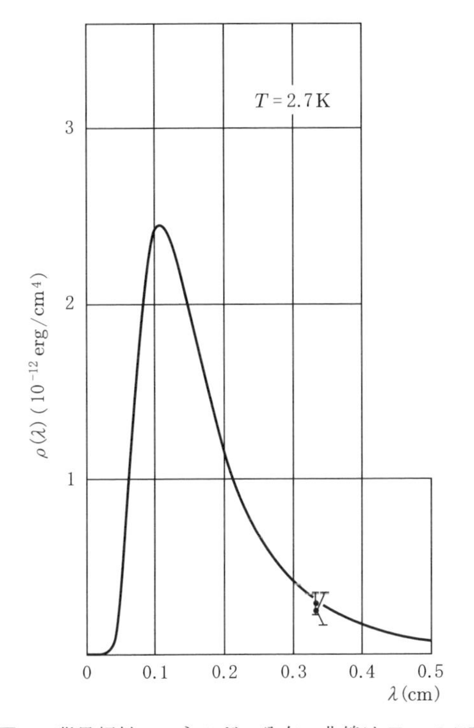

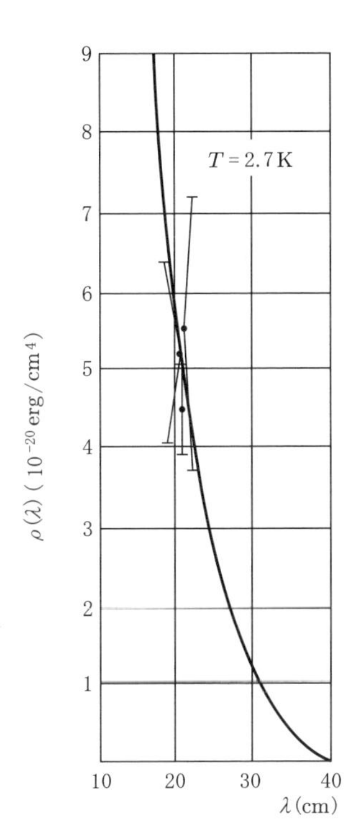

図 3　背景輻射のエネルギー分布．曲線は $T = 2.7$ K のプランク分布を示す．クロ点は実測値を，タテ棒は誤差範囲を示す．これらのほかにも，$0.82 \leq \lambda \leq 73.5$ (cm) で 1971 年までに 9 点の実測がなされ，プランク分布と一致している．

たとえば，1977 年になってアメリカのスムートたちが行なった精密測定では図 4 に示すような装置が用いられた．大気からの輻射を避けるために，これを飛行機にのせて高度 2 万メートルまで持ち上げた．この装置には主アンテナ 1, 2 のほかに 2 つの小さなモニター用アンテナがついているが，実験の技術的な細部は，いま気にしないことにしよう．

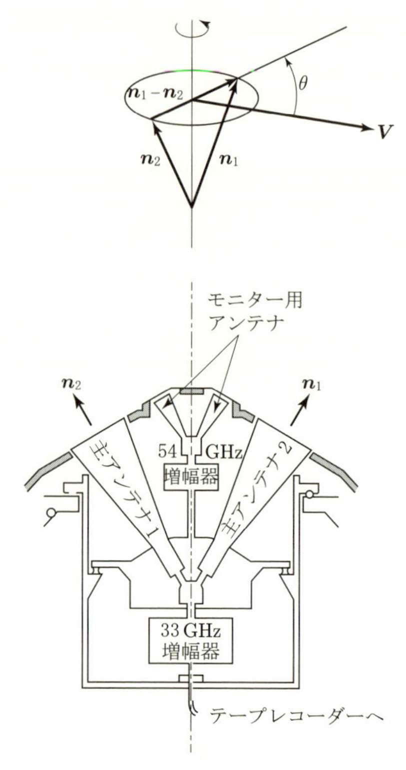

図4　背景輻射の異方性測定装置（スムートたち，1977年）．装置全体が鎖線で示す中心軸のまわりに回転できるようにつくられている．$\boldsymbol{n}_1$ と $\boldsymbol{n}_2$ とはアンテナの（ラッパの）向きを表わす単位ベクトル．装置が回転すると，ベクトル $\boldsymbol{n}_1 - \boldsymbol{n}_2$ と装置の背景輻射に対する速度 $\boldsymbol{V}$ との向きが変わり，それに応じて主アンテナ1および2の測る輻射温度の差 $T_1 - T_2$ が変化する．この変化の様子から $\boldsymbol{V}$ が知れる．詳しくは本文を見よ．

スムートたちは，この装置で，背景輻射の異方性を精密に測定することにはじめて成功したのである．異方性というのは，つぎのようなことで，これが背景輻射に対する地球の運動を教えてくれる．

背景輻射というのは炉のなかの熱輻射みたいなものだが，炉のなかの熱輻射なら炉の静止系で見れば等方的である．どの方向から炉に孔をあけようと，出てくる輻射の波長ごとの強度分布は全然違わない．背景輻射でも同じことで，適当な系でみれば完全に等方的になる．いや，適当な系などといわなくても，地表に置いたアンテナでみて，すでに等方的らしく見えていたのだった．

では，背景輻射に対してアンテナをわざと動かしながら測定したら，どうなるか？　たとえば，アンテナの口を前に向けて，その向きに走らせる．そうすると，ドップラー効果のためアンテナの取り込む光の波長はいくぶんか短いほうにずれるだろう．とすれば，この走るアンテナの測る背景輻射の温度は，走っていないときより，いくぶんか高く出るだろう．反対に，アンテナの口を後ろに向けて前に走れば，このアンテナの測る背景輻射の温度は，いくぶん低めに出ることになろう．

同じことが，もし地球が背景輻射に対して運動していれば起こるはずである．その運動の向きにアンテナのラッパが開いているときのほうが，アンテナのラッパを反対向きに回したときにくらべて背景輻射の温度は高めに出るはずである．こうして，動く観測者に対しては背景輻射は等方的でなくなり，異方性をもつことになる．

実際，1968 年になってアメリカはプリンストン大学のピーブルスとウィルキンソンの見出したことだが，プランクの熱輻射の公式というものは実にうまくできていて——というよりは自然の仕組は巧緻であってというべきだろうが——アンテナの運動方向に対するラッパの傾きの違いの影響をドップラー効果の公式によって調べてみると，それは熱輻射の温度を，アンテナの運動がなかったら得られたはずの温度 T_0 から

$$T(\varphi) = T_0 \left(1 + \frac{V}{c} \cos\varphi\right)$$

に変えるだけであることがわかった [5] (図 5)．ここに V は当の熱輻射 (すなわち背景輻射) に対してアンテナが動く速度 $\boldsymbol{V}$ の大きさ，φ は $\boldsymbol{V}$ の向きとアンテナ

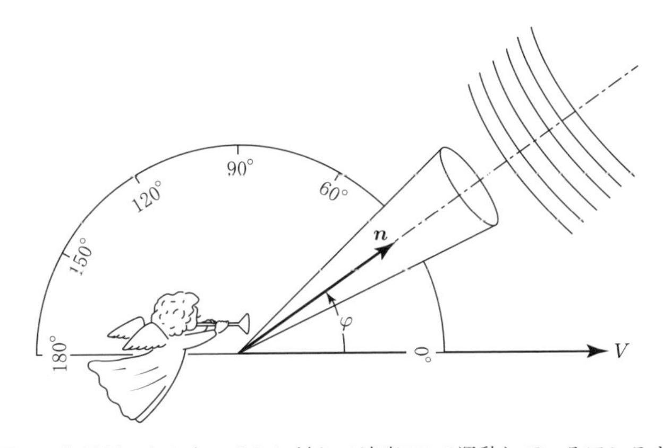

図 5　熱輻射のなかを，それに対して速度 $\boldsymbol{V}$ で運動しているアンテナ．

(のラッパ) の向き $\boldsymbol{n}$ とがなす角で，c は光の速さ $3 \times 10^5\,\mathrm{km/s}$ である．ことのついでに，$V \cos\varphi = \boldsymbol{n} \cdot \boldsymbol{V}$ と書けることに注意しておこう．もう 1 つ，相対性理論をよくご存知の方には，φ がアンテナに固定した座標系における角であることを申し上げておく．

ピーブルスらのこの発見は，図 2 でいうと，温度 $T_0 = 904\,\mathrm{K}$ の曲線にしたがう強度分布で異なる波長の光が混じっている熱輻射に対して，アンテナがある速度で動いていると，その熱輻射が，より高温の，たとえば $T(\varphi) = 1,095\,\mathrm{K}$ の曲線にしたがう強度分布に見えるということを意味している．いろいろと異なる波長の光が，それぞれドップラー効果を受けるというのに，その結果が——温度こそ違え——再び同じプランクの公式にしたがう強度分布になるのは面白い．感動的でさえある．先に自然の仕組は巧緻きわまるといって感心したのは，このことであった．

熱輻射に対して静止して測ってもプランク分布，運動しながら測ってもプランク分布というのでは，この種の測定をしても熱輻射に対してアンテナが運動しているのか静止しているのかわからないではないか，と読者はおっしゃるかもしれない．

いや，それは，わかる．先の $T(\varphi)$ の公式を見ると $\cos\varphi$ という因子が入っているではないか．$\varphi = 0°$ なら，つまりアンテナの運動の向きとラッパの向きが一致していれば $\cos\varphi = 1$ である．これら 2 つの向きが反対なら，つまり $\varphi = 180°$ なら $\cos\varphi = -1$ となる．それゆえ，

$$T(0°) = T_0 \left(1 + \frac{V}{c}\right)$$

および

$$T(180°) = T_0 \left(1 - \frac{V}{c}\right)$$

となる．そして，これらは，アンテナのラッパをぐるぐる回しながら求めた温度の最大値と最小値になるのである．最大と最小を平均すれば，T_0 が得られ，そうすればつぎに V を算出するのは簡単な算術ではないか．その V が熱輻射に対してアンテナの運動する速さである！

前にふれたスムートたちの実験では $T(\varphi)$ の最大と最小を測るだけでなく，これが実際に $\cos\varphi$ のように変化することまで確かめたのである．彼らの結果を図 6 に示す．タテの棒がたくさん描いてあるが，それぞれの棒の中心にある黒丸が

測定値 (それぞれが2時間にわたる測定の平均値！) を示し，横棒は装置の癖などを考慮して補正をした結果を示す．棒の長さは統計誤差を示すものである．この結果は $\cos\varphi$ の曲線によく合っており，このことから，背景輻射に対する装置の速度 $\boldsymbol{V}$ について，大きさが

$$(390 \pm 60)\ \mathrm{km/s}$$

で，方向は

$$\text{銀経 } 248^\circ, \quad \text{銀緯 } 56^\circ$$

を向いていることが結論された．前に述べた10年前のパートリッジとウィルキンソンの結果とあまり違わないのは驚くべきことである．シアマの求めた $\boldsymbol{V}_{\mathrm{SC}}$ とも，かなりよく合っている (図1を見よ).

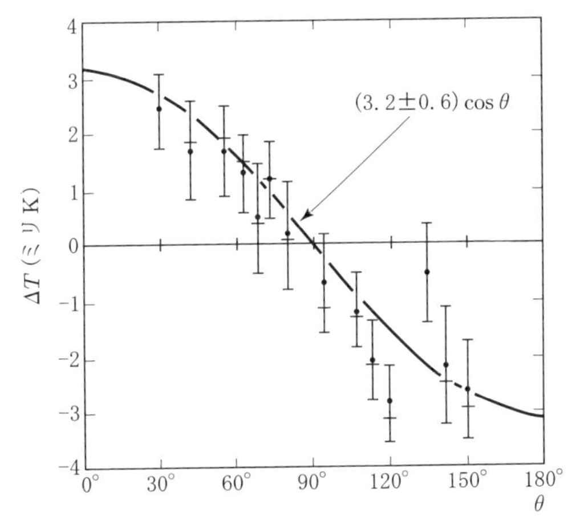

図6　背景輻射の異方性 (スムートたちの測定結果).

いそいで注釈しなければならないが，実は，図6に示されている測定値は背景輻射の温度そのものではない．スムートたちの測定装置には主アンテナが2つある (図4)．その各々が測定した温度 T_1 と T_2 との差 ΔT が図6には示されているのである．それに呼応して，その図の横軸には

$$\boldsymbol{n}_1 - \boldsymbol{n}_2 \quad \text{と} \quad \boldsymbol{V} \quad \text{とのなす角 } \theta$$

がとってある．というのは，この装置が背景輻射に対して速度 $\boldsymbol{V}$ で運動しているとき，$\boldsymbol{n}_1$ の方向に開いたアンテナ1の測る温度は，前に記した $T(\varphi)$ の公式から

$$T_1 = T_0 \left(1 + \frac{1}{c}\boldsymbol{n}_1 \cdot \boldsymbol{V}\right)$$

となり，$\boldsymbol{n}_2$ の方向に開いたアンテナ 2 の測る温度は

$$T_2 = T_0 \left(1 + \frac{1}{c}\boldsymbol{n}_2 \cdot \boldsymbol{V}\right)$$

となるので，差をとって

$$\Delta T \equiv T_1 - T_2 = \frac{T_0}{c}(\boldsymbol{n}_1 - \boldsymbol{n}_2) \cdot \boldsymbol{V}.$$

これは $\boldsymbol{n}_1 - \boldsymbol{n}_2$ と $\boldsymbol{V}$ とがなす角 θ のコサインに比例する．そして実際，図 6 に示したスムートたちの測定結果は，まさしく $\cos\theta$ に比例している．

この結果は，地球の——といっても太陽のといっても同じことであるが——背景輻射に対する運動を決定した点で大きな意義をもつばかりでなく，その運動を除くような座標系に移ると背景輻射がきわめてよい精度 (3,000 分の 1) で等方的になることを確立した点でも評価されなければならない．これまで実験的基盤の乏しかった宇宙原理に 1 つの強力な支持を与えることになるからである．宇宙原理というのは，宇宙が，多くの銀河系を包むほどのかなり大きなスケール ($10^{21} \sim 10^{22}$ km) で均らしをしたあとでは一様かつ等方的になるとするもので [1]，元来は審美的な理由から考えられたものであろうが，とくにこれと矛盾する観測がないのみならず，理論家にとってもはなはだ作業仮説でありつづけてきた．

背景輻射の発見とその研究は，宇宙論にとって，ハッブルの法則の発見以来の大事件であるといわれる．とりわけ，それが宇宙の始源についてビッグ・バン理論を強く示唆する点に注目しなければならない．この理論に照らしてみるとき，背景輻射の「静止系」は新しく深い意味を帯びて立ち現われることになるであろう．

しかし，われわれはいまその論点に立ち入ることを差し控えたいと思う．興味のある読者は，文献［1］およびワインバーグの『宇宙創成はじめの三分間』(小尾信彌訳，ダイヤモンド社，1977 年) を参照していただきたい．

9.5 おわりに

われわれは，マッハ原理の要請する「基準系」を求めて一方では超銀河系にいたり，他方で背景輻射に出会った．そして，この両者に対して地球ないし太陽のもつ速度が——超銀河系に関わる推算に不確定要素があるとはいえ——ほとんど一致することを見たのである．われわれの銀河系の中心に対してもつ速度 $\boldsymbol{V}_{\mathrm{SG}}$

は，図1からわかるように，われわれが背景輻射に対してもつ速度とは大きく違っている．だから，シアマのように超銀河系に基準系を移すことには意味がありそうに思われる．前にも注意したとおり，ここでは，当然のことながら，背景輻射も宇宙の膨張につれて膨張しているものと考えている．地球ないし太陽が自分の場所にある背景輻射に対してもつ相対速度を，超銀河系の中心に対してもつ相対速度に比較したときには，だから，後者にはハッブルの法則にしたがう後退速度を差し引いた値をあてたのである．背景輻射を，このように宇宙的な拡がりで考える裏には，宇宙空間における3Kの光子の平均自由行程が極端に長いという事実がある．

仮に，マッハの原理が要請する「基準系」が見出されたとしたら，そのことと相対性理論の基本イデーとは両立しうるのか？　相対性理論は，そもそも絶対静止系の否定から出発したのではなかったか．

確かに歴史的にはそうであったかもしれない．しかし，宇宙に物質分布があれば，それとの相対運動が何らかの意味で問題になるのは当然である．

われわれは，自然法則の対称性と現実の自然がもつ絶対性とを明確に区別して捉えなければならない．相対性理論は，絶対静止のエーテルの存否を問題とした歴史的出自にもかかわらず，自然法則の対称性を語る理論なのである[2]．

文献

［1］ 佐藤文隆：相対論的宇宙論，柳瀬睦男・江沢 洋編『アインシュタインと現代の物理』所収，ダイヤモンド社(1979).

［2］ 小野健一：自然法則と対称性，中野董夫：素粒子論から重力理論へのアプローチ，柳瀬睦男・江沢 洋編『アインシュタインと現代の物理』，ダイヤモンド社(1979)所収.

E.P. ウィグナー『自然法則と不変性』，岩崎洋一・江沢 洋・亀井 理・高原 修訳，ダイヤモンド社(1974).

本稿を書いてから後の報告.

［3］ 郷田直輝：宇宙背景放射の異方性，「科学」1991年7月号.

［4］ 杉山 直：宇宙は平坦だった――宇宙マイクロ波背景放射の揺らぎの観測から，「科学」2001年8月号.

ドップラー効果によるプランクの公式の変換：

［5］ 江沢 洋『相対性理論』，裳華房(2008). §2.3.6.

第 3 部
電磁場を考える

10. 電気と磁気のニュー・モード
——教科書「物理学」の批判から

10.1 プロローグ

エリ子 先生方が教科書をお書きになるときは，何冊かのお手本と首っぴきなのよね，きっと！ 物理的な世界観を前面におしだすなんて思いもよらず，ノリとハサミを適当に使って——つまり，わたしたちの教科書は一種のスクラップ帳というわけだわ．

芳雄 エリちゃん，怪気焔！

エリ子 ひやかすつもり？ まあ，ここを見てごらんなさい．

> 光学や電磁気学については，その作用を伝える媒質を必要として，宇宙いたるところにみちているエーテルというものを考えた．そして物体はこのエーテルの中を動くのか，エーテルとともに動くのかということを決めなければならなくなった．

純 寺寛の教科書[1]か．第11篇「相対性理論」の書き出しの部分だね．いっぱし一人前の口をきいているじゃないか．なかなか立派じゃないか．

エリ子 と思うでしょう．ところが，これが借り物なのよ．それがなにより証拠には，光学のところをみても電磁気のところをみても，エーテルなんて一言半句もでてきやしない．作用を伝える媒質を必要とした，なんて嘘なのよ．

純 いわんや運動の相対性の考えにおいておや，とくるね．

芳雄 寺寛の本はずいぶん古いんでしょう．ぼくのお父さんが高等学校(旧制)のとき使ったそうですよ．

エリ子 ようく見てちょうだいよ——ほら，ここにある寺寛はれっきとした1959年版！

半太郎　初版は昭和10年だったかな——つまり1935年．日中事変の始まったのが昭和12年．それ以来，日本もずいぶん変ったが，物理だって変ってるんだろうにね．そんな本がまだ生きてるのかね．

純　“生きてる”は傑作だね．ええ，ええ，生きてますよ，新制大学でも教科書として御採用いただいておりまして…….教科書屋さんにしてみればホクホクだろうがね．まだあるよ——たとえば，本多光太郎[2]のや吉田卯三郎の本[3]，みんなまだ生きてる！

芳雄　こんどぼく一年生になったわけですけど，ぼくたちの大学では，まさかそんな古めかしい物理は，やらないでしょうね．

エリ子　お気の毒だけど，あんた日本人でしょ．日本の大学では，まあどこでも講義にはカビが生えてるわ．教科書もね，最近出版されたのを見ても，あい変りませず古めかしい御姿で——申しわけ的に，新しい話題にちょっとふれてるぐらいが関の山なの．

みどり　ハオリ・ハカマにハイヒール！

純　半太郎さんもいうとおり，物理もずいぶん変ってきてるんだから，教科書も新しい立場から——つまりその組み立て方からよく検討して，すっかりニュー・モードに改ためなきゃいけない．エリちゃんもそれをいうわけだろう．古い物理学では，たとえば電磁気の舞台に，電流，電場，磁場といったものだけをおいてすますこともできた．寺寛なんかもその流儀だね．だけど，いまでは役者たちも多くなったんだから…….

芳雄　そこで，この本[4]には，量子力学とか物性論とかの篇がある．この本の初版が1950年に出たとき，本屋で発見して，とても新鮮な感じを受けました．

エリ子　でも気をつけないと．それが，みどりさんのいうハイヒールかもしれない．力学や電磁気学はハオリ・ハカマのままで，白タビにハイヒールをひっかけてかけ出した恰好なんてみられたもんじゃない．おっと，これ他人事じゃなくて，わたしなどもお古い教科書の被害者というわけよ．このへんの詳しいことは，このわたしのレポートを見てくださいな．

芳雄　どうしてそんなことになるんだろう？　教科書を書く先生も，講義をする先生も，御老体でいらっしゃるわけですか．

純　まあ一般論としてはね．でも，御老体ばかりとはかぎらない．若い人にしても教育には一般に熱意がないといえそうだよ．

エリ子　まったく，しゃくにさわるほど．

純　不思議なことに，日本では教育活動はあまり高く評価されないんだね．たとえば，半太郎さん，大学の教科書の書評をどこかで見たことありますか？

半太郎　ありませんね．たしかにない．

エリ子　物理学会の会員の中にはとうぜん教育者が多いわけでしょう．それに最近では学生に入会をすすめているわね．そこで，こんどのレポートを書くについて，わたし探してみたの――物理学会誌の“新著紹介”のところに大学の物理教科書の書評はないかと思って．

芳雄　ひとつもなかった？　まったくどうかしてますね．

半太郎　*Physics Today* というアメリカ物理学会の雑誌には，毎年のように新刊“College Physics”の書評がのっている．

純　日本では，教科書を書くことがひとつの内職とみなされているようだ．教育といえばね，高校生むきの参考書を“学参もの”と呼んでけいべつするでしょう．こんな風潮も，本が内職として書かれるところからくるんだと思う．もっとさかのぼれば，結局，教育活動が評価されないところに根があるわけだ．

エリ子　そこへもってきて，科学者の眼が明治以来つねに外国にむいていた．先進西欧諸国，戦後は特にアメリカの論文やデータを追いかけるのにいそがしくて，自分自身から学問の体系全体を見なおして，それを創造の基礎にすえようなどと考えた人はいないのよ．本来なら，ちゃんとした講義録をまとめるとか教科書を編むとかいうことが，研究者にとって自身を整理する機会にもなるはずね．体系の創造ということは，研究の１つと見なきゃいけない．だから，日本によい教科書が少ないという事実は，科学者自身の研究のあり方のなかに深く根ざしている問題なんです．

芳雄　はいはい，よくわかりました．それでは，エリ子さんのレポートを読ませていただきましょう．

エリ子　大学の教養課程にしぼってね，物理の教科書を調べてみたんです．そうね，まず電磁気のところから読んでください．

10.2 電磁気世界の役者たち

何がどう動くのか

物理学が進歩して，その構造からして変ってきたというとき，まずなによりも重要なのは，そこに登場する物質のすがたが明確につかみ出されたという事実である．

電磁気学についていえば，一方において相対性理論や量子論的な場の理論のおかげで，電磁場の概念およびその背負い手としての空間のすがたが詳しく論じられるようになり，また一方において最近，物質構造の理解が飛躍的に深められた結果として，われわれは電磁気現象を手にとるようにありありと描き出すことができるようになった．つまり，そこに何があって，それがどういう運動をするのかという形で電磁気現象を述べることができるようになった．そして，大学での物理の研究はもちろんのこと，工場の研究所で使われている技術もまたこうした現代物理学の物質像の適用なのである．

例をエレクトロニクスにとろう．“それはすでに真空管の組み合わせ技術というだけではなくて，ひろく固体や液体・気体の中に含まれている電子を駆りたて，その性質にあった運動をさせることによってわたしたちの望む機能をはたさせる技術ということになる．はやい話が，小さな結晶のかけらに細工をして電波を発振させることもできるし，電流の増幅作用をさせることだってできる”．(菊池 誠『トランジスタ』，六月社，1959)

電子は実在する

新しい物理の物質像がわれわれの思想を変え，技術を進めてきた以上，教科書はそれに相応の地位をあたえねばならないはずであろう．ところが，われわれの教科書が描き出す世界のなんと貧相なこと！　申しあわせたように，どの教科書も電磁気学はマサツ電気の説明から始まっている．エボナイト棒を毛皮でこすると，ゴミを吸いつけるようになる —— まったく不思議なことだ，という発想でもって電磁気現象が語られるわけだ．エボナイト棒を毛皮でこすったときエボナイトに生ずる方の電気を負電気というのだそうである．電子の電荷が負であることは誰でも知っているが，エボナイト棒と毛皮とどちらが正に，どちらが負に帯電するかをいいあてられる物理学者がいまどきいるだろうか？　とにかくこのような出発をして，つぎに「電気の本性」とかを教えてくれるのがふつうのやり方である．たとえば，吉田卯三郎の本[3] はいう：

> ファラデー・マクスウェルの理論はいわば熱学における熱力学に相当するもので，他方，分子運動論にも相当すべき理論が存在する．これによれば電気(または磁気) は不可分最小単位よりなり，これが物質粒子に附随して種々の物質を構成するとともに，種々の電気 (磁気) 現象を示すものとする．かかる

> 説を電子論という.

これは戦前の本の改訂版にすぎず例が悪いというなら，新制度になってから書かれた本の例として，京都大学教養部の先生方によるもの [5] を見よう.

> 電気の本性：古くから多くの説があるが，現在では電子論で説明される．それによれば物質の原子は正電気を帯びた1つの原子核と，それをまわる一定の量の負電気を帯びたいくつかの電子からなる.

先生方は，電子の存在という事実の重みをこの程度にしか感じていないのか．ここに生じた問題は，われわれの物質観にかかわるものであって，単に電磁気学の説明法といってすますことはできないと思う．現代物理学が掘り起こした物質像を教科書の土台としてどっかとすえることがどうしてできないのであろうか——もっとも，そうするためには，教科書全体を新しい物理の立場から構成しなおす必要がある．この仕事は，手内職の範囲では決してできないはずではあろう.

自由電荷の正体

新しい物質像を土台にすえることは，現代の科学・技術の要請であるばかりでなく，電磁気現象そのものを透明にわかりやすくするのである．古典現象論にこだわって現象の姿をぼかし，わざわざ話をわかりにくくしたような教科書に悩まされたものの一人として，この点も強調しなければならない.

ごく初歩的な例だが，電場の中に誘電体がもちこまれるとき，古い物理教科書で学んだ方々は，誰でもきっと自由電荷の概念に悩まされたことを思い出すであろう．寺寛の教科書 [1] ではまず実験事実として，平板コンデンサーの極板の間を絶縁体でみたすと容量が増すこと，そして容量が真空の場合の ε 倍 ($\varepsilon > 1$) になったとすればこの ε は物質固有の定数 (誘電率) になることを述べる．すなわち，平板コンデンサーの電位差 (従って電場の強さ) を同じにするのに，絶縁体をみたした場合に極板にあたえるべき電荷 Q' は真空の場合の Q より多く，$Q' = \varepsilon Q$ でなければならない (図 1)．いいかえると，

> つまり電場の状態は，全部が真空として極板にこのような $Q = Q'/\varepsilon$ が現われたときと同様になる．このような見かけ上の電荷を自由電荷という.

“見かけの” という考え方は，古い物理学に特有なものである．実体はなにかわからないが，とにかく “見かけは” これこれだといってすましてしまう．このやりくちは，機械的運用には便利かもしれないが，初学者は当惑するほかないだろう.

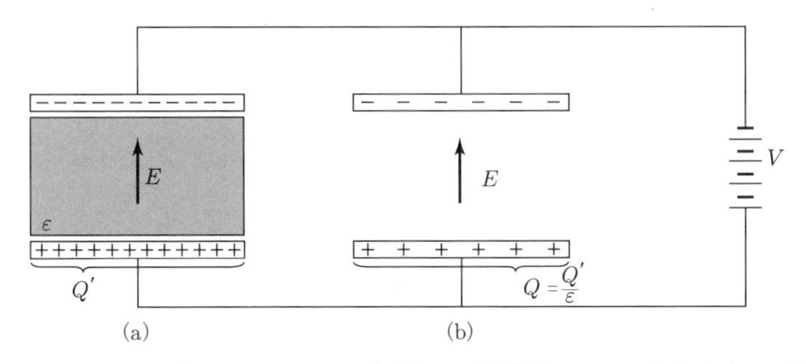

図1　自由電荷の説明．平板コンデンサーに誘電率 ε の誘電体をみたしたとき，極板に電荷 Q' がたまったとする (a)．このときの電場 E は，仮に誘電体がないとして，極板に見かけ上 $Q = Q'/\varepsilon$ の電荷がたまっていると考えた (b) と同じになる．Q をこの場合の自由電荷という．

それに自由電荷などといわれると，なにか自由に動きまわれる電荷のことかと思いがちである[1]．

物質の原子的構造から出発すれば，このやっかいな自由電荷の概念はいらなくなる．図 1 (a) で (b) よりも沢山の電荷が必要なのは，物質分子が分極する結果として誘電体表面に電荷があらわれ，コンデンサーの極板にある電荷の作用を一部遮断するためである．つまり自由電荷といわれていたものは，極板にある電荷と，誘電体表面に現われた分極電荷との差にほかならない (図 2)．

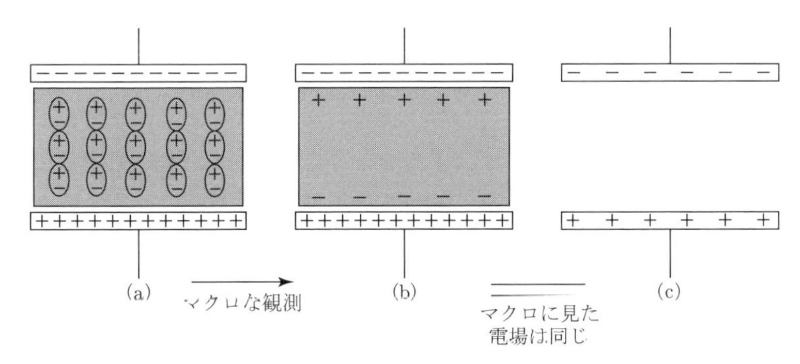

図2　自由電荷の正体．図 1 (b) の状態では誘電体の原子・分子が分極している．そのすがたを象徴的に描けば (a) のようになるが，実はマクロな観測者にはこれは (b) のようにみえる．その結果，極板の電荷のうち，一部は分極の表面電荷にうち消されるが，その残りが自由電荷である (c)．

1)　分極電荷はいつも正・負が対になっていて，これをとり出すことはできないというので，一名，束縛電荷とも呼ばれた．極板にあたえた電荷 (真電荷) から束縛電荷をさしひいた残りは“自由”と呼べるだろうというのが，自由電荷のことばの由来である．

ここまでならとにかく書いてあるという教科書もある．それならば残る不満は，すでに骨董と化した自由電荷の概念が温存されていて初学者を惑わせることだけになるか．そうではない．ここには，現代物理の論理を支えるミクロとマクロの対立がぬけおちているのだ．

ミクロとマクロの接点

誘電体の内部が図 2 に象徴されているような分極した原子の集まりならば，そこでの電場はガタガタと場所場所ではげしく変動しているはずだろう．図 1 (a) に書かれた電場 E というのは，それではいったい何を意味するのか．物質についてはっきりと描像を作り上げる読者なら，当然このような疑問をいだくにちがいない．

この疑問を解くのは，まずアヴォガドロ数 $N = 6 \times 10^{23}$ のとてつもない大きさである．われわれのマクロの電磁気学は，このアヴォガドロ数にも比べられる多数の原子の平均的なふるまいを見ているのであって，ミクロに原子的尺度でおこる場の変動はならされて消えてしまう．この論理がどの教科書にもこれまた申し合わせたようにぬけおちている事実は，著者たちの物理的描像の不徹底を示すとみるほかないだろう．

もう一歩進もう．物質の原子的構造の上に立って物理学を組み直すならば，上に見てきた諸利益の上に，もう 1 つ，いろいろな物理量の大きさの程度が予測できるという利益が期待できる．実は，量の大きさが予測されてはじめて現象はその本来の姿を現わすというべきだろう．物質の分極の現われ方にしても，原子が分極するという機構もあれば，永久双極子をになう分子の向きが平均として電場の方向にそろうという機構もあって，これらが実際には互いにせり合うのであるから，これらの大小をどうしても見きわめておく必要があるわけだ．

インターヴァル――1

半太郎　たいへんないきおいだね，エリちゃん．マサツ電気はさんざんだが，実はいまだによくわからない現象なんだ．老兵は消えゆくのみ，ともいいきれないんだよ．

エリ子　それならそれで扱いようもあると思うわ．これから開拓されるべき界面現象の物理として正しい位置におくべきよ．

芳雄　寺寛の誘電体の扱いはファラデー以前——おっと失礼，分極はファラデーが発見したのでしたね．ファラデーの分極の考えは，きわめてダイナミックに自然の姿をつかんでいるという話を読んだことがあります．2つの電極を電源につないで電解質の中に入れると電流が流れるが，電解質が凍って固体になれば電流はやんでしまう．図2(a)のような状態ではつまり流れるべき電気が凍りついて動けなくなっているのだというんです．

純　せっかく分極の原子的な構造にまで話をもっていってもね．エリちゃん，その分極を表面電荷の説明にしか使わないのは不徹底だな．ミクロな分極のにない手をあばき出したのなら，その分極素子の作る電場の重ね合わせとして物質中の電場を考える．ここで原子同士がおたがいに作用して分極の大きさを規定しあっている姿も浮び上がろうというものだ．

半太郎　ぼくは反対．教養物理学でそこまでいったら，物質像が形成されるどころか，初学者の頭はごちゃごちゃになってしまうだろう．自然認識の各段階ごとに固有の論理があるというのはけだし至言だ．表面電荷を出しておいてガウスの定理で処理するあたり，実にマクロの論理に適合しているわけだよ．

エリ子　わたしはむしろ純さんに賛成．古典現象論では真空も物質もたいしてちがわなかった——どちらも ε, μ で特徴づけられるのっぺりした連続体ね．そこに現代物理学が電子・原子という自然の階層を見出して，なにもかにも不連続になった．その不連続の世界から $N = 6 \times 10^{23}/\mathrm{mol}$ を頼りにふたたびマクロの連続な世界をとり出したときに，電磁場の概念も昔とは比較にならないくらい豊富になったわけよね．

純　それと同時に，ファラデー－マクスウェルの場の理論の限界がはっきりしたことも重要だろうな．原子の分極をマクスウェル流のマクロな電場で計算したら，それは間違いだ．原子は電場をミクロに見てるわけだからね．

みどり　誘電体の表面に分極電荷が現われる仕組みはわかったけど，導体表面の電荷はどうなの？

純　誘電体と導体のちがいは，これまでの教科書にもいくらか書いてある．ほら，自由電子と束縛電子という説明……

エリ子　それだけじゃ何にもなりゃしない．純さんらしくもない！　そんなお話をちょっと書いておくなんて，気休めでしかないわ．それは堀さんたちの本[6]でしょう——あんた感心してたわね．たしかに，下巻は，電磁気，光，放射能を主題として，近世物理学の興味ある話題を各所に織りまぜるというやり方で執筆した．

といって現代物理の章を別立てにしなかった彼らの意図は買うけれど，まだまだ不十分だわ．教科書の終になって，しかも宇宙線のあとにとつぜん「半導体」の説明がでてくるでしょう．たとえ場ちがいということはおくとしても，これはただ通りいっぺんのお話でしかなくて，こんなことではなんのためにこれまで上下二巻の厚い本を読まされたのかわからなくなってしまう．教科書を読みおえたらそれなりに物理世界の姿が印象づけられて残るのでなくちゃ…….

純　整理がゆきとどいていないという批判はまぬかれないね，この堀さんたちの本は．でもいわゆる講壇風でなく，著者たちが物理を楽しみながら書いている点をむしろ高く評価したいんだ．

芳雄　教科書がいろいろ説明してくれるのもいいけれど，ミクロの世界は量子力学が支配してるわけでしょう．エリ子さんのように物理量の大きさの程度を評価することまで要求するのは，ぼくたち新米には無理じゃないのかな？

エリ子　ところが，古典物理でけっこういけるのよ．原子・分子の研究者にしてからが，新しい研究を始めるときなんか古典論的イメージであれこれ考えるものなの．もちろん量子力学を直観的にわからせてくれるような，量子力学固有の描像は大いに開拓しなければね．

みどり　不確定性原理などは，実に偉大な発明だわね[7]．

エリ子　とにかく，習いおぼえた知恵を総動員してでも物理現象の姿をあばいてやろうというすさまじいファイト——科学の開拓者精神，それが芽生え，伸びてゆくための土壌になることが，教科書の最大の使命だと思うんです．

純　演習問題なんかも，そういう観点から作られるべきだね．たとえば，小谷さんの本[4]では，分子を導体球になぞらえて分極率を計算してみせ，

実際の分子は複雑だから数値的にはこれは正確ではないが，大体の大きさはこれくらいになる．

と述べているが，どう芳雄くん，分子を導体球にたとえるところ……？

芳雄　意図は買いますけれど，あまりぴんときませんね．大体の大きさはそれで出るといわれても，はいさようでございますかというほかない．電子が導体の中でのように自由でなくて，力を受けていれば，分極は小さくなりそうな気もするし…….

純　そうだろう．ボーアの原子模型とか，ローレンツのバネ模型とかを演習問題で解かせたらよくわかっただろうと思うんだが…….　もう 1 ついわせてもらおう．せっかく分極率の式を出したのに数値に直してない．従ってまた，実際の誘電率の大きさとも比べてないのは致命的な手落ちだな．手落ちというよりは，$N = 6 \times 10^{23}/\text{mol}$ の話が欠けているために実はこの比較は不可能なのだがね．白タビでハイヒールじゃ，やっぱりだめなんだよ．

さて少しとばして，こんどは “磁場と電流” を読むとしようか．

10.3 磁場と電流

電荷に対応する磁荷というものは，この世には存在しないらしい．もっともこれだけのことなら，磁気現象の話をまず棒磁石から始め，棒磁石が十分に細長くなった極限を考えてかりに磁荷の概念を導入してクーロンの法則を述べ，以下電場の場合とパラレルに話を進める古い教科書のやり方も，磁気モーメントを出発点にとる最近のやり方も，たいしてちがわない．前者の方が，わかりやすさからいえば優れてさえいるだろう．

マッハの驚き

しかしいまエルステッドの実験 (1820) を考えてみよう (図 3)．自由にまわれる磁針の上に南北に導線をはりわたし，これに電流を流すのである．力学史で有名なエルンスト・マッハは少年時代に，この実験で磁針がねじまげられるのを知っ

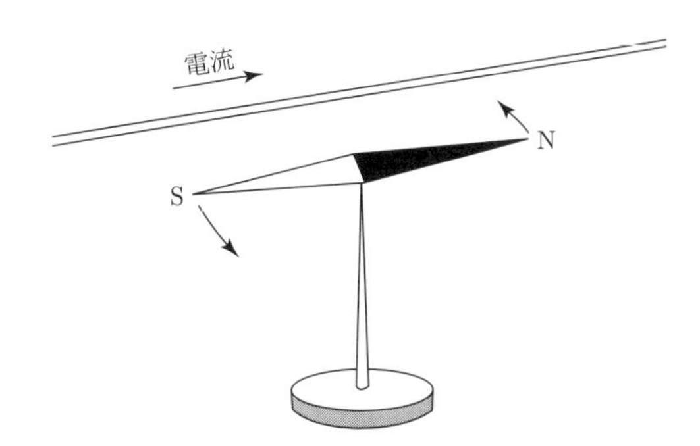

図 3　エルステッドの実験．磁針の上に南北に針金をはりわたし，これに電流を通じると，はじめ南北にむいていた磁針が東西にフレる．ちょっと考えると装置はまったく東西に対称であって，たとえば磁針の N 極が東にフレるか，西にフレるかをきめる理由はないように思われるのだが……？

たとき大きなショックを受けたという．この装置は導線と磁針を含む平面について左右対称であったし，導線を流れる電流もこの対称性を害なわないから，磁針は右にも左にもふれる理由がないというのである．

もうすこし正確にこのことを述べてみよう．いま一枚の鏡をかりに考えて，われわれの装置Aをうつし，その像とまったく同じな装置A′を用意する (図4)．このとき，導線や磁針の中の電子・原子……の運動もすべて鏡に関して互いに物体と像の関係になっているものとするのである．電流の向きはAとA′とで同じだが，磁針は東西にふれるので，おどろいたことにA磁針のフレと，その鏡像であるA′磁針のふれとは反対になってしまう．このことは，物質粒子の運動をその鏡像にうつすと，磁荷というものが符号を変えるということを意味するほかない．そんなことがあり得ようかと，少年マッハは考えたのである．

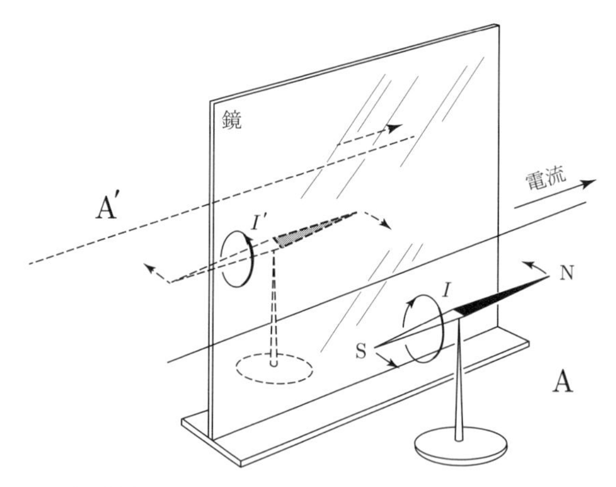

図4 エルステッドの実験を鏡にうつしてみる．鏡にうつしても電流の向きはかわらない．しかし一般に回転の向きは鏡にうつすと反対になるので，磁気には回転が結びついていることがうかがわれる．

この実験は，磁気と電気のパラレリズムを否定するものである．実際，磁気という存在を考えるのはやめ，その代わり図4に示したように磁石内に円電流 I があって，磁気はそれにもとづく現象だと考えれば，マッハの驚きは解消する．というのは，電流 I を鏡にうつせば向きが反対の I' になり，したがって磁針の向きも鏡像の操作で反対になるからである．

ソを教えていることになるだろう．磁性について最も本質的な論点はぬけ落ちてしまうし，はやい話が磁化の大きさの程度を計算することもできない．この事実を大学の教科書はどう考えたらいいかというのが，われわれの問題である．われわれはこの報告において，一貫して，原子・分子の言葉で電磁現象を“目に見えるように”説明すべきことを主張してきたので，ここに現われた古典的描像のつまずきをどう扱ったらよいかを考えないわけにはいかない．

わたしの提案は次の通りである．いちばんいいのは，教科書の構成を工夫して，古典量子論におけるボーアの原子模型ぐらいを —— たとえば力学の応用問題の1つとして —— かなり早い機会にもちこみ，以下いろいろな場合にこれを引き合いに出すようにすることだろう．この場合プランクの定数や量子条件の意味についての説明が必要だが，それを早い機会に行なうのが難かしければ，電子の運動を計算することは断念し，第二の案として，軌道半径あるいは電子の速さを物質像の一部として天下りにあたえることにしてもよい．つまり，“原子というのは，原子核のまわりを，大体 10^{-8} cm ぐらいの半径をえがいて電子がまわっているものだ”とするわけである．これなら十分力学の例題になるし，かなり早く説明ができよう．この天下りをきらう人は，ふつうの教科書で，誘電率，帯磁率などいろいろな物質定数を天下りにあたえていることを思い出すがよい．

こうしておけば，磁場の影響は古典力学的に計算しても，反磁性帯磁率，常磁性帯磁率ともかなり正しい値を得ることができる．ここまで計算した上で，あらためてこの原子に古典統計力学を適用し，磁性が消えることを示せば，古典物理の傷口 —— そして適用限界はきわめて深く印象づけられるであろう．いいかえれば，量子論で何が説明されねばならないかということ —— つまり自然の論理の階層性がはっきりするだろうということである．

インターヴァル —— 2

純　エリちゃんのレポートでぬけてることなんだが，この堀さんたちの本では，物理現象の説明に重きをおいた結果，しばしば論理性がぎせいになっている．アンペールの定理もこの本では磁力線の写真が唯一の証明なんだ．だからあとで円電流などの磁場を計算したときに，せめてその結果を定理の例証に使うぐらいの配慮は欲しいな．演習問題なんかも大いに例証にあてるべきだろう．

エリ子　同感．定理の内容 —— つまり証明されるべきことさえちゃんと意識されていたら，証明は advanced course への宿題にしてかまわないのだから．そうでしょう？

みどり　いつも思うんだけど，この例証のことでもね，ほんのもう一歩つっこんで書いといてくれたら読者の扱える物理の領域が急にひろまったものを——惜しいことね．

エリ子　そのくせつまらないことが沢山書いてあるの．いろいろな物理現象の比重が著者にはっきりわかっていなくて，つい知ってることは何でも書きたくなるんでしょう．

半太郎　君たちの主張はわかるんだが，しかし，教育的見地からはどうかね．あまり物性論的なことに重きをおくと，初学者は混乱するばかりじゃないか？　それに，電磁気学はなんといっても場の物理学なんだから，磁気の本質論なんかより，むしろアンペールの定理の証明の方がたいせつだと思うけどな．そうだとすれば，題材の選び方も君たちのいうのとは自ずからちがってくるだろう．

エリ子　先生方が教育者風を吹かせることに反対．親切が仇になるってこともあるわよ．物質像がしっかりしてれば，混乱なんておきようがない！

半太郎　それにしても，ファン・リューエンの定理までもち出すのは行きすぎだね．初歩的なコースでは，やっかいな話はまあうまく避けて通るのが教育技術というものだろう．

エリ子　もう一度いうけれど，先生方が教育者風を吹かせることに反対．

芳雄　さっきみどりさんがいったことだけれど，ぼくたちも教科書で習ったことから，できれば自分で一歩ふみ出して，いろいろ想像をたくましくしてみたい．ファン・リューエンの定理の話も，つまりはぼくたちが自由に物質の姿を考えられるようにというのだから，ぼくら歓迎しますよ．想像の自由度が拡大すれば，それだけファイトもわいてくる——科学者の開拓者精神！

純　半太郎さん，ぼくが最近の物理をみてるかぎりでは，「これこれのものがあると一体なにが起り得るか」という形の問題が新しい分野をひらくようです．たとえばエサキ・ダイオードなどもこういう論理の範疇に入る発明じゃありませんか？　ぼくはやっぱりエリちゃんの意見に賛成だな．

また演習の話になりますがね．小学校のときから数えたら演習問題の数はそうとうなものになるでしょう．それがみんな「これこれのときなになにを計算せよ」という形だったら，頭がもうそういう形の問題しか案出しなくなっちゃうんじゃないかな．近頃のように試験試験と追いまくられて，勉強といえば問題集の問題を解くことだなんて世の中では，この“問題意識の規格製品化”の危険がかなり大きいんじゃないかと心配なんです．この意味からも，大いに物質像ということを強調したいですね．そして，「これこれということは，何がどうなっていることを意味するか」とか，「なにがあれば何が起り得るか」という考え方を刺戟しなければ…….

エリ子　そうでないと新しい技術の開発なんて，とてもできないでしょう．

純　そうだよ．ほんとに！　だがね，こういうこともある．ウソを教えるという話があっただろう．電気伝導なんかも，うっかり“眼に見えるように”話すと嘘になりかねない．

芳雄　結晶格子の間を縫って電子が走るのが電流でしょう．それでウソというのは？

みどり　こういうこと？　電気抵抗というのは，電子が結晶格子に衝突してエネルギーを失うために現われる．電子がぶつかって結晶格子がガタガタゆれ出すのが熱運動――つまりジュール熱の発生というわけね．さて，結晶の中にはだいたいまあ原子がすきまなくつまっているわけでしょ，芳雄さん．それなら電子はちょっと走ったらもうすぐにどこかの原子にぶつかってしまいそうね．わたしなんかついこの間まで，電子は結晶の中をここでゴツン，あそこでゴツンとしょっちゅう原子にぶつかりながらヨタヨタと走るものだとばっかり思ってたのよ．そうしたら…….

純　赤面することはないさ．ゴツン，ゴツンだのヨタヨタだの想像たくましくする方がよっぽど物理屋らしくていいよ．みどりさんの電子はきっとコブだらけだね．

みどり　電子は平均100個ぐらいの原子をするりとすりぬけちゃうんですってね．その間に1回衝突するかしないかなんだって――驚いちゃったわ，温度にもよるでしょうけど．

純　みどりさんのいうのは常温での話だね．絶対0度では平均自由行程は無限大．電子は一切衝突しないから，電気抵抗はゼロ．ほんとかな？

エピローグ

エリ子　あら，もう9時よ．そろそろ帰らなくちゃ…….電磁波のところを読んでほしかったんだけどな――場の概念が本領を発揮するのは，電磁誘導・電磁波といった動的な場面でですものね．だのに，どの教科書[8]も電磁波はまったく冷遇そのもの！

純　またいつか集まろう．きょうはエリちゃんにハッパをかけられたかたちだが，新しい物理を組み立てるという仕事は，ぼくたちも大いにやらなければ…….

エリ子　そうよ．御老人だの，研究至上主義者だのにまかせてはおけないわ．これからときどき集まって討論しましょうよ——わたしたちが物質というものをどのように想い描くべきかという問題．現代物理学の物質像とでもいいましょうか？

みどり　そして，その物質像を今日の技術の中に生かすためにはどうしたらいいか．当然，話は科学技術の研究体制にもふれてくるでしょうね．

芳雄　ぼくたちからいえば教育の問題．せっかく大学には入ったけれど，そこの教育がきょう聞いたような次第じゃ，ぼくたちは浮かばれない——いや，だまってはいられない．

みどり　それに，きゅうくつな古典現象論より，いま生きて動いている現代物理の方が勉強してても楽しいのよ．

芳雄　同志を糾合して，ひとつ大学教育にレジスタンスを試みるかな．

純　教科書に関連して，ぼくは物理の啓蒙書のこともいいたかった．菊池 (正士) さんの『物質の構造』，伏見 (康治) さんの『ロバ電子』が入っていた創元社の科学叢書，久保 (亮五) さんの『ゴム弾性』，矢島 (祐利) さんの『電磁気理論の発展史』などの河出物理学集書とか，むかしはすぐれた啓蒙書がかなりあった．天野清訳の『熱輻射論と量子論の起源』で有名な大日本出版の科学古典叢書もなつかしいな．最近はとんとこういう本が出なくなってしまった．

芳雄　この間，友達に教えられて，石原純の『相対性理論』を読んだのですが，たしかに古い本にもおもしろいのがありますね．新しく啓蒙書が出るのも歓迎だが，よいものは古い本でも再版を大いに出して欲しいな．いまの状態では，ぼくたちが古い良い本に出会うのはまったく偶然の機会でしかない．

エリ子　純さん，大いに論じたいところね．さしずめ，旧制教育から新制への転換に問題があると…….

みどり　純さんがそれをいいだしたら止まらないわよ．日本の出版のしくみにも問題があるし…….

半太郎　新制への転換に問題があるといわれると，「それはね，純さん」といいたくなる．

純　まあ，きょうは帰るとしよう．エリ子さん，お宅までお送りしましょうか．

半太郎　芳雄くんとみどりさんは都電だね．じゃあ，また．さようなら．

文献

［1］　寺沢寛一編『物理学』，裳華房 (1935 年初版，1959 年 35 版).

［2］　本多光太郎『新制物理学本論』，内田老鶴圃 (1959 年新訂 8 版，初版は 1960 年).

［3］　吉田卯三郎『物理学』，三省堂 (1959 年四訂 5 版).

［4］　小谷正雄編『物理学概説』，裳華房 (1950 年初版，1959 年改訂 12 版).

［5］　多田政忠ら『物理学概説』，学術図書 (1959 年第 4 版).

［6］　堀 健夫・大野陽朗編『物理学総論』，学術図書 (1959 年再版).

［7］　伏見康治：連続の中の不連続，「自然」1947 年 10 月号；原子の世界，『伏見康治著作集 5』，みすず書房 (1987)；不確定算術，「自然」1947 年 12 月号.

［8］　堀たちの本はかなりよくできている.

11. 場というもの

11.1 あるパラドックス

エリ子　こんにちは．おそくなってごめんなさいね．早速だけど，芳雄さん，モーターは何故まわるか知ってる？

芳雄　そりゃ知ってるけど——一体どうしたのさ？　はあはあ息ついてさ，まあ，お茶でも飲んで落ちつけ，落ちつけ．

半太郎　“かけつけ三杯” というからね．

みどり　それはお酒のことでしょ．はい，これ，お砂糖．

エリ子　お寝坊しちゃったの．それで，ほら遅刻しそうで，いっそ奮発してタクシーに乗ったんだけど——車の洪水，すごいのね．交差点のところで，なんていうのかな？　マンジトモエじゃないけど，車がこう入り組んでしまってね，動きがとれない．もう気が気じゃないから，車おりて，走ってきたのよ．

純　そうそう．歩道の人の流れの方が車より速いみたい．東京のパラドックスだ．

半太郎　そのパラドックスを通じてね，エリちゃんは交通の “場 (バ)” としての東京を実感したとことになる．東京の場所場所に車が走ったり，止まったり…….

芳雄　そして衝突したりっていうのは余分だとしても，空間の場所場所にものが分布している，いやなんでもいいから，とにかく分布しているときに，その分布を “場” という．そうでしょ，半太郎さん．運動が分布してれば運動場，市(イチ)が分布していれば市場，東京はむしろ交通事故の場かな？

みどり　あたし，きのう “小豆の場” をたべたわ，おいしかった．ねえ，純さん．

純　ああ，あそこのお汁粉？　おいしかったね．

半太郎　アズキのバをね，たべた？——そりゃそうもいえるだろうけど，“場”

がおいしかったなんて初めて聞くな．そういうものかね．ふうん．

エリ子　さあ，さあモーターは何故まわるのか．それは磁場の中の電流に力がはたらくからである．その磁場は，やはり電流がつくり出したものであります (図1)．

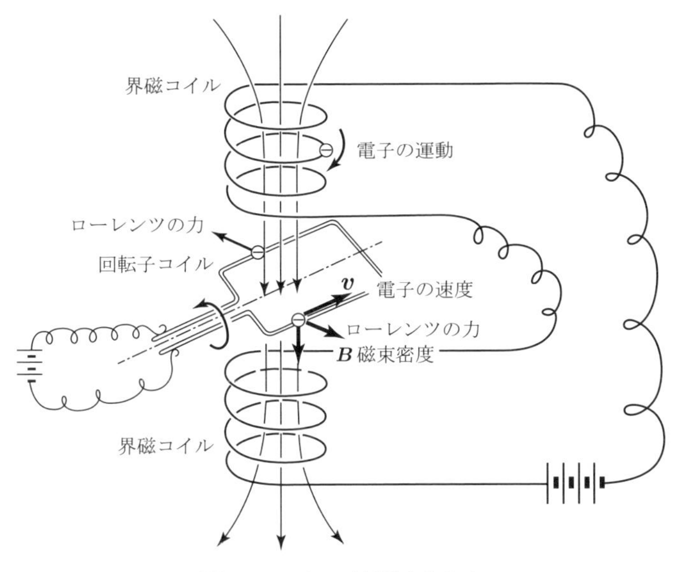

図1　モーターは何故まわる？

芳雄　ニュー・モード[1] ではこういうんじゃなかった？　電流は，すなわち電子の流れだから——電子が走って，そう界磁コイルの中を電子が走って磁場を作る．そこを回転子コイルの電子が走ると，その磁場から力を受ける．電子が走って磁場から受ける力をローレンツの力という．いかがですか？　エリ子さん．

エリ子　一本参った！　それじゃ芳雄さんに伺いますけど——棒の両端にプラス，マイナスの電荷をつけてね，こう図 2(a) のように走らせるとどうなると思う？　これも一種のモーター……？　どう，あたしが発明したのよ．

芳雄　え，なんですって？　プラス，マイナスがそれぞれ界磁コイルと回転子に当るとでもいうのかい？　ほんとかなあ．

エリ子　プラスの電荷が走っているから，それはまわりに磁束密度 $\boldsymbol{B}$ を作るはず，いいわね．マイナスの電荷も走っているが，それはつまり磁束密度 $\boldsymbol{B}$ の中を走ってるわけだから——そうでしょ——だからマイナスの電荷は磁束密度 $\boldsymbol{B}$ から力を受ける．その力は，ええとフレミングの左手の法則によって図 2(b) のようになるわね．これはマイナスの電荷にはたらく力だけど，プラス，マイナス立場を逆にして考えれば，プラスの方にも力がはたらいて，ほらこの通り，偶力ができるでしょ．

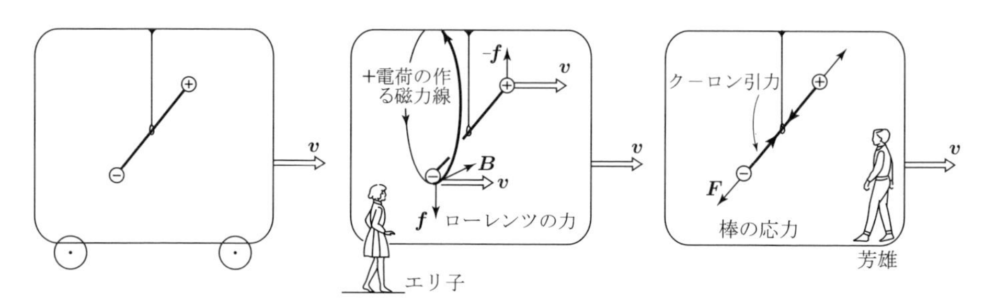

(a) 部屋全体を走らせる．

(b) ＋電荷が−のところに作る磁束密度 $\boldsymbol{B}$ は，紙面の裏側から読者の方に向く．＋，−の電荷にはたらくローレンツの力が偶力を作る．

(c) 装置といっしょに動きながら見れば，磁場はないし，偶力など見当たらない．

図 2　エリ子–芳雄のパラドックス．

みどり　たしかに廻りそうじゃない？　芳雄さん．

芳雄　うん，だけどねえ，変だな．変だよ，やっぱり．あのね，この装置といっしょに走りながら見たら (図 2(c))？　そうしたら電荷は止まっているように見えるわけで，磁場なんてできようがない．電荷にはたらく力はお互いのクーロン力だけですよ——それは棒の応力とつり合うでしょ，結局，この装置は廻らない！

みどり　そういわれれば，そうね．でも，エリ子さんが見るとこの装置まわり出すのに，芳雄さんが走りながら見るとまわらないなんて，断然おかしい．相対性原理違反だわよ！

純　実際にね，実験してみた人がいるんですよ．アインシュタインの相対性理論より 2, 3 年前だな．1902 年から 1903 年にかけて，イギリスのトルートンという人とノーブルという人がやってみた．

みどり　それで？　まわった？

純　まわらなかったよ．エリ子–芳雄のパラドックス，それじゃ説明しようか．

なり，回転が速ければ速いほどその附近の磁場は強いというのである．

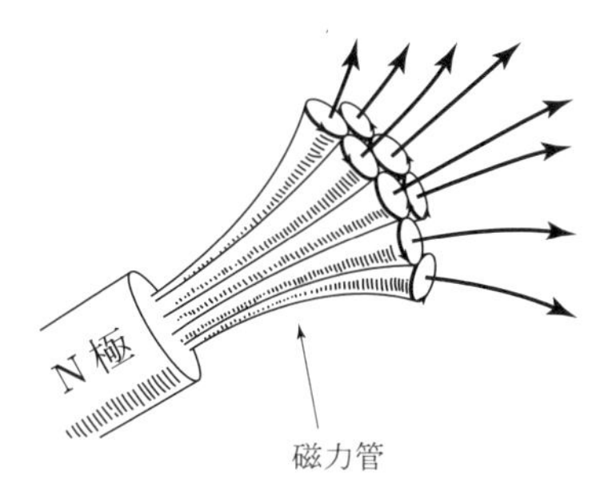

図 9　磁場というのは，磁力管の集まりだ (ファラデー)．磁力管はその軸のまわりにぐるぐると回転している (マクスウェル)．

管が回転すると，遠心力のためにその管は横にふくらもうとするだろう．そして横にふくらむには，タテには縮まねばなるまい．同種の磁極が反撥するのは，磁力管が横にふくらんで押しあうからだし (図 10)，異なる磁極が引きあうのは，磁力管が縮もうとしているからである．このように磁力管の回転は磁極間の磁気力を説明することができる．

図 10　同種の極が反撥するのは磁力管の押し合いによる．

しかし，回転の機能としては，やはり電磁誘導の説明の方が重要だろう．隣りあった磁力管が同じ向きに回転すると，お互いのマサツが起って回転が妨げられる．そこでマクスウェルは管と管の間にはちょうどボールベアリングのような媒質粒子の層があると考えた (図 11)．磁場の強さがどこでも等しく，したがって磁力管がどれも同じ速さで回転している状態では，媒質粒子は位置をかえず自転するだけである．だが，どこかで磁場を強くしてゆくと，そこの磁力管の回転が

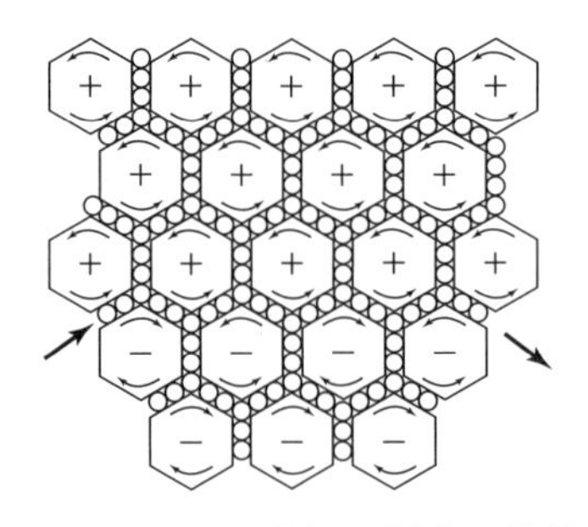

図 11　マクスウェルの考えた電磁気の媒質の構造.

速くなり，その結果として媒質粒子は移動をはじめることになる．これが磁場の変化によって電流がひき起される現象，つまり電磁誘導だとマクスウェルはいう．媒質粒子が電気をもっているとしておけば，その移動はすなわち電流にほかならないからである．

11.5 電気力線・磁束線

半太郎　なんだか話が急に変わってしまったようだ．どういうことですか，これは？

エリ子　そう．場を“もの”として考えるといえば，こんな考え方もある——いや，あったということ．

純　“もの”なんていうと，あの力学的な世界観というやつに固執してるみたいに聞こえるから，そいつをひとつ思い出しといて——実はそれではいけないんですよって開き直る魂胆だな，さては．

芳雄　こりゃ面白くなってきた．マクスウェルの模型はどこでつまずくのか？

エリ子　もう与えられた紙数も残り少ないので，その説明は割愛する．

半太郎　エリ子さんのいったこと英訳すると：I am not endowed with the papers which give the explanation about it. So, I am very sorry…….

芳雄　それをまた和訳すれば……私はそれを説明してくれる論文を与えられていない．だから申し訳ないけれど，私には説明できない——．endow はおおげさだな．

純　時間がないんだから，じょうだんはやめて．結局ね，相対性理論との関係なんだな．磁束線のほかに電気力線を考えると，磁場と電場とはまったく別物ということになるが…….

芳雄　そのとおり，別物じゃありませんか.

純　いや，ちがうんだ．相対性理論によるとね，ちがうんだよ．たとえば，ここに電場しかないとするよ．電荷がどれも静止していてね，電気力線しか出ていないとするわけだ．その空間を，別の観測者が走りながら観測すると，その人は磁場も見ることになる．電気力線しかないと思いきや，そこには磁束線もあった！　磁束線というのは隣りあう磁束密度ベクトルをつなぎ合わせてできる線のことだ．さっきの話でもクーロン力からローレンツの力が “現われでた” じゃないか.

芳雄　だって，止まっていた電荷が，別の観測者から見れば動いているように見えるわけでしょ．つまりその観測者から見れば，その空間にはれっきとした電流が存在するのだから，磁場ができても不思議はない．いや，でなきゃ，かえっておかしいんですよ.

エリ子　それは場の物理という立場とちがうと思う．場というときは，いわば顕微鏡的なのでね，空間のこの点に焦点を合わせたら，もうそのごく近傍しか見えない．遠くの方で電荷が走っていようが止まっていようが，そんなとこまでは見えないのよ.

半太郎　それが近接作用ということだ．顕微鏡的というより近接作用的という方がいいだろうな.

純　だから，ある点の磁場は，その点の近くの電場の様子できまるのでね．やはり，電場というのは，走りながら見ると磁場を伴って見えるような，そういうものだといわざるを得ないんだ．ただし，場の物理学という立場をとるとしての話だけど.

芳雄　阿片が人を麻酔させるのは，それが麻酔性をもっているからだ.

半太郎　ほかのものじゃなく，まさにこの阿片が麻酔性をもってるという点ね，これはやはり自然法則.

純　しかし熱に関連して熱素，光に関連して光素となると困るのでね．また実体概念の検討を迫られたわけだ.

芳雄　ところで，さっきの棒の中のエネルギーの流れはどうしたんです？　もう説明してくれないんですか？

エリ子　電場や磁場が慣性をもっていて，それをひきずって歩くにはエネルギーが要るという話をすると，それからだんだんに場のエネルギーがわかってくる.

純　そうかね．電磁場の場合はまだしも，正直いって，ぼくにはある棒の中の

エネルギーの "流れ" はうまく説明できないよ．誰か教えてくれないかな[3]．

文献

[1]　H. ETONIK：電気と磁気のニュー・モード,「自然」1960 年 7 月号，本巻 136–155.

[2]　江沢 洋『相対性理論とは？』，日本評論社 (2005)；『相対性理論』，裳華房 (2008).

[3]　今井 功『新感覚物理入門 —— 力学・電磁気学の新しい考え方』，岩波書店 (2003).

12. 力線の動力学
——高校物理へのひとつの提案

12.1 アメリカの新しい教育

純 ぼく，よくは知らないんだけど，この9月にアメリカから学者をふたり日本に招いて，高等学校の物理教育をどう変えるべきかという研究会が開かれるんですってね．現場の先生や物理学者を集めて…….御存知ですか，半太郎さん？

半太郎 いや，知りません．

純 その二人のうち一方は素粒子論の若い研究者だそうですよ．

半太郎 そうですか，若いんですか．いや，日本で教育に関心のある人といえば，もうひとかどの権威になられたお年寄りばかりじゃないのかな？

エリ子 ちょっと伺いますけど，半太郎さん，この“自然”を毎月読んでらっしゃるんでしょう？ 亀井という人の論評[1]，お忘れになって？ あの人は若いそうよ．

純 ぼくにはどうもわからないんだが，何故いま頃，高校教育の研究会が開かれるのか——つまり何故，今という時点が選ばれたのか？ 不可思議でしょう．だって，文部省が高等学校の学習指導要領を改定したのは昨年(1960年)の10月．改定の作業がはじめられたのは，やはり昨年の4月——教育課程審議会の答申が出たときなんです[2]．討論や研究が必要だったのは，まさにあの時期だったはずでしょう？

半太郎 そうですね．でも今だって無意味というものでもない．新指導要領にもとづいて今，教科書が執筆されている最中なんですから．新しい教科書が使われるのは，3単位用なら来年，5単位用のは再来年の1963年という話でしょう？

エリ子 それにしても，ちょっと遅きにすぎるんじゃないかしら？ 5単位用にしてもよ，検定，文部省の修正勧告にもとづく修正，そして印刷，製本，発送と考えたら，ずいぶん時間かかりそうよ．今だって，ことによると，もう執筆なんか終ってるかもしれないわ！

みどり　そういえば，化学の方でも，アメリカから人を呼んで懇談会が開かれてたわね．玉虫先生がいつか新聞に書いてらした[3]のおぼえてる？

芳雄　おぼえてるさ．玉虫先生ってね，日本の教育について大きな影響力をもち続けてこられたんじゃありませんか？　それにしては，あの発言どうも核心をついてるって感じしなかった．切り抜きがありますよ．ホラ，たとえばここ：——

> ……CBA 計画の内容を通覧したが，全般的になかなか大胆な方法だと感じられた．
>
> そこには，原子の電子軌道，そのエネルギー準位についての詳しい説明があり，さらに分子軌道，分子の幾何学，化学変化にともなう熱量変化，自由エネルギー変化などの問題が扱われている．これらは今日の化学者にとって欠くことのできない基礎概念ではあるが，それを初歩の化学教育の中に，どのように導入するかはむずかしい問題である．CBA 案はこの点かなり巧みに工夫されているけれども，なお問題を残しているようである．

これ，今まで考えぬいてきた人の発言と思えますか？

半太郎　しかしね，芳雄君，新聞ではあまり立ち入ったこと書けないだろうからね．“むずかしい”とか“かなり巧みに”とか“なお問題を……”なんて表現を君がきらいなことはよくわかるけど．

エリ子　新聞だから書けないっていうのオカシイ！　これアメリカの高等学校で試みられてる新しい教育方法なのよ．学者の研究方法論なんてものじゃなく，こと高等学校教育に関するわけだから，そしてアメリカを鏡にして日本の姿を反省しようというんだから，高校生はもちろん，その親たちだって関心もつはずよ！

純　まて，まて．CBA 計画——Chemical Bond Approach だね．

> 従来の高校化学の内容は，現代の化学の進歩に対してあまりに旧式であり，それを改革する一つの方法として化学結合を中核とする教授案を作製することが提案され……

結構じゃないか，これ．ぼくらエトニク・グループの主張と同じだよ．

芳雄　ぼくは不満なんだ．どういうんでしょうね，いまだにはっきりいえないんだけど，物質の原子的な成り立ちがまったく教育技術の立場からだけ取り上げられている……？　原子は存在でなくて，説明の便宜上の仮構！

純　この新聞記事だけ見て，そこまでいってしまっていいかな？

エリ子　思い出すわ，大江健三郎さんの言葉："去年の夏，私は北京のホテルで『人民日報』を読んでは昂奮していた．安保問題をめぐっての日本人の動きが，そこには生き生きと運動エネルギーにみちて報道されていた．私は，現在から未来に向かうベクトルのはっきり正面に出ているアクチュアルな歴史観が，いかに日本の政治問題をあざやかにとらえるか，ということに最も昂奮させられていたように思う[4]"．

みどり　日本側の問題意識の確立が必要であるというのね．さっき純さんがいったのと似てるんだけど，私が不思議なのはやはり時期の問題．"新しい化学教育"はアメリカの誰とかさんが日本に来た今じゃなく，あの指導要領改訂の時期にこそ新聞で論じられるべきだったんじゃない？　玉虫先生にかぎらず，科学者諸先生みんなにお願いしたいんだけど，発言力をお持ちの方は，

> 日本では一度文部省の指導要領が示されると，すべての教科書がそれに準じて作られ，その内容がいずれも大同小異のものとなり……

なんておとぼけいうのはやめて欲しいのよ．ね，芳雄さん，そう思わない？

芳雄　おとぼけはひどいよ．きっといろいろむずかしいんだよ．ぼくはね，こういう発言たいへん結構だと思う．折にふれて何度も何度も大きな声で叫んで欲しいと思うんだ．

エリ子　さてと高校の物理教科書，みんな忘れずに持ってきたでしょうね．その『電磁波』のところ開いてみてください．何が書いてありますか？

12.2 初めマクスウェルが理論として発表し ヘルツが……

電磁現象について学ぶことは，力学の学習と並んで高等学校物理の中核をなしている．それが一体どのようになされているかを，今月はまず見ることにしよう．物理教科書の電磁気の章は，電磁波の解説でしめくくられるのが普通である．それはたしかに自然のなりゆきだろうし，また電磁現象学習の総決算としても適当と思われる．

このような考えは，しかし，事実にそぐわないようだ．というのも，昨1960年10月に改訂発表された"高等学校学習指導要領"は，電磁現象を場の物理の立場からではなく，電流の物理ともいうべき立場から見ているように思われるからで

ある．詳しいことは，亀井氏の論評[1]を見ていただくとよいが，指導要領が物理で学習すべしと規定している項目のうち，電磁気に関連するものを引用すると，その傾向が明らかになる (ここには物理 B(5 単位用) に対するものをあげる)

電界と磁界

電界，磁石と磁界，クーロンの法則，静電誘導，コンデンサー，仕事と電位．

電流と抵抗

電圧，電流，オームの法則，ジュールの法則，抵抗率，電池の内部抵抗，直流回路．

電流と磁界

電流による磁界，電流が磁界から受ける力，電流計，電圧計．

電磁誘導

磁界が変化するときの誘導電圧，磁界中を針金が動くときの誘導電圧，インダクタンス，変圧器の原理と電力輸送．

交流と電気振動

交流，コイルやコンデンサーを流れる交流，共振回路，電気振動と電波．

電子

陰極線，電子の e/m，真空管のはたらき，電子工学，固体の中の電子，X 線と結晶．

今日，実用的な面からいっても，またわれわれの自然像からいっても，電磁波の理解が望まれることに異議はないとすれば，指導要領が上のようになったのは，おそらく，場の物理がむずかしすぎるという配慮からであろう．実際，教科書の電磁波の頁を開くと，こうした配慮が顕著に見てとれるのである．たとえば[5]，

> 物体が速く振動すると音波が出る．電気振動も同じように電波を出すことは，1888 年にヘルツによって始めて実験された．“磁気と電流” の項で，電流が常に磁界を伴なうことを学んだ．それと同様に，電界の振動もまた磁界の振動を伴なうことが想像される．

ここにいう “同じように”，“同様に” が御親切な配慮の結果と思われる．しかし，生徒は電磁波に対していったいどんなイメージを描きながら，これを読んだらよいのか？　音波が出たのは，物体の振動もさることながら，空気の弾性的な性質によるものだ．そうだとすれば，この文脈は，何が同じなものかという反撥

をしか導かないのではなかろうか？　また，電流 → 電界の振動，磁界 → 磁界の振動という類推も気になるところである．

もうひとつ例をひこう[6]．

> 振動電流の流れる回路では，電流が時間的に激しい変化を示すので，回路のまわりの空間には激しい磁界の変化がおこる．この空間にある導体には，電磁誘導により周期的に変化する誘導起電力を生ずるが，導体がない場合にも，その場所に電界の周期的変化がおこることには変りはない．またこのように，空間のある点で電界が激しく変化する場合には，電界の増す向きに電流が流れたときと同じような磁界がそのまわりにできる．この磁界の変化は，再びそのまわりに電界の変化をひきおこす．このようにして空間に電界と磁界との振動が伝わっていく．これを電磁波という．

この教科書における“配慮”は，さきの本とちがって，電磁波に関連する事項を，他の電磁現象から切り離して，ここに圧縮したことである．そうだとすれば，この上に“ここはむずかしいから目を通すだけでよい”という教師の配慮が加わりそうなことは容易に想像できるだろう．

いろいろな教科書を並べて，共通に見られることは，マクスウェルが数式をたてて電磁波の存在を導き，ヘルツがその実験をしたという記述で，結局のところ，この辺が生徒の頭に残るというものであろうか．

上に引用した教科書は，実は改訂前の旧指導要領にもとづくものであった．5単位用物理の新教科書は1963年度から使われるもので，現在(本稿執筆のとき，1961年11月)，新指導要領に則って書き直しが進んでいるはずである．新指導要領は，古いのにくらべ制約性が減り，著者の裁量の余地が増したといわれているから，そのおかげで新教科書がどれだけ進歩するか期待をもって見まもっていこう．著者達も出版社の枠の中で窒息しないよう広く討論を起し，よりよい教科書を作ってほしいものである．

インターヴァル——1

半太郎　つまりこういうことかい，エリちゃん？　いまの高校教科書の電磁現象のあつかいは感心しない，そうした不満を集約的に感じさせるのが電磁波の解説だ…….

エリ子　ええ，むしろ，電磁波がもう少しうまく説明できるように，電磁現象の解説全体を初めから考え直していただきたい．

純　どんな説明を君はうまいというんだい？　評価の基準は？

エリ子　一言でいうと，教科書を読んでるうちに，現象のイメージがはっきり浮かんでくるような，そして読者の想像力がひとりでに歩き始めてしまうような…….

みどり　夢見心地でふらふらと――？

芳雄　電磁波が振動なら，それを受けるアンテナは揺れ始めますかなんてね．

エリ子　もっと高級になると，ほらアインシュタインが15～6才の頃考えたとかいう問題ね．もし誰かが光を追って走り，光を捕えようとしたら，どのようなことになるか？

純　電磁波といっしょに走りながら見たら，もう電場も磁場も振動しないことになって……待てよ，激しく場が振動するために電磁波は伝わるという話だったが，なんて考えたり．

半太郎　でも先生はやりきれないね．とてつもない質問がとび出すだろうから．

芳雄　そうしたら授業なんかやめちゃって，あのブレイン・ストーミングとかいうやつを始めるんですよ．おもしろいだろうなあ！

エリ子　大学の入学試験問題はね，あなたが物理の勉強をしてきて，一番おもしろいと思ったことについて書きなさい．これなら毎年同じ問題でいいし，受験雑誌に公表しといたってかまわないわね．

みどり　話変わるけど，新指導要領では教科書執筆者の自由度が増したっていうでしょう．ほんとかな？　かえって検定の基準があいまいになって，検定官の任意裁量で手綱をしめるなんて心配ないのかしら？　「憂うべき教科書検定」という論文があったでしょう[7]．

純　検定の不合格理由なるものが極めて漠然としていて，しかも，第一回不合格と第二回とでちがっていたりするんだってね．あれは社会科教科書の例だけど．

みどり　エリちゃん，今日はあなたの電磁気の構成案を話してくれるわけね．

エリ子　わたしの案の骨子は，**相対論的な考え方を高校電磁気学へ！**　というスローガンにまとめられます．マクスウェル方程式の内容を直観化して言葉でいうと，どうしても相対論的になるというわけなんです．

半太郎　相対論だなんて，例の教育的配慮というのにひっかかって，たちまちアウトになりそうだね．

エリ子　まあ聞いてくださいよ．いつかの集まりでやった“場というもの”という話[8]がバック・グラウンドとして役立つでしょう．始めの方[9]はとばして，電磁誘導から……．ちょっと教科書スタイルを気取りますよ．

12.3 動く磁束線は電場を生む

ローレンツの力

電気をもった粒子が磁束線を横切って走ると，それは磁場から力を受けることを学んだ．このローレンツの力は一方において磁束線の密度に比例し，また一方，粒子の速さに比例する．この事実を，粒子が磁束線に沿って走ったのでは，ローレンツの力は働かないことと考えあわせれば，こんな表現も思いつく：電気をもった粒子には，その粒子が磁束線を横切る頻度に比例した力がはたらく．これは観測者に対して磁束線が止っていて，その中を粒子が走る場合である．

電磁誘導

さてこんどは，磁束線の方が動く場合を考えよう．いま，走っている電車の中の芳雄君が，電気を帯びた物体をもっていると想像しよう．地上のエリ子が見ると，この物体は，地球磁場の中を運動しているように見えるから，エリ子は，この物体がローレンツの力を受けることを結論する．エリ子のこの考えはまったく正しい．ところで，その力は電車の中で物体をもっている芳雄君にも感じられるはずである．

しかし，芳雄君はここで考えこんでしまう．“この力をローレンツの力と呼ぶのは，ぼくから見て物体は静止しているのだから，どうもぐあいが悪い”．いまは物体は止っていて，磁束線の方があとへあとへと飛んでゆくのである．それでも，電荷をもった粒子が磁束線を切っているにはちがいなから，電車の中の芳雄君は，そのためにこの物体には力が働らくのだと考えるだろう．つまり，上にアンダー・ラインを引いて示したことは，粒子が動いても，磁束線が動いてもどちらでも通用するのだということを芳雄君は発見するわけである．

磁束線が動いて粒子を切るというこの考えは，一見きわめて珍奇に思われるかもしれないが，そうではない．その実験は簡単だ．

> **実験**　図1のように銅線を数百回巻いたコイルに検流計をつなぎ，これに棒磁石を急に差し入れたり，引きぬいたりしてみる．

コイルの中には電子がある．この実験では，電子は止っていて，磁束線がこれ

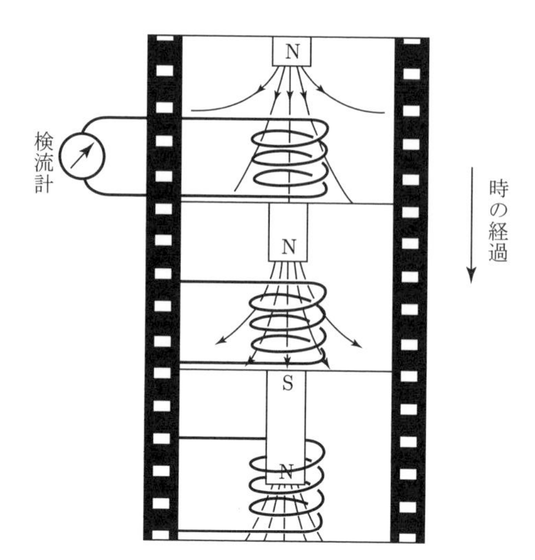

図１ 磁束線が動くと，そこに電場が生まれる．その電場によりコイル内の電子が加速されて走り出し，電流を形成する．

を切って動いてゆくのである．そのときに力を受けて走り出した電子が電流として観測される．このことを，動く磁束線は電場を生むといってもよい．その電場で電子が加速されたというわけである．

インターヴァル――2

半太郎　相対論的な考え方なんていうから，何かと思ったら，走る観測者をもち出すだけなんだね．これなら，時計を合わせたり，物指をにらんだりする必要なんかないわけだ．

エリ子　わたしの話で大事なのはね，場を力線という形で具象化したために，場の運動を頭に描くことが可能になったことなんです！

純　力線を持ちこむと，電気力線は運動する観測者が見ても，やはり電気力線に見えて，どうも磁束線になど見えそうもない――ところが，電場をローレンツ変換すると磁場も出てくるので，力線というイメージはよくないんだと普通いうね．この点は，……？

エリ子　力線の運動法則，つまり電気力線と磁束線の相互作用の法則と見直すわけです．これ一種の原子論なのよ，ね．普通，原子というと，原子核のまわりを電子がなんとかってすぐ考えちゃうけど，もう少し広い意味にこの言葉つかってもいいんじゃないかしら？　電磁場の原子は，ここでは生成消滅のできる電気力線と磁束線！

みどり　エリ子さん，電磁誘導といえば，よくコイルを貫く磁束線の数が変動するとき，コイルに誘導起電力が生ずるというでしょ．ほら，誘導起電力の大きさは，コイルを貫く磁束線の数が変動する速さに比例するってね，こういういい方と，エリ子さんのコイルを切る磁束線が誘導起電力を作るというのと同じかしら？

エリ子　磁束線というのはいつも自分自身閉じて輪になっているのよ，ね．コイルとコイルの相互誘導がわかりやすいわね，きっと．こんなぐあいです (図 2). コイル A におこる誘導起電力を問題にするとしてよ，コイル B で磁束線を作りましょう．磁束線は輪になってますから，コイル A を切らないことには，磁束線は中に入れないんです．だから，コイルを貫く磁束線の増加と，コイルを切る磁束線の数とは同じになる．これでいい，みどりさん？

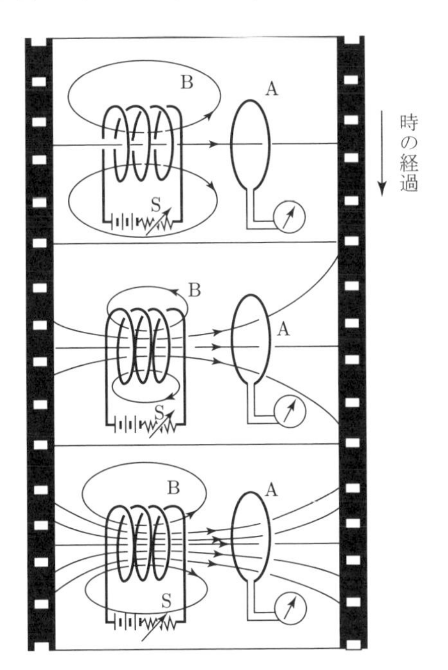

図 2　コイルは磁束線の輪を打ち出すガンである．磁束線は輪になっているから，コイル A の中に侵入するには，一度コイル A を切らなければならない．

芳雄　エリ子さんの説明法についてですけどね，話が演繹的になってるので，ファラデーの辿った道筋 [10] なんかに触れる余裕がなくなっちゃった．

エリ子　いままでのどの教科書もふれてませんよ．電流は磁石と同じ働らきをする，すなわち電流から磁石ができる．それなら磁石から電流はできないだろうかとファラデーは考えて，いろいろ実験してみたというあの話でしょ？

純　そういう種類の，つまり発見法的な論理というやつは，たいてい完全な論理じゃないので，教科書には書きにくいんだね．

みどり　そこを論理化しようとして，科学史家はいろいろ努力するんだけど [10] ——．ファラデーのもっていた“力”の概念 [11] なんか，たいへん面白い．いろいろな物理現象の共通の源泉なんていうわね．磁石から電流はできないだろうかという考えも，もとはその“力の保存”にあるわけでしょう．

芳雄　そう，そういういろいろな観点が集積して，現象の立体的な理解が形づくられてゆくわけだけど，それこそ教師の領分だね．授業時間が足りなければ，課外活動，クラブ活動というのかな，このエトニクみたいなグループができて，調べたり，自由に論じあったりしたら——．

12.4 電気振動

コイルは電流に慣性をあたえる

図 3 のような回路を作って，そのスイッチ S を断続したとしよう．そうすると，コイル L の中に磁束線ができたり消えたりする．ということは，つまりコイル L を貫く磁束線の数が増減することであるから，このコイル L 自身の中に誘導起電力が生ずることになる．この起電力はちょっと考えてみれば，すぐわかるとおり，スイッチを入れた直後，電流が増加しようとしているときには，この増加を抑える向きに起るし，逆に，スイッチを切った直後，電流が急に減ると，この減少を抑え，電流を無理にも流そうとする向きに起るのである．このため，図 3 の回路ではスイッチを切るとき，そこに火花がとぶ．

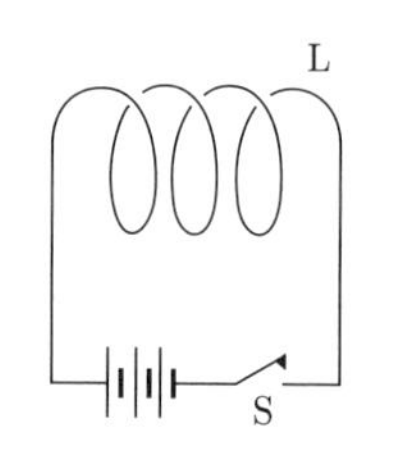

図 3　自己誘導回路.

電流が増加しようとすれば，これを妨たげ，減少しようとすれば，またそれを妨たげて，ともかく現状を維持しようとするコイルのこの働きは，<u>コイルが電流に慣性をあたえている</u>のだとみることができよう．

電気振動

コイルが電流に慣性をあたえるという事実を利用すると，電気振動をおこす回路を作ることができる．いま図4①のように，コイルとコンデンサーを直列につなぎ，コンデンサーに充電してから，すばやくスイッチを閉じたとしてみよう．その瞬間から，コンデンサーにたまっていた電荷は回路にあふれ出すが，そうしてできる電流は，コイルの自己誘導による慣性のために，コンデンサーの電荷がなくなってしまっても，なお流れつづける．その結果としてコンデンサーが逆向きに充電されると (図4, 5)，やがて逆向きの電流が流れはじめる．こうして，電流の往復振動が発生するのである．コンデンサーがバネのはたらきをする．

インターヴァル——3

芳雄　いま気がついたんですが，ぼくらのこの集まりに比べたら，教科書の内容は量的にかなり貧弱ですね．字数を数えてみましょうか．教科書は活字が大きくて，1頁に800字ほどしか入ってない．文献 [5]，[6] の教科書では，電磁気にあてられているのは100頁足らずだから，ええと，「自然」の頁数に直したら……？

エリ子　35頁！　この中に電磁気をもりこむんだから，教科書を書く人もたいへんなわけね．

半太郎　ちょっと待って下さいよ．教科書はいくら厚くしてもかまわないんでしょう？　それとも，指導要領に頁数制限まで書いてありますか？

純　いや，授業時間の標準は書いてありますが，教科書の頁数までは書いてないですよ．だけどね，半太郎さん，この教科書いくらすると思いますか？

半太郎　値段？　ええと——，経済的負担を考えると，頁数も増やせないというわけですね．

芳雄　頁数が増えたら，説明もいわゆる教科書調ではなく，ぐっとくだけて読みやすくなるでしょうね．多少高価でも，いっそその方がよく売れるかもしれないぞ．

12.5 動く電気力線は磁場を生む

ヘルツの発振器

前項で学んだ電気振動を利用することによって，1888年にヘルツが初めて電

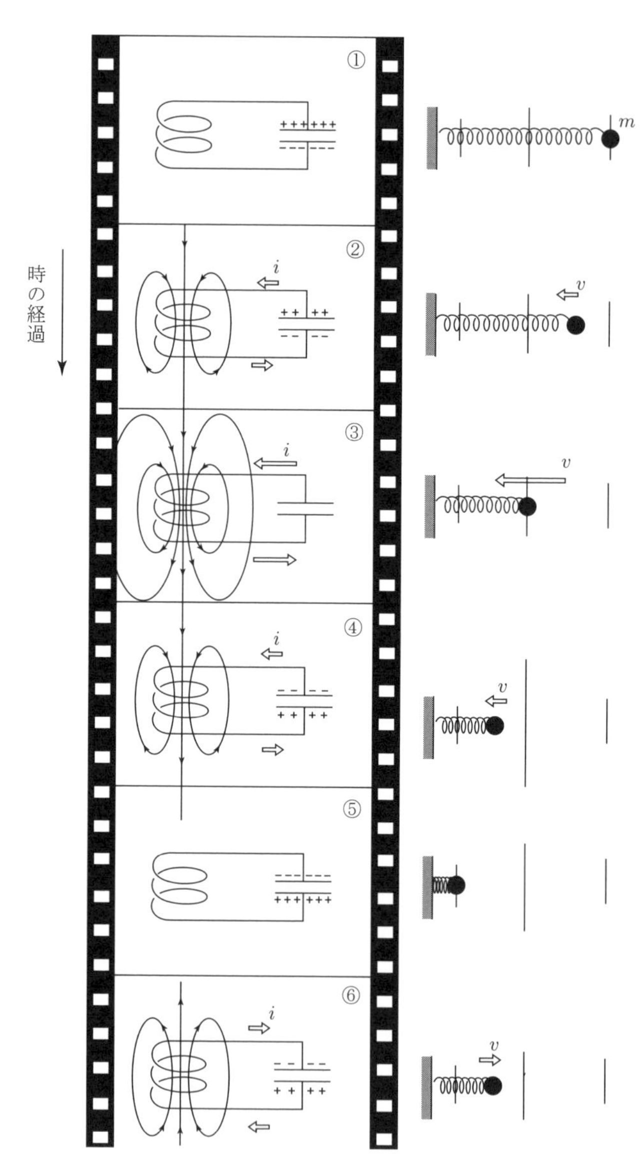

図 4　電気振動，電流の強さは振動子の速さにたとえられる．コイルがもたらす電流の慣性は質量に，コンデンサーの起電力はバネの復元力にあたる．

磁波を発生させることに成功した．図5はヘルツが用いた装置である．これはいわゆる火花発振器であって，コンデンサーに十分たくさん電気がたまると，火花ギャップに電気火花がとび，そこで生ずるイオンのために回路が閉じて電気振動がおこるという仕掛になっている．

電磁波は，その名のとおり，電場と磁場とが波動として進んでゆくものである．電気振動がおこれば，コンデンサーのところに振動する電場が生ずるのはいいとしても，磁場のほうはいったいどこで作られるのだろうか？

さて，われわれはさきに，動く磁束線は電場を作ることを学んだ．すなわち，磁場が変動すると，そこに電場が誘起されるというのであった．そうだとすれば，その反対に電場が変動するところには磁場がつくられるのではないだろうか．

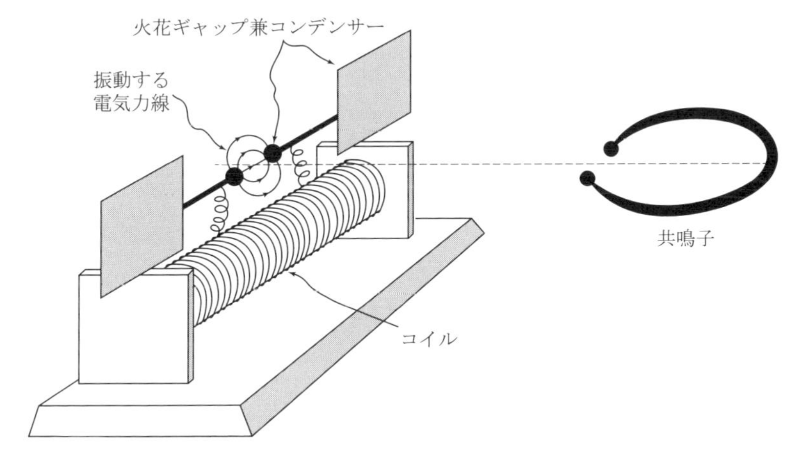

図5　ヘルツの実験．火花をとばして電磁波を出すことができた．電磁波は共鳴子のギャップに火花がとぶのを見て検出される．

電気力線の運動法則

われわれの今までの知識の範囲では，磁場というものは電流がつくることになっていた．ところが，電流とは電荷の運動にほかならない．電荷が動けば，その電荷から出ている電気力線も動く．そしてこの場合，電流のまわりのまさに磁場ができるはずの空間において，その電気力線は動いているではないか！

ここで，われわれは場の物理学の立場を思い起す．遠く離れた電流がここに磁場を作っているというのでなく，この点の磁場は，この点の近傍の場の振舞いがきめているというあの考え方である．そうしてみると，ここに磁場を作り出しているのは，まさにこの点を走りぬけてゆく電気力線なのだと考えたくなるだろう．つまり，電流が磁場を作るというのは，2つの現象をつないだだけで，その現象の間を媒介する電気力線の力学を見落としていたことになる．われわれは，電気力線の運動法則として，動く電気力線が磁場を生むということを発見したわけである．そうしてみると，ヘルツの発振器から電磁波が放射されたのも，コンデンサー附近のゆれ動く電気力線が磁場を生んだためにちがいない．

その精密化——I

電気力線が動くときにどんな強さの磁場ができるかを調べよう．そのために，図6のように，電荷が一列に並び，速さ v で走っている場合を例にとって考えよう．

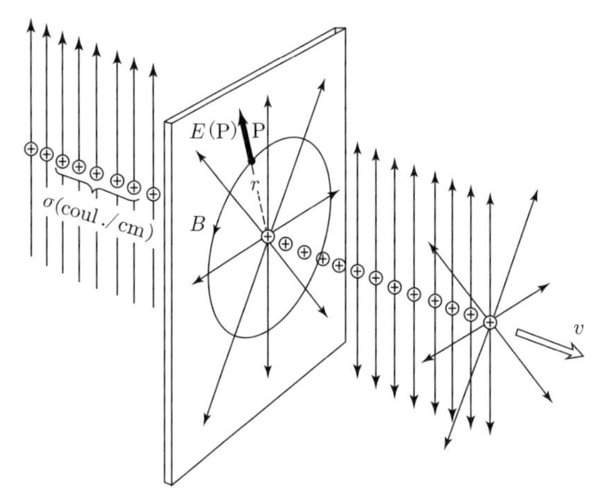

図6　電荷が走れば，電気力線も走る．電気力線が走れば，磁場が生ずる．

まず，ここにはどんな電気力線ができるだろう？　電荷の列がもつ単位長さ当りの電荷を σ (クーロン/m) とすれば[1]，これからは全体で σ/ε_0 本の電気力線が出る．電気力線の力学における重要な法則のひとつは，それらが互に反撥するということであった[8]．してみると，この場合の電気力線は図6のように放射状になるはずである．電荷の列から距離 r (m) のところの点Pでは，電気力線の面密度は，総数 σ/ε_0 を半径 r，巾 1 m の円形帯の面積 $2\pi r$ で割れば得られる．この電気力線の密度が電場の強さをあたえることはくり返し学んだ通りであるから，結

1)　$\varepsilon_0 = 8.85 \times 10^{-12}\,\mathrm{C^2/(Nm^2)}$ は真空の誘電率．高等学校では ε_0 の代わりに $k_0 = 1/(4\pi\varepsilon_0) = 9.0 \times 10^9\,\mathrm{Nm^2/C^2}$ を使う．C はクーロンである．

局，P 点の電場 $E(\mathrm{P})$ (SI 単位) は，

$$E(\mathrm{P}) = \frac{1}{2\pi\varepsilon_0}\frac{\sigma}{r} \tag{1}$$

となる．

一方，単位長さあたり σ (クーロン/m) の電荷の列が速さ v で走れば，これは電流 $I = \sigma v$ (アンペア) にあたるから，P 点の磁束密度の場は，

$$B(\mathrm{P}) = \frac{\mu_0}{2\pi}\frac{\sigma v}{r} \tag{2}$$

になるわけである．この (1) 式と (2) 式を比べてみると，

$$B(\mathrm{P}) = \varepsilon_0\mu_0 v E(\mathrm{P}) \tag{3}$$

という関係が見出される[2)]．この式は r を含んでいないから，P 点をどこにとってもこの関係はなり立つ．つまり，どの点に作られる磁場 B も，ちょうどその点を横切る電気力線の密度 E とその速さ v とに比例しているわけである．これを，動く電気力線が磁場を作るといい表わすことは，まったく似つかわしいことといえよう．

その精密化——II

さてこんどは，電気力線の運動と，それによって作られる磁場の向きとの関係を調べよう．ファラデーの電磁誘導の法則を学んだときは，コイルに磁石を出し入れして誘導される電場の向きを調べた．こんどもそのまねをして，図 7 a のように“コンデンサー”にピストンで電荷をつめこむ場合について考えよう．電気

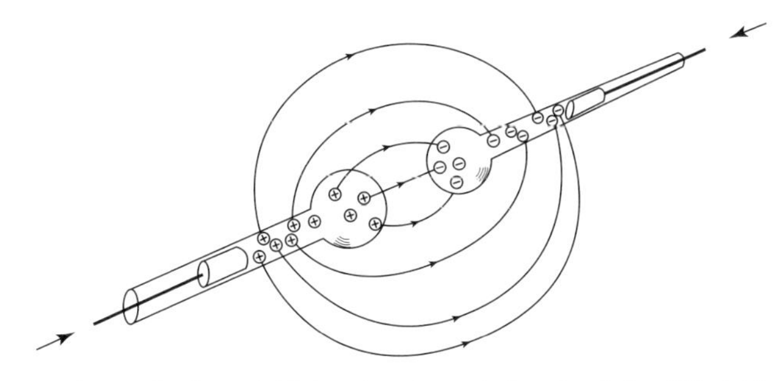

図 7 a　コンデンサーにピストンで電荷をつめこんでみよう．そのときの電気力線の運動は図 7 b に示されている．

2)　$\mu_0 = 4\pi \times 10^{-7}\,\mathrm{kg\,m/C^2}$ は真空の透磁率である．

力線は引っ張られたゴムヒモのように縮もうとするものだ，という電気力学の法則[8]を思い出すと，この場合，電荷はチューブの両端から押し込まれて互に近づいてくるので，電気力線は内側に向かって運動することがわかる(図7b)．この運動を図6の場合と対照すれば，磁場は，あたかも電気力線に沿って電流が流れたかのような向きにつくり出されることが結論できる．

反対にピストンを引きぬいてゆけば，電気力線は次第にまばらになってゆくわけで，こんどは外向きに運動するから，作られた磁場の向きも逆になる．

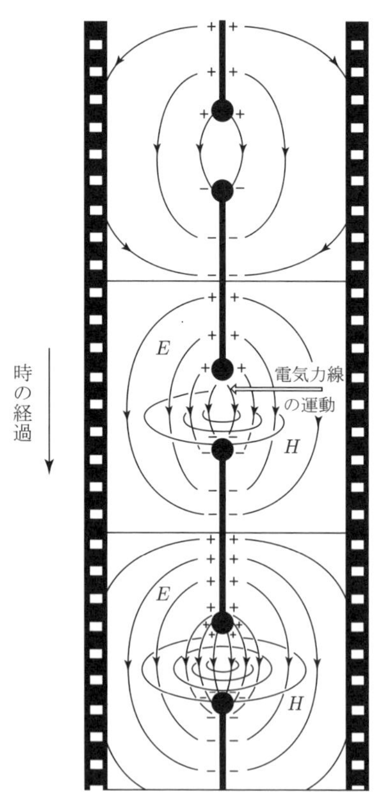

図7b　電荷を押し込むと，電気力線は密になる．つまり，電気力線は内側に向って運動することになる．ここで電気力線はたがいに反撥しあうということを思い出しておこう．

インターヴァル——4

みどり　電気力線の力学法則という言葉がかなり出てきたようだけど……？

エリ子　あたくし，こんな風に考えたわけなの：高校の教科書みるとね，みどりさん，力学のとこなんかは，ボールだの棒切れだのとにかく“物”がでてくるでしょ．それが力学現象のイメージを作るのに助けになってるわけよ，そうでしょ？ところが電磁気に入って，“場”なんていわれると，とたんに，どんなイメージをもっていいかわからなくなって，戸迷うんじゃないかしら？

半太郎　そのために，高校電磁気学は，針金と電流計の物理になってしまうんだ．

エリ子　それじゃ，劇を見に行って舞台の小道具だけ見てくるようなものだわね．

芳雄　だから，高校電磁気学にも，ちゃんと立役者がいるんだということを，目に見えてわかってもらうために，こう，電気力線，磁束線に赤い色でもぬって注意をひこうというんですね，エリ子さん．

みどり　さっきの，電気力線が動いて磁場を作るってお話ね．電荷の列が走るという例をとったでしょ．あの説明，導線の中を電子が流れる場合としたら困るんじゃない？　だって，導線の中には陽イオンもあって，導線は全体としては電気的中性よ．だから導線の外には電気力線は出てないはずなのに，それなのに磁場は導線のまわりにちゃんと作られる．やっぱり，電気力線が動いて磁場を作るっていうの無理なんじゃないかしら？

芳雄　そうだな．反例が上っちゃった！　どうします，エリ子さん？

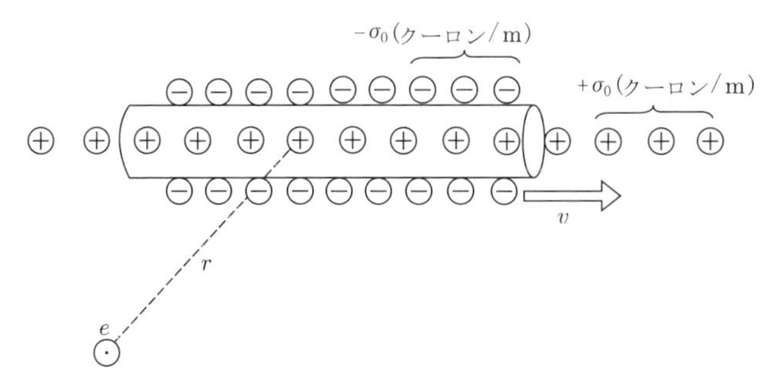

図 8　芳雄はいう．“マイナスの電荷が速さ v で右向きに走っているが，電荷は全体としては中和している．静止している電荷 e には力がはたらかない”．さて，これをエリ子が，マイナスの電荷といっしょに走りながら見たらどうなるか．

エリ子　ええと……？

半太郎　“物” をはっきり打ち出して説明すると，たしかにいいね．話がおもしろくなって…….

純　電子は観測者から見て走っているが，陽イオンは止っているんだから……！

エリ子　そこまでいかないとダメなのね，やっぱり．電子から出ている電気力線は走っているから，磁場を作るが，陽イオンから出てるのは止まってるから磁場を作らない．電場の方は，プラス向きとマイナス向きの電気力線が同じ密度で共存するために，打ち消しあってゼロになる．これでいいですか，みどりさん？

純　磁場をつくるのは動いている方の電気力線だというわけですね．それに関連して，こういう話もあるんだよ．いいかい，飛び入りしても？

12.6 あるパラドックス

いま無限に長い導線を流れる電流を考える．その電流は図 8 に示すように，単位長さあたり $-\sigma_0$ (クーロン/m) という線密度をもち，速さ v で走っている負電荷の群と，それを中和する静止した正電荷の束とからできているとしよう．この側に芳雄君が正の点電荷 e をおいたとしても，導線は全体として中性なのだから，点電荷 e には力は働らかない．点電荷はおかれたままの状態でいつまでも静止を続けるはずである．

さてこの様子を，エリ子さんが，右の方へ v という速さで走りながら観察したとしよう．そうすると，エリ子さんには負電荷 $-\sigma_0$ が静止して見える代りに，静電荷 $+\sigma_0$ と芳雄君のおいた正の点電荷 e とが左に速さ v で走っているように見えることになる．正電荷 $+\sigma_0$ が走るから，それは電流になり，そのまわりには磁場ができるはずである．芳雄君のおいた点電荷 e はその磁場の中を走るのであるから，ローレンツの力を受ける．その力は導線の方に向かう引力になるから，点電荷 e はその方へ運動を始めてしまうではないか！

これはパラドックスである．

このパラドックスを解決するためには，導線が中性に見えたのは $-\sigma_0$ と $+\sigma_0$ とが打ち消しあっていたためであることを思い起し，かつ，動く観測者が観測するはずの長さのローレンツ短縮 [9] に注意すればよい．

$-\sigma_0$ と $+\sigma_0$ とが打ち消しあっているように見えたのは，芳雄に対してである．相対性理論によると，すべての物体はその物体に対して静止した観測者から見たとき最も長く見え，物体に相対的に運動する観測者が見ると $\sqrt{1-(v/c)^2}$ 倍だけ縮んで見える，これがローレンツ短縮である．ここに v は物体と観測者の相対的速さ．

さて負電荷の方についていうと，これは芳雄からみて速さ v で走っているときに線密度 $-\sigma_0$ に見えていたのである．エリ子が見ると，これは止ってみえるわけで，一定の数の負電荷を含む長さは $1/\sqrt{1-(v/c)^2}$ 倍だけ伸びて見えることになる．つまり負電荷の密度は，芳雄のみる $-\sigma_0$ から

$$(\text{負電荷密度})_{\text{エリ子}} = -\sigma_0\sqrt{1-(v/c)^2}$$

にまで薄まって見える．正電荷の方は反対で

$$(\text{正電荷密度})_{\text{エリ子}} = \frac{\sigma_0}{\sqrt{1-(v/c)^2}}$$

のように濃くなって見えることになる．差し引き勘定として，エリ子の見る導線は，

$$\begin{aligned}(\text{正電荷密度}-\text{負電荷密度})_{\text{エリ子}} &= \left[\frac{1}{\sqrt{1-(v/c)^2}} - \sqrt{1-(v/c)^2}\right]\sigma_0 \\ &= (v/c)^2 \cdot \frac{\sigma_0}{\sqrt{1-(v/c)^2}} > 0\end{aligned}$$

のように正に帯電していることになるのである！　正の点電荷 e は，そのために導線からクーロン反撥力を受けるが，この反撥力が，まさにさきのローレンツ力にもとづく引力を打ち消すのである．こうしてパラドックスも打ち消された．この例からも，エリ子さんの掲げたスローガンはきわめて有意義であることがわかる．

ひとくちに電気的中性の導線といっても，動く観測者から見ると，もはや中性でないというのは面白いではないか！　これは，無から有が生じるということだろうか？　いや，そうではない．電気的中性の導線も電流をもち，そのまわりには磁場を作っていたのであるから，磁気的には決して中性ではなかったのである．この意味で，上の話は，無から有が生ずるということを示すのではなくて，むしろ，電気的現象と磁気的現象との同質性を示すものにほかならない．

12.7 電磁波

電磁波の姿

ヘルツの発振器から振動する電場がつくり出されると，その電場の変動がこんどは磁場を生み出すことはわかった．さあ，いよいよ電場・磁場の変動が波動と

して伝わってゆくありさまを調べよう．図 9 の①, ②のように電場がしだいに強くなってくると，さきに学んだとおり，そのまわりに磁束線が発生する．その磁束線がだんだん増してくると，ファラデーの電磁誘導の法則に従って，そのまわりには図 9 (3a) に見るような電気力線が新たに生まれるはずである．やはりファラデーの法則からわかるように，その新しい電気力線は，古い電気力線の近くでは，ちょうどその古い電場を打ち消す向きになっている[3]．電場がうち消されれば，電気力線の密度は減る道理だから，新旧の電気力線をあわせ考えると，電場の模様は図 9 (3b) のようになる．つまり，電気力線はふくれ上って運動をはじめたのである．

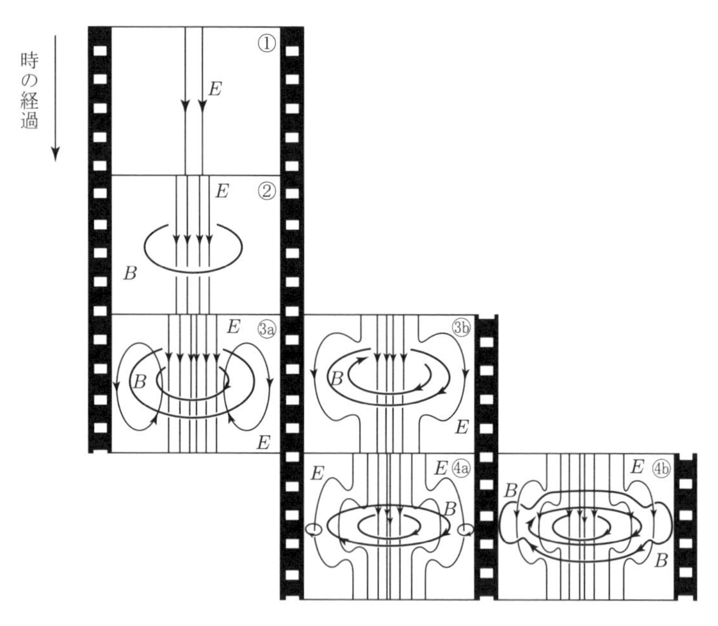

図 9　電磁波の発生．電場 E が強くなると，そのまわりに磁束密度の場 B が生ずる．そうすると，またその磁場のまわりに電場ができる．こうして電気力線，磁束線がふくらんで，外向きに運動をはじめる．

電気力線が運動すれば，そのまわりにはまた新しい磁束線が生み出される．それを図 9 (4a) に示したのだが，新旧の磁束線をあわせ考えればその模様は (4b) のようになって，磁束線もまた運動を始めたことがわかる．この磁束線の運動はまた電場を生み出し，その電場の運動がまたまた磁場を生み出すというぐあいに，電

3)　レンツの法則といってもよい．

磁場の変動はたしかに空間を伝わってゆく．これこそが電磁波の姿なのである．

実際には，電気力線は一平面上にならんでいるわけではなくて，丸いとりかごのようになっているのだから，磁束線は図 9 とは少しちがって，図 10 (a) のように電気力線をかこむたくさんの小さい輪になる．その輪をまとめれば図 10 (b) のように，磁束線はひとつながりの大きい輪とみなせることになる．

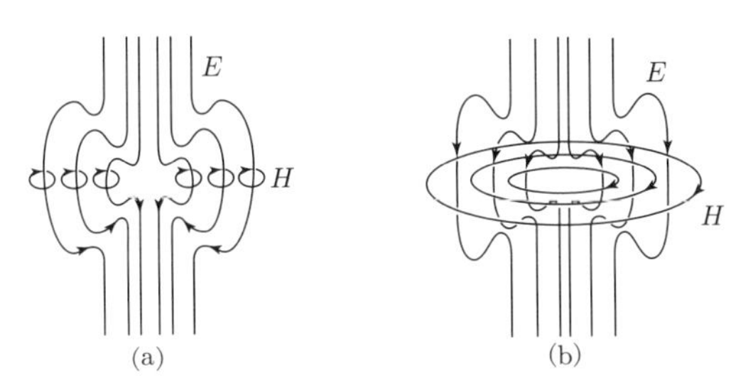

図 10　立体的に図 9 をかくと …….

さあ，これからさき，電磁波の電気力線・磁束線の模様をあれこれと想像してみることは，読者の自由にまかせるとしよう．電気力線と磁束線が互いに垂直になっていることなどは，たちまちにしてわかってしまうだろう．

電磁波の速さ

電磁波の伝わる速さを v とすれば，その速さで電気力線が運動することによって磁場を作り出しているわけであるから，“動く電気力線は磁場を生む” のところで発見した式 (3) によって，電磁場の電場 E と磁束密度 B の場の間には

$$B = \varepsilon_0 \mu_0 v E$$

の関係がある．一方，その電場はまた磁場の運動によって作り出されているのであって，ローレンツの力の公式からすぐわかるように次のような関係もあるはずだ．

$$E = vB$$

この 2 つの関係が両立するためには，

$$v = \frac{1}{\sqrt{\varepsilon_0 \mu_0}}$$

でなければならない．$\varepsilon_0 = 8.85 \times 10^{-12} \dfrac{\mathrm{C}^2}{\mathrm{Nm}^2}$，$\mu_0 = 4\pi \times 10^{-7} \dfrac{\mathrm{Ns}^2}{\mathrm{C}^2}$ だから

$$v = \frac{1}{\sqrt{\varepsilon_0 \mu_0}}$$
$$= \frac{1}{\sqrt{(8.85 \times 10^{-12} \mathrm{C^2/Nm^2}) \times (4\pi \times 10^{-7} \mathrm{Ns^2/C^2})}} = 3.00 \times 10^8 \mathrm{\ m/s}$$

となる．つまり電磁波の伝わる速さは光のそれと同じく，

$$v = 3 \times 10^8 \mathrm{\ m/s}$$

であることになる．このことは，光を電磁波と考える理由の1つとなった．

エピローグ

エリ子　この間，フェルミの伝記を読んだら，こんな話があった．フェルミは結婚したあと，生活のために高等学校の教科書を書いたんですってね．少し書いては，その原稿を奥さんに見せて……．

みどり　“加速度が一定なら，速さが時間に比例して増すことは明らかである”，……．この調子で，何んでも“明らか”にしてしまうので，奥さんがいう：“そんなの，少しも明らかじゃないわ！”

半太郎　フェルミ答えていうのに“それは，君が頭を使わないからさ！”

芳雄　電磁波のところにきて，“マクスウェルの理論によると，電磁波は光と同じ速さで伝播することが導かれる．だから，光は電磁波である”とフェルミが書いた．

純　すると奥さんいわく“同じ速さで走るものなんて，この世の中にたくさんある．速さが同じだから同じ物だなんて，とんでもない！”

芳雄　あれは痛快だった．あ，そうだ，質問があるんです．電気力線は，正電荷に始まって負電荷に終るはずでしょう？　電磁波の電気力線は，そうすると，いつも発振器につながっているわけ？

半太郎　発振器のコンデンサーにかい？　だって，時刻によってはコンデンサーに電荷が全然ないなんてこともあるはずだろう．そのときは，どこに始まり，どこに終るのかね．

エリ子　こんなぐあいに (図 11)，電気力線も，磁束線のように自分自身で閉じて輪になってるんでしょうね．発振器の一周期毎にプカッ，プカッと輪をはき出すんじゃありませんか．

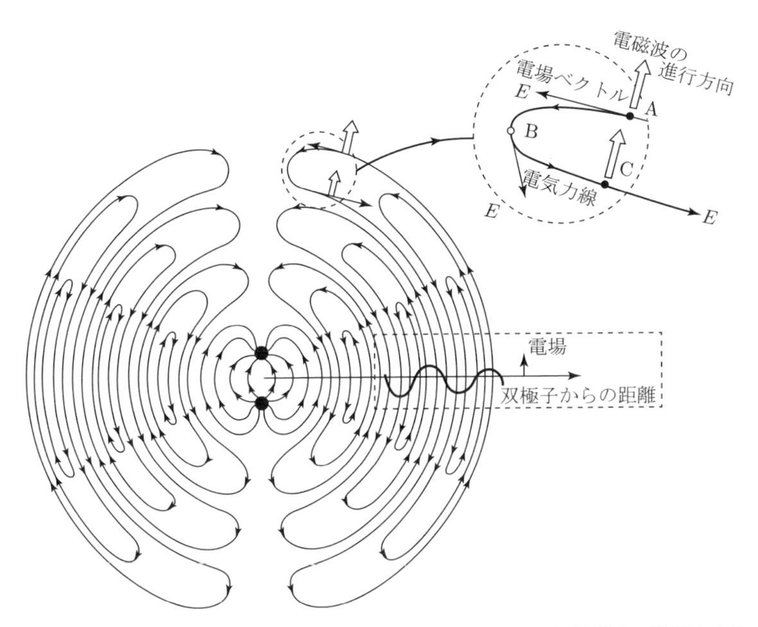

図 11　電磁波の電気力線とみどりのパラドックス．電場ベクトルと電磁波の進行方向との関係は A 点と C 点でちがっている．そうすると，B 点では電磁波は —— 電気力線は —— どちら向きに進むのだろう？　このパラドックスは波動領域 (wave–zone) というものを思い出せば解決することができる．

みどり　へえ，おもしろいわねえ．そうなの．あら，ちょっと待ってよ．その輪の端のね，まるくなってるところ (図 11 で点線でかこんである)，そこは一体どっち向きに進むというの？　点 A では，電場の向きと進行方向の関係はこうでしょ．B 点ではこう？　A 点での矢印の組を電気力線に沿ってずらしていっても，C 点での矢印と一致しないわ．どこか途中でおかしくなるはずね．その点は一体，動いてゆくのかしら？　動いてゆかなければ，電気力線はちぎれてしまうでしょうし——．

純　ざんねんだが，時間だね．まあ，お帰りになってからでもゆっくり想像をお楽しみください！

文献

[1]　亀井 理：変革の時なればこそ，「自然」1960 年 10 月号.

[2]　科学教育の突貫工事，「自然」1960 年 6 月号.

[3]　玉虫文一：米国の新しい化学教育，「毎日新聞」5 月 31 日朝刊．以下この節に，

各行の頭を2字下げにして示すのは，この論文からの引用である．

［4］ 大江健三郎：強権に確執をかもす志，「世界」1961年7月号．
［5］ 藤岡由夫ら著『高等学校 物理』(5単位用)，大日本図書(1960)，［5］と［6］に引用するのは，たまたまわれわれの手に入った教科書ということであるから，必らずしも適当な代表例ではないかもしれない．読者は，手近な教科書を自ら検討していただきたい．
［6］ 野上茂吉郎ほか編『高等学校 物理』(5単位用)，実数出版(1960)．
［7］ 家永三郎：憂うべき教科書検定，「世界」1961年5月号．
［8］ H. ETONIK：場というもの，「自然」1961年4月号．本巻pp.156–172．
［9］ H. ETONIK：電気と磁気のニュー・モード，「自然」1960年7月号．本巻pp.136–155．
［10］ 辻 哲夫・恒藤敏彦・広重 徹：電磁場理論の成立(2)，「科学史研究」，vol. 35 (1955), 18．
［11］ M. ファラデー『力と物質』，稲沼瑞穂訳，岩波文庫(1949)．
島尾永康『ファラデー，王立研究所と孤独な科学者』，岩波文庫(2000)．
J.Tyndall: *Faraday as a Discoverer*, Thomas Y.Cromwell Co. (1961).

13. 電磁波　再論

この章は，高等学校の教科書『物理 B』，野上茂吉郎・今井 功・岩岡順三・江沢 洋・木下是雄・小島昌夫・近藤正夫・高見穎郎・林 淳一著，実教出版，の改訂版 (1967)，三訂版 (1969) の 2 冊のうち江沢が執筆し，全著者の討議により決定版に仕上げた，それぞれの第 5 章を，編者・上條と江沢が協力して合成した．［実改］は改訂版から，［実三］は三訂版からの引用である．教科書の他の部分から補いをすることが必要と思われた事項は脚注とした．

このような高校生の好奇心を刺激する個性ある教科書もあったということを，ぜひ知っていただきたいと上條が主張し，本選集に収録した．

なお，「動く磁力線は電場をつくる」に対する今井 功先生の御批判に対しては本巻「15. 電磁誘導の法則，言い表わし方に異議あり」の次に「16. 動く磁束線は電場を生む——か？」として釈明する．(編者)

13. 1 電磁波

13. 1. 1 電気振動

コイルは電流に慣性を与えることを学んだ[1]．このことを利用すると，電気振動をおこす回路をつくることができる．

いま，図 1 のように，コイルとコンデンサーとを直列につなぎ，

コンデンサーに充電してからすばやくスイッチを閉じる (1).

コンデンサーにたまっていた電荷が流れ出して電流ができ (2)，電流はコイル

---

1)　［実改］p.275 によれば：自己インダクタンスをもった回路では，電源電圧 V が 0 になっても電流 i は直ちには 0 にならないし，電圧 V が負になっても，なおしばらくの間，電流は正の向きに流れ続ける．本巻 p.182．コイルは電流に慣性を与えるということができる．

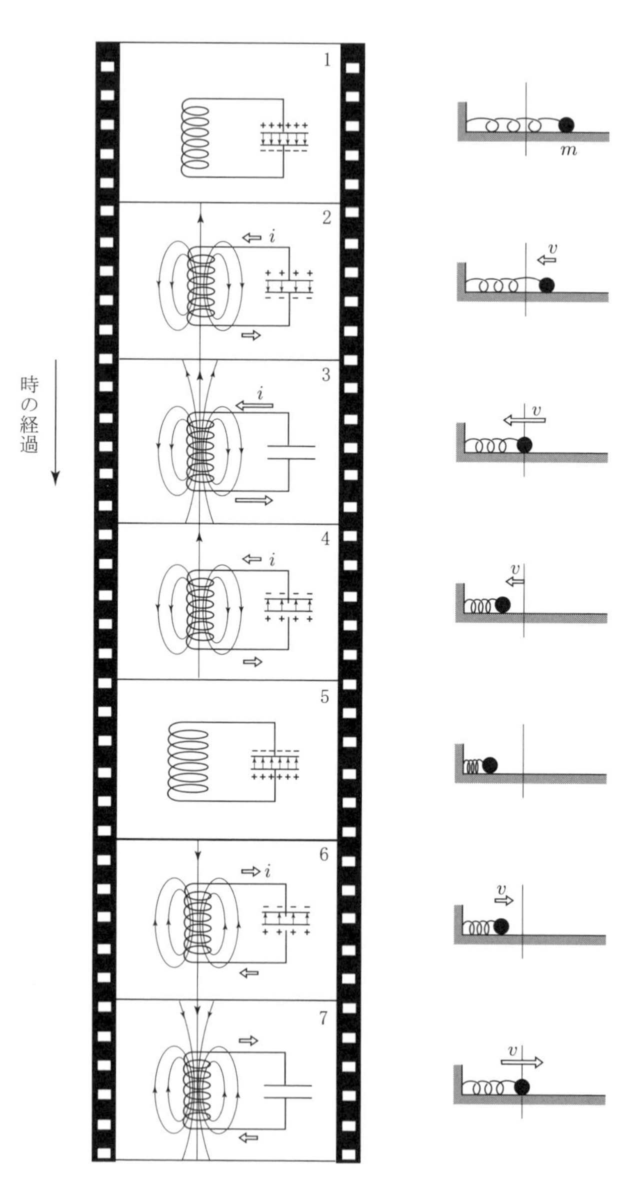

図１　電気振動（［実改］図 5-67）.

の自己誘導による慣性のために，コンデンサーの電荷がなくなってしまってもなお流れ続ける (3).

その結果，コンデンサーが逆向きに充電され (4, 5)，次に今度は逆向きの電流が流れはじめる (6).

こうして電流の往復振動が発生するのである．

これを力学的な振動にたとえれば，コイルが質点に，コンデンサーはバネに当たると考えることができる．すなわち，図 1 の 1 は，バネを引き伸ばした状態に当たり，以下のフィルムは，手を放した後バネが縮みはじめ，バネにつけた質点の慣性のために振動が起こるという過程に対応している．

こうして起こる電気振動の周波数 f は，この回路の固有周波数に等しい．

$$f = \frac{1}{2\pi\sqrt{LC}}. \tag{1}$$

この式によると，コイルの自己インダクタンス L が大きいほど，ゆっくりとした電気振動が起こる．それは L が大きいほど，電流の慣性も大きくなることから理解できる．コンデンサーの電気容量 C が 大きいほど，振動がゆっくりになるのは，充電にそれだけ長い時間がかかるためである．

問 1. 自己インダクタンス 0.2 mH のコイルと，電気容量 2 μF のコンデンサーを組み合わせてつくった振動回路がある．この振動回路に起こる電気振動の周波数および周期を求めよ．

問 2. (1) の回路の固有振動数が $\sqrt{LC}$ に反比例することを次元解析によって確かめよ．

(**ヒント** 電流を I，電位差を V，時間を T，インダクタンスを L とすれば，$L\dfrac{dI}{dT}$ と V は同じ次元である．

電荷を Q とすれば電流の次元は $[I] = [Q][T]^{-1}$ であり，$[V] = \left[L\dfrac{dI}{dt}\right] = \left[L\dfrac{Q}{T^2}\right]$ となるから，インダクタンスの次元は $[L] = [V]\cdot[T]^2[Q]^{-1}$ である．よって，L の単位は volt s^2/C となる．この C はクーロンを意味する．この L の単位を H（ヘンリー）という．

他方，電気容量の次元は $[CV] = [Q]$ から $[Q][V]^{-1}$ となるから，C の単位は C/volt である．

確認のため LC の次元をみると $[LC] = [T]^2$ となり，正しい．)

13.1.2 動く電気力線は磁場を生む

13.1.1節で学んだ電気振動を利用して，1888年にヘルツがはじめて電磁波を発生させることに成功した．図2(c)は，ヘルツが用いた装置である．これはいわゆる火花発振器であって，コンデンサーに十分に電気がたまると火花ギャップに電気火花が飛び，そこで生ずるイオンのために回路が閉じて電気振動が起こるという仕掛けになっている．

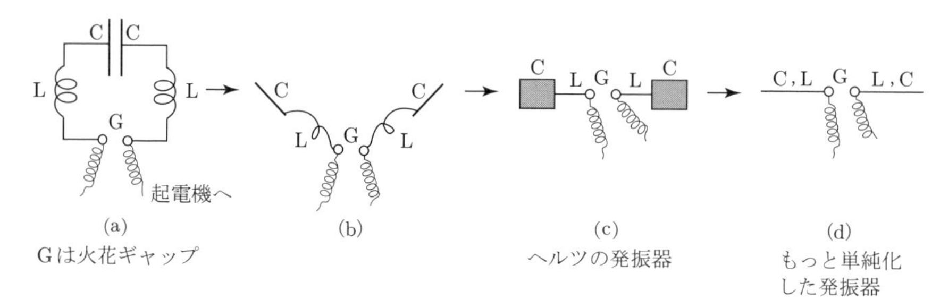

図2　ヘルツの発振器(［実改］図5-68).

電磁波は，その名のとおり，電場と磁束密度の場の変化が波動として進んでゆくものである．

電気振動がおこればコンデンサーの所に振動する電場が生ずるのはいいとしても，磁束密度の場の方は，いったいどこでつくられるのだろうか？

われわれは［実改］p.266で動く磁束線は電場をつくることを学んだ．すなわち，磁束密度の場が変動すると電場が誘導されるということである[2)]．それならば逆に，電場の変動によって磁場がつくられるのではないだろうか？

---

2)　［実改］p.267によれば：導線の中には自由電子があるから，導線が磁束線を横切るように動くと，自由電子がローレンツの力を受けるはずである．簡単のために，自由電子の代わりに，導線の中には正の荷電粒子がつまっていると考えておこう．図3のように磁石のN極に閉じたコイルを近づけると，導線内の各粒子が力を受けて，結局，太い白矢印$\vec{F}$の向きに電流が流れるはずである．また，コイルを遠ざけるときには，粒子の受ける力は逆向きになるから，逆向きの電流が流れることになる．コイルの運動を速くすれば，単位時間に粒子が横切る磁束線の数は増すから，粒子の受ける力は大きくなり，電流の強さは増すだろう．これを言い換えれば，コイルに磁石を近づけたり遠ざけたりすると，コイルに起電力(電場といってもよい)が生ずることになる．この現象を**電磁誘導**という．電磁誘導の法則は，ふつう次のように言い表わされる：

面積Sを張る電気回路を垂直に貫く磁束密度をBとすれば，回路に生ずる起電力は$V=-\dfrac{\Delta\Phi}{\Delta t}$

となる．ここに$\Phi=BS$はSを貫く磁束である．しかし，このいい方は場の理論の地方自治にそぐわない．

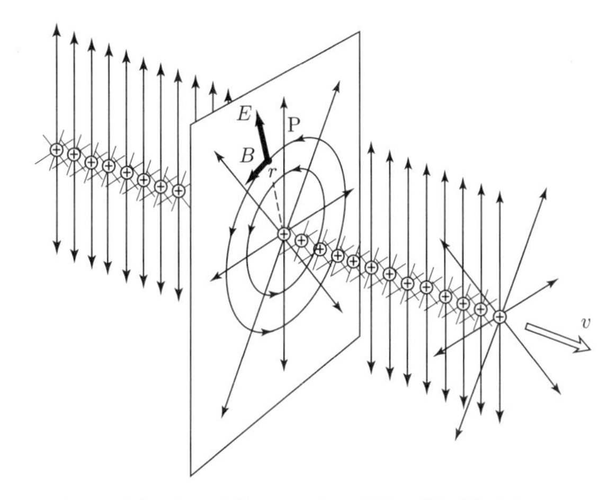

図 4　電流 (走る電荷) のつくる磁場 (［実改］図 5-69).

［実改］p.258 では，電流によって，そのまわりに磁束密度の場がつくられることを学んだ．例えば，一直線上を一定の速さで走っている正の荷電粒子列による電流は，そのまわりに図 4 のような同心円状の磁束線をつくるのであった．

一方，この各電荷からは直線に垂直に放射状の電気力線が出ている．この電気力線は電荷と同じ速さで，電流のまわりの，まさに磁力線ができようとしている

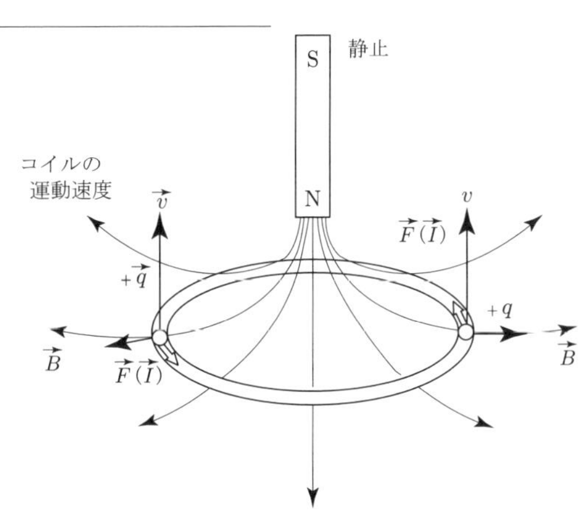

図 3　コイルを磁石に近づけると，ローレンツの力がはたらいて電流が流れる (［実改］図 5-37).

しかし，回路が動くと回路の各部分が磁束線を切る結果，それぞれの場所に電場が生ずるという上の言い表わしの方が，場所々々のことはそれぞれの場所できめるという場の考えによく対応している．

空間を，自身に垂直に等速で運動しているのである．空間の各点にできる磁束密度の場の向きは，電場とその運動速度から図 5 のように表現しつくされ，荷電粒子列のことなど考えなくてもよい．

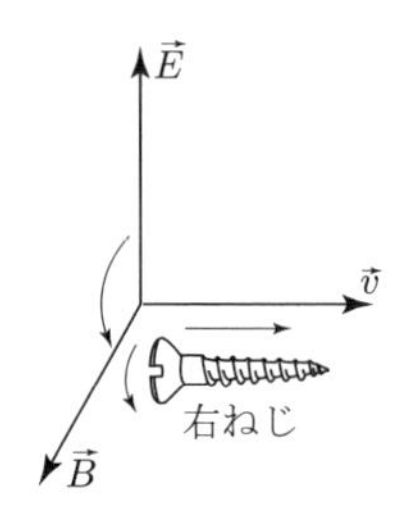

図 5　$\vec{E}, \vec{B}, \vec{v}$ は互いに垂直（［実三］図 5-78).

［実改］p.224 で場の考え方というものを学んだが，それは，たとえば 2 つの電荷が力を及ぼしあうことを離れた場所にいる電荷の間の直接の作用と見ないで，2 つの電荷の間に場ができて作用を伝えた結果とみなすのであった．空間の場所々々のことは，それぞれの場所できめる (地方自治！) というのである．

こういう場の考え方に立てば，電荷の列のまわりの各点にできる磁場は，電荷から出ている電気力線がそれらの点を走り抜けてゆく結果つくられたものとみなすことができるのではないか．

次のような計算をしてみると，場の考え方はさらにもっともらしく思われてくる．

空間の各点にできる磁束密度の大きさが，その点における電場とその運動だけから定まることを証明するのである．

図 4 に示した荷電粒子列は，電荷の線密度を σ とすると (すなわち，長さ l の上に電荷 Q があるとして $\sigma = Q/l$)，これが速さ v で走れば電流 $I = \dfrac{Q}{t} = \dfrac{\sigma l}{t} = \sigma v$ をつくる．これは電荷列に垂直においた面を時間 t のあいだに長さ l が走り抜けるとして，単位時間に走り抜ける電気量を求めたわけである．その電流が P につくる磁場の磁束密度は，すでに学んだ，直線電流 I が，それに垂直に距離 r だけ離れた点につくる磁束密度は $B = \dfrac{\mu_0 I}{2\pi r}$ になるという式によって

$$B = \frac{\mu_0}{2\pi r}\,\sigma v \tag{2}$$

となる．

一方，この荷電粒子列のつくる電場の強さは，［実改］p.226 の問題 14 の結果[3] を用いて次のように書ける．

$$E = \frac{1}{2\pi\varepsilon_0}\,\frac{\sigma}{r} \tag{3}$$

そこで，荷電粒子列のことは忘れて，空間の各点における磁場と電場の直接の関係を求めるために，式 (2) と式 (3) から σ を追いだすと

$$B = \varepsilon_0\mu_0\, vE \tag{4}$$

となる．これは面白い．σ を追いだしたら，ついでに r までなくなってしまった．r は荷電粒子列から P までの距離であって，点 P の位置を表わす．σ と r がなくなって，式 (4) は空間の各点における電場とその運動，そして磁場だけの関係になったのである．その点の位置 r にもよらず σ にもよらない普遍的な関係になった．これは，まさに動く電気力線は磁場を生むと言い表わすのに相応しい．

式 (4) および図 5 で表わされる関係は，実は，直線状の荷電粒子列の場合に限らず，電気力線が自身に垂直に運動するときには，どんな場合にも一般に成り立つ．

以上のような場の考え方にたって，動く電気力線は磁場を生むと考えたのはマクスウェルである．

これが，電気力線が動いて磁場ができるときの法則である．

問 3. 図 6 のように，自由に回転できる磁針を，一端が壁に固定された長い腕木の先に南北方向にしっかりとめた平行板コンデンサーの間に差しこみ，下側の極板が + 側になるように高い電圧をかけ，次に，このコンデンサーを南向きに走らせると磁針はどのような作用を受けるか．実際に，次のような条件で実験してみるとすると，磁針の動くのが観測できるだろうか．

コンデンサーの極板間の距離を 1 cm，かける電圧を 10^4 V とし，これを動かす速さはほぼ音の速さとする．

(**ヒント**　生ずる磁束密度を地磁気の磁束密度の強さと比べてみよ．コンデン

---

3)　［実改］p.226 の問 14 とは：一様に帯電した直線状の針金がある．針金は無限に長いものとし，単位長さ当たりの電荷，すなわち電荷の線密度を σ' C/m とするとき，針金から垂直距離 r' m の点における電場の強さは $\dfrac{1}{2\pi\varepsilon_0'}\dfrac{\sigma'}{r'}$ N/C であることを示せ．σ' や r', ε_0' に $'$ がついているのは，この教科書では物理量 x を (数値) × (単位) の形に書くとき，この教科書では，数値の部分を物理量そのものと区別するため x' と書くことにしているからである．

サーが走ると，その極板にたまった電荷も一緒に走って電流になる．極板間の磁場は，この電流がつくると考えてもよい．)

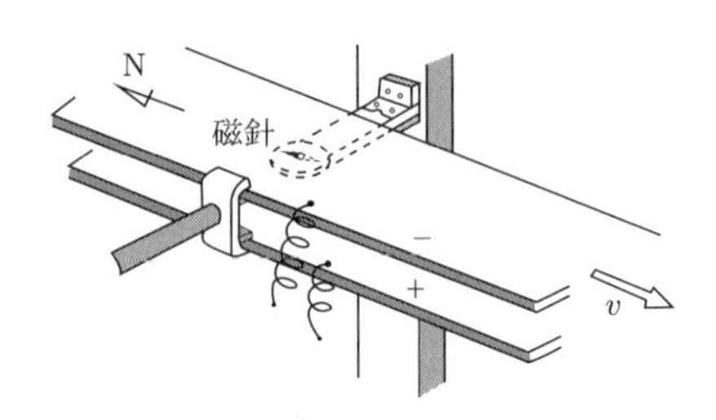

図 6　［実改］p.302 の問 2 のところの図．磁針はコンデンサーの極板の間にさしこむ．

13.1.3　電磁波の速さ

13.1.2 節で学んだことによって，発振器のまわりに電場の変動が起こると磁束密度の場を生ずることがわかった．しかし，この電場の変動は，発振器のところに生じた電荷の変動に引きずられて起こったものである．また，磁束密度が変動すれば電場を生ずることは，すでに［実改］p.266 で学んでいる．この磁束密度の変動も磁石の運動に引きずられておこったものであった．

しかし，**電磁波**は，発振器のまわりに起こった電場と磁束密度の場の変動が発振器を離れて波動として空間を伝わっていくものである．それは，どうして可能になるのだろうか．

(4) によれば，ある点を速度 $\vec{v}$ で通過する電気力線は，その同じ点に $\vec{v}, \vec{E}$ のどちらにも垂直で，大きさが

$$B = \varepsilon_0 \mu_0 \, vE \tag{5}$$

の磁束密度の場 $\vec{B}$ をつくる．また，ある点を速度 $\vec{v}$ で通過する磁束密度 $\vec{B}$ の磁束線は，その同じ点に $\vec{v}, \vec{B}$ のどちらにも垂直で，大きさが

$$E = vB \tag{6}$$

の電場をつくることも学んだ (図 7 参照)[4]．

---

4)　特に，磁束密度の場 $\vec{B}$ が自身に垂直に動く場合，このことは，これを磁束密度と一緒に動く観測者から見るとして考えると，図 7 に示す通り，容易に納得される．

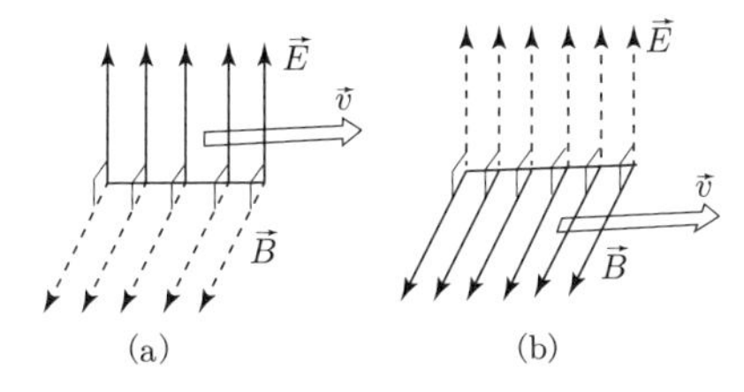

図 8　電磁波の正体．電場が動くと，それに垂直な磁束密度の場ができる．この電場は，またこの磁束密度の場が動いてできたものである（［実改］図 5-71）．

電磁波が，波源から離れて空間を伝わってゆくためには，電場 $\vec{E}$ の変動が磁束密度の場 $\vec{B}$ を生じ，その磁束密度の場 $\vec{B}$ の変動がまた電場 $\vec{E}$ を生ずるというぐあいに，互いに相手の原因となって相互につくり出しあいながら進んでゆくのでなければならない (図 8)．(5), (6) からも，電磁波の伝わる速さが

$$v = \frac{1}{\sqrt{\varepsilon_0 \mu_0}} = c \tag{7}$$

と定まる（p.194 を参照）．つまり，電磁波の速さは光の速さに等しいことがわかる (図 8)．電磁場の変動は，光の速さで伝わるときには，電場と磁束密度の場が助け合って真空中を進むことができる．

こうして，電磁波は横波で，真空中を光の速さ $c = 3 \times 10^8$ m/s で伝わること

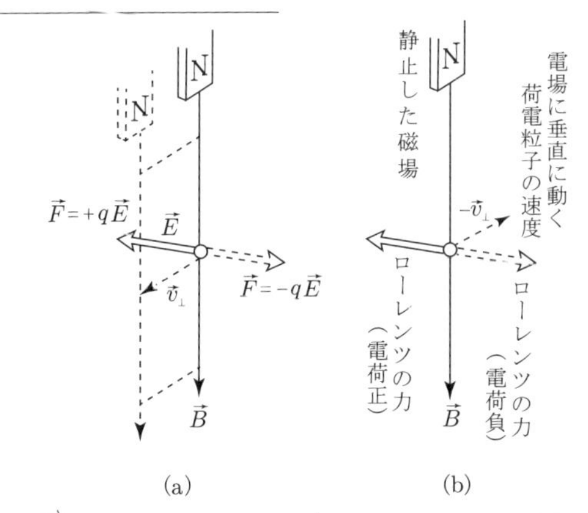

図 7　磁束密度の場 $\vec{B}$ が自身に垂直に速度 $\vec{v}$ で動くと，そこに静止した荷電粒子には $\vec{v}$ と $\vec{B}$ の両方に垂直な力がはたらく．つまり電場 $\vec{E}$ ができる．磁束密度と一緒に動きながら見ると，磁束密度は静止し，荷電粒子が速度 $-\vec{v}$ で動くことになり，粒子にはたらく力はローレンツ力になる（［実改］図 5-38）．

がわかった.

磁束密度の場が変動すると電場が生ずることは，ファラデーによって明らかにされた (1831 年). 電場の変動が磁束密度の場を作ると考えたのはマクスウェルであって，彼は空間の場所々々場所で，電場と磁束密度の場が作用しあうことを明らかにした (1864 年)，これらの法則は，電磁場の物理学の基礎をなしている. これらの法則を基にして，マクスウェルは，電磁場の変動が波動として遠くまで伝わっていくこと，その波動が光と同じ性質をもつことを理論的に予言したのである (1871 年). ヘルツは，火花発振器を用いて実際に電磁波をつくりだしたばかりでなく，さらにこれが光と同様に偏りや反射・屈折を示すことを明らかにして，マクスウェルの理論を裏づけたのである (1888 年). こうして，光も電磁場の変動が伝わる波であると考えられるようになった.

13.1.4 電磁波の発生

これまでに学んだことから，電磁場の運動には 2 種類あることがわかる. 1 つは，電荷から出た電気力線や磁石から出た磁束線が，それぞれ電荷や磁石に引きずられて動くような，いわば他律的な運動である. もう 1 つは，電磁波のように，電場と磁束密度の場が互いに相手の原因になって持ちつ持たれつの関係で空間を走ってゆく自律的な運動である. この自律的な運動の速さは，光の速さに限られているのだった.

しかし，その電磁波を発生させるためには，電気力線なり磁束線なりを，とにかくまず光の速さで走りださせてやる必要がある. そのために，電荷や磁石を光の速さで走らせてやろうか. それは不可能なことである.

ここで，力学的な波の発生の仕組みを思い返してみよう. 力学的な波をつくるには，媒質の一部を急にたたいたり，振動させて加速したり，ともかく媒質に歪みをつくってやればよかった. 歪みがおこるのは，媒質の慣性による. 慣性のために，媒質の一部に急激に加えられた変形が，一気に遠方まで広がって消散するわけにはいかないのである. いったん媒質の一部に歪みが生ずると，それをもとに戻そうとする力がはたらく結果，その歪みが隣の部分へ隣の部分へと伝わってゆく. その速さは，もはや歪みをつくる動作の速い遅いには無関係で，媒質の性質できまっている.

電磁波の発生も同じようにしてできるのではないか. 電荷を光の速さで動かすのは不可能だが，電荷を急に加速したり急に減速したりして，そのまわりの電気力線に歪みをつくりさえすれば，そのあとは，この歪みが自分で光の速さで伝わっていくだろう．

注意をしておくが，等速運動する電子は電磁波を出さないのである．これは電子と一緒に動く電気力線の速さが，光の速さより小さい一定値であることからすぐ理解される．このことは，慣性の法則が電子に対しても成り立つことを示している．実際，もし真空中を等速運動する電子が少しでも電磁波を出すならば，電子はそのためにエネルギーを失うわけで，ひとりでに減速することになり，慣性の法則は破れるほかない．電磁波の発生のためには，どうしても電子に加速度運動をさせる必要がある．

このような予想のもとに，まず1個の電子の運動について，電磁波の発生の仕組みを調べてみることにしよう．

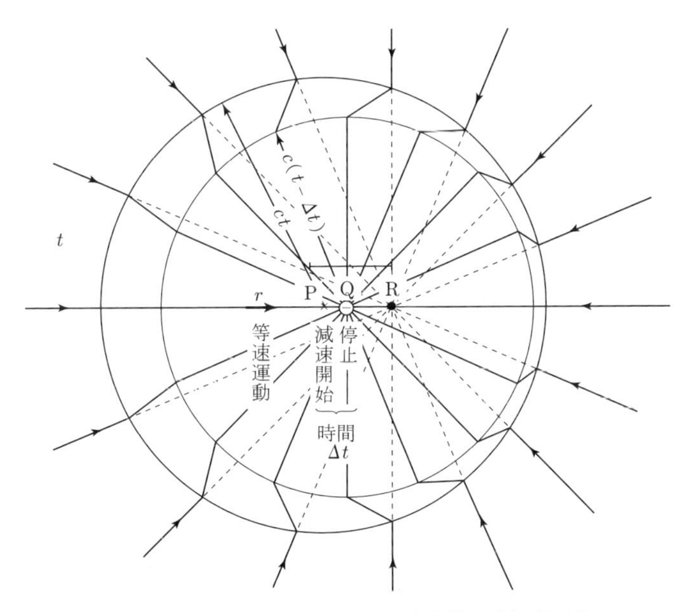

図9 急に停止させた電子のまわりの電気力線(［実改］図5-80).

一例として，速さ v で走ってきた電子を急に押さえて止めた場合を考えよう．図9を見よ．電子はP点から減速をはじめ，Qにきて停止する．電子のまわりにどんな電磁場ができるかを考えるのに，手がかりになるのは次の3点である：

(1) 等速運動している電子の電気力線は，放射状にぴんと張ったままで，電子とともに走ってゆく.

(2) 電子の速さが急に変わると，その近くの電場に歪みができる.

(3) 電場の歪みが隣に移ろうとすると磁束密度の場が誘起され，電磁場の歪みが助け合いながら光の速さで広がってゆく.

電子は，減速を開始してからある非常に短い時間 Δt の後に停止したとして，減速開始から時間 t $(> \Delta t)$ が経った後の電磁場のありさまを考えてみよう.

減速が始まった瞬間に生じた歪みは，点 P を中心として ct の距離まで伝わっている．点 P を中心とする半径 ct の球面より外の場は，電子が速さ v の等速運動を続けているときの場と同じである．これは P の先 vt の距離にある点 R を中心とするもので，電気力線はあたかも R から出たかのように放射状に広がっている．また，ここには等速運動による磁場がある.

電子が停止した後は，電子のまわりの場は静電場になる．電子が減速運動をしていた間に生じた場の歪みは光速 c で広がっていくので，停止点 Q を中心に半径 $c(t - \Delta t)$ の球面を描けば，その中に歪みは残っていない．この球面の中の電気力線は Q から出て放射状である．ここには磁場はない.

電子が減速運動している間に生じた場の歪みは，したがって，上に述べた 2 つの球面にはさまれた空間にかたまっている．電場の歪みが Q を中心として光速 c で伝わっていく (Δt が短いから P を中心として，といっても大差はない)．ここには，もちろん磁束密度の場が誘導されている．この電磁場のかたまりは，すなわち電磁波のパルスである．電子を急に止めたときに出るこの電磁波を**制動放射**という.

制動放射のよい例は X 線管に見られる．図 10 に示すように，陰極から出た電子を，陰極とターゲット (対陰極) との間の電場で徐々にしかも長時間 (10^{-10} s) にわたって加速し (そのとき電場はあまり歪まない)，速さが十分に大きくなったところでターゲットに衝突させ，ごく短時間 (10^{-20} s) の間に制動する．この急制動の際に X 線が放射されるのである.

一般に，電子の速度が変化すると制動放射が出る．特に電子が一定の加速度 a で走らされているときには，電子は一定の放射を出し続ける．単位時間あたりに出る放射エネルギー W は

$$W = \frac{2}{3}\frac{e^2}{4\pi\epsilon_0}\frac{a^2}{c^3} \tag{8}$$

である．ただし，電子の電荷を $-e$ とした．制動放射は加速度の 2 乗に比例して

強くなる.

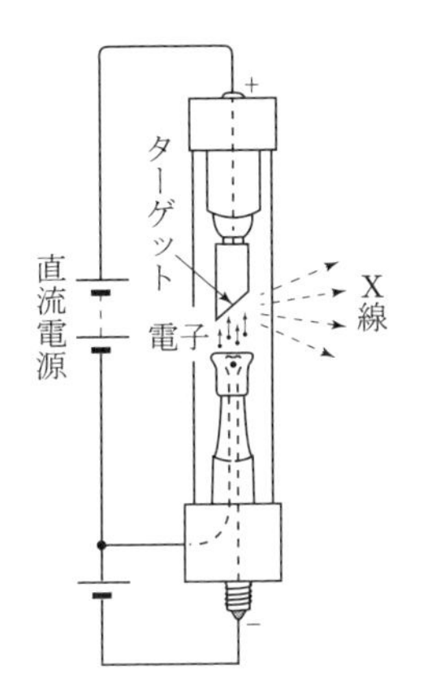

図 10　X 線管 (［実改］図 5-81).

問 4.　この W が $-e, a$ および真空の定数 ε_0, μ_0 からきまることは，上に学んだことから十分に予想される．これを認めた上で，次元解析によって W が a^2 に比例することを確かめよ．

問 5.　X 線管の中で 1 万ボルトの電圧で加速した電子をターゲットに衝突させて $t = 10^{-20}$ s の間に止めたら，そのとき放射されるエネルギーは衝突したときの運動エネルギーの何 % になるか．$t = 10^{-10}$ s としたらどうか．ただし，制動された電子は等加速度運動をするものとする．

13.1.5　アンテナからの放射

電磁波の放射がおこるのは，電子が制動を受けた場合に限らない．一般に荷電粒子は速度変化の際に電磁波を放射するのである．ここでは，電磁波が定常的に放射される場合の例として，アンテナからの放射を考えてみよう．

簡単のために，電磁波の波長に比べてアンテナの長さが小さいとするならば，だいたいの様子は 図 11 のようになる．

前に電磁波が発振器を離れて飛んでいくといったが，その離れるという意味は，電磁波の電気力線，磁束線の模様を描いてみるとはっきりする．それは，ヘルツの発振器の場合なら図 11 (e), (f) のとおりである．電荷のつくる電気力線は，正の電荷から出て負の電荷に終わったが，電磁波の電気力線は，それ自身で閉じて輪になっている．磁束線は円をなして，やはりそれ自身で閉じている．

定常的に放射される電磁波を，空間の一部分に注目し，そこを通る波の波形を詳しく描けば図 11 の下に示したような波形，あるいはそれを拡大した図 12 のような正弦波になる．この波はアンテナに供給された電気振動の振動数 f によってきまる波長 $\lambda = \dfrac{c}{f}$ をもつ．電場と磁場とが進行方向に垂直になっているので，この波は横波である．

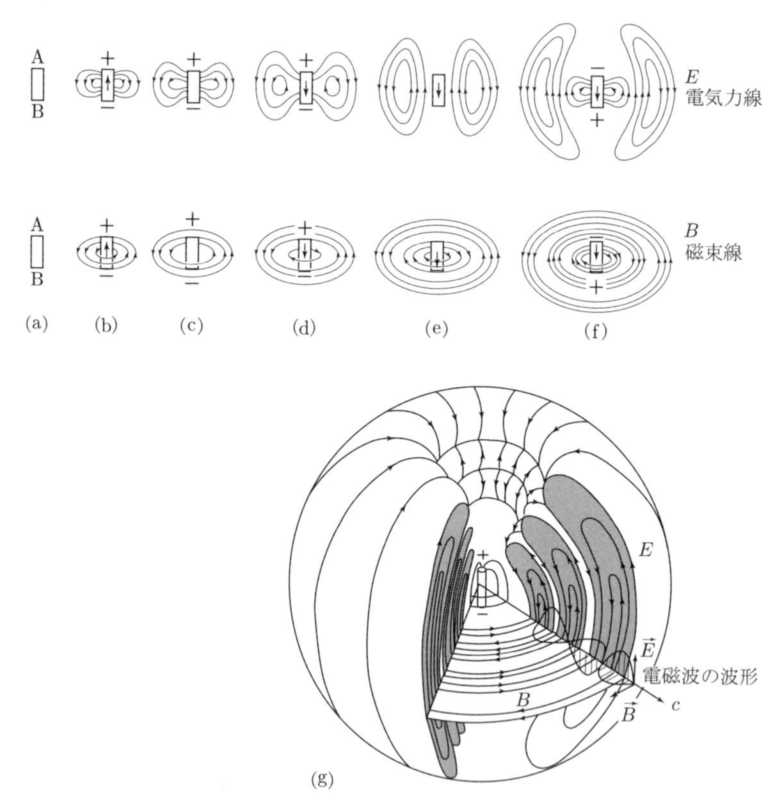

図 11　ヘルツのつくり出した電磁波の電気力線 (第 1 段) と磁束線 (第 2 段)．カボチャのように見える図の上下方向の断面には電気力線を，水平方向の断面には磁束線を描いた．これらは短いアンテナから放出される電磁波の図でもある (［実三］図 5-82).

(a) 振動前，発振器の上下とも荷電はない．　(b) 電流が上に向かって流れはじめる．

(c) $\dfrac{1}{4}$ 周期終了．電流 0, 荷電最大．　(d) 電流が下向きに流れはじめる．

(e) $\dfrac{1}{2}$ 周期終了．電流最大，荷電 0.　(f) (b) とちょうど逆の状態．　(g) ずっと時間がたった後の電磁場の様子．上下に切った断面に電気力線を，水平に切った断面に磁束線を描いた．

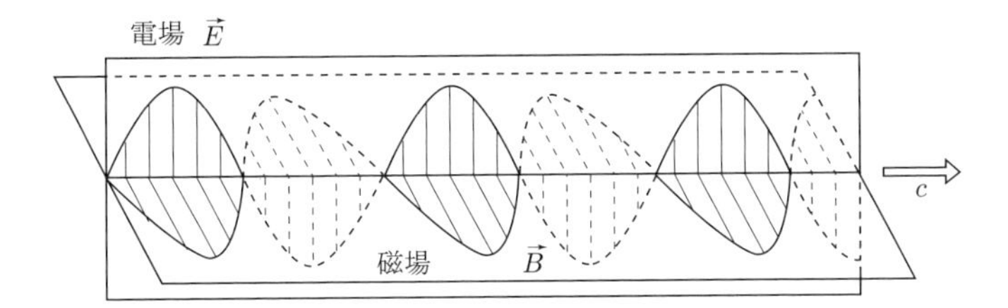

図 12　電磁波. 定常的に一定の振動数, 振幅で放射される電磁波の様子を示す. 電磁波は横波で光の速さで伝わる (［実三］ 図5-82).

14. 動く電気力線は磁場を生む

1975 年の夏，東京都高等学校教職員組合・教育研究協議会・物理部会の合宿に招いていただいた．楽しい議論がいろいろあったなかで「動く電気力線は磁場を生む」というテーゼも問題になった．

そもそも電気力線が動くとはどういうことか，具体的な問題にこのテーゼを適用しようとするとわからなくなってしまうという話もでた．また，このテーゼでは律しきれない現象もあるというような話もでた．それでワイワイ・ガヤガヤの楽しい議論になったのである．

ぼくは，このテーゼを教育界にもちこんだ張本人だから，ツルシアゲをくったわけだが，電磁気学のこの鬼子がこれだけ楽しい議論をよびおこす力をもっていることにひそかに満足を感じていた．物理学入門は想像力をかきたてることを第一の目標にすべきだと，ぼくは思っている．厳密性や一般性をはじめから望むのは無理である．有害でさえある．そういうことは，勉強をおしすすめる過程でいろんな問題いろんなパラドックスに頭をぶっつけながら —— 痛い思いをしながら力ずくで獲得してゆくべきものだと，ぼくは思う．「動く電気力線は磁場を生む」というテーゼも，そう言い張って高校教育に導入したものだ．「言い張って」と書いたのは，少なからぬ数の人々が危惧の念を表明していたからである．

そうはいっても，このテーゼがまったく基礎を欠いているわけではない．基礎もあるし，かなりの有効性もある．そのことを，紙幅の許す範囲でこれから説明しよう．

14.1 ローレンツの算法

具体的な問題で考える．ひとつの点電荷 q が x 軸にそって正の向きに速さ v の等速運動をしている．この点電荷がつくる電磁場をもとめよ．

御存知のローレンツなら，この問題をつぎのようにして解いたことだろう．

まず，マクスウェル方程式を書く (光速＝1の単位系をつかわせてください．電荷 q は便宜上 4π にとる)[1]．

$$\mathrm{curl}\,\overrightarrow{E} = -\frac{\partial \overrightarrow{B}}{\partial t}, \tag{1}$$

$$\mathrm{curl}\,\overrightarrow{B} = \frac{\partial \overrightarrow{E}}{\partial t} + 4\pi \overrightarrow{v}\,\delta(\overrightarrow{x} - \overrightarrow{v}\,t), \tag{2}$$

$$\mathrm{div}\,\overrightarrow{E} = 4\pi\delta(\overrightarrow{x} - \overrightarrow{v}\,t), \tag{3}$$

$$\mathrm{div}\,\overrightarrow{B} = 0. \tag{4}$$

ここで，δ はディラックのデルタ関数であって，単位点電荷 $q=1$ の電荷密度をあらわす．それに速度 $\overrightarrow{v}$ をかけたものが電流密度だ．

これから計算をするが，印刷屋さんの手間をへらすためにベクトル記号の $\rightarrow$ を省略しよう．読む人は $\rightarrow$ を補いながら読んでください．

上の方程式は厄介な連立方程式である．これを解くのにローレンツは巧妙な手を考えだした．つぎのような新しい変数を導入して方程式を書きかえることが，その妙手の第一歩である．

座標 $\overrightarrow{x} = (x, y, z)$ と時間 t のかわりに次式でさだまるダッシュつきの変数をつかう：

---

1) curl はベクトルに作用して次のようにベクトルをつくる：

$$\mathrm{curl}\,\overrightarrow{A} = \left(\frac{\partial A_z}{\partial y} - \frac{\partial A_y}{\partial z},\ \frac{\partial A_x}{\partial z} - \frac{\partial A_z}{\partial x},\ \frac{\partial A_y}{\partial x} - \frac{\partial A_x}{\partial y}\right).$$

curl の代わりに rot と書くこともある．

div はベクトルに作用して次のようにスカラーをつくる：

$$\mathrm{div}\,\overrightarrow{A} = \frac{\partial A_x}{\partial x} + \frac{\partial A_y}{\partial y} + \frac{\partial A_z}{\partial z}.$$

$$\left.\begin{array}{l} x = \gamma(x' + vt') \\ t = \gamma(t' + vx') \\ y = y', \quad z = z' \end{array}\right\}, \qquad \gamma = \frac{1}{\sqrt{1 - v^2}} \tag{5}$$

いったい何故こんな変な変数変換をするのだろう，などと言わずに，ここは言われた通り素直に計算を進めてみてください．ローレンツも試行錯誤を重ねてやっと辿り着いた変数変換なのですから．

この変数変換 (5) をすると，偏微分の演算は，たとえば

$$\frac{\partial}{\partial x'} = \frac{\partial x}{\partial x'}\frac{\partial}{\partial x} + \frac{\partial t}{\partial x'}\frac{\partial}{\partial t}$$

だから

$$\frac{\partial}{\partial x'} = \gamma\left[\frac{\partial}{\partial x} + v\frac{\partial}{\partial t}\right].$$

同様に

$$\frac{\partial}{\partial t'} = \gamma\left[\frac{\partial}{\partial t} + v\frac{\partial}{\partial x}\right].$$

また

$$\frac{\partial}{\partial y'} = \frac{\partial}{\partial y}, \qquad \frac{\partial}{\partial z'} = \frac{\partial}{\partial z}.$$

電磁場にたいしても，新しい変数として

$$\begin{aligned} {E_x}' &= E_x, \\ {E_y}' &= \gamma(E_y - vB_z), \\ {E_z}' &= \gamma(E_z + vB_y) \end{aligned} \tag{6}$$

および

$$\begin{aligned} {B_x}' &= B_x, \\ {B_y}' &= \gamma(B_y + vE_z), \\ {B_z}' &= \gamma(B_z - vE_y) \end{aligned} \tag{7}$$

を導入する．電場の式と磁場の式はよく似ているが，プラス，マイナスがいくらかちがっていることに注意．

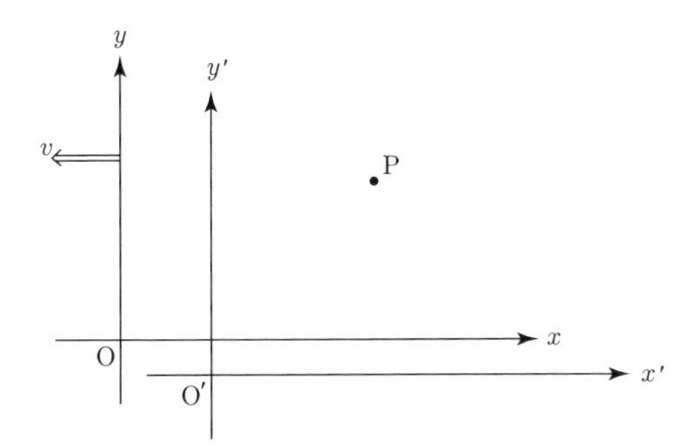

図1　ここで用いる座標系．z, z' 軸は紙面に垂直，こちら向きである．

14.2 方程式の変数変換――(2) 式

さて，これらダッシュつきの変数でもってマクスウェル方程式に相当するものを書き下してみよ．ローレンツは，おそらく得意満面でそういう．

やってみよう．まず，(2) で curl B に相当するのは curl′ B' であって，その x 成分は

$$(\mathrm{curl}'\ B')_x = \frac{\partial B'_z}{\partial y'} - \frac{\partial B'_y}{\partial z'}$$

だが，上でだしておいた公式によれば，

$$\begin{aligned}(\mathrm{curl}'\ B')_x &= \gamma\left\{\frac{\partial}{\partial y}(B_z - vE_y) - \frac{\partial}{\partial z}(B_y + vE_z)\right\} \\ &= \gamma\left\{(\mathrm{curl}\ B) - v\left(\frac{\partial E_y}{\partial y} + \frac{\partial E_z}{\partial z}\right)\right\}.\end{aligned}$$

そして，$\partial E/\partial t$ に相当する $\partial E'/\partial t'$ では

$$\frac{\partial E'_x}{\partial t'} = \gamma\left[\frac{\partial}{\partial t} + v\frac{\partial}{\partial x}\right]E_x$$

となるから，(2) において

$$\begin{aligned}&(\mathrm{curl}'\ B')_x - \frac{\partial E'_x}{\partial t'} \\ &\qquad = \gamma\left\{(\mathrm{curl}\ B)_x - \frac{\partial E_x}{\partial t} - v\,\mathrm{div}\ E\right\}.\end{aligned}$$

ローレンツが得意満面であった理由がこれでわかった．この式の右辺は (2), (3) によって見事に消えてしまうのだ！

$$(\mathrm{curl}'\ B')_x - \frac{\partial E_x'}{\partial t'} = 0.$$

もし y 成分，z 成分についても同じ結果が得られるなら，ローレンツの変数変換によって (2) のなかの電流が消去されたことになる．y 成分をためしてみると

$$\begin{aligned}
&(\mathrm{curl}'\ B')_y - \frac{\partial E'{}_y}{\partial t'} \\
&= \frac{\partial B_x}{\partial z} - \gamma^2 \left[\frac{\partial}{\partial x} + v\frac{\partial}{\partial t}\right](B_z - vE_y) \\
&\quad - \gamma^2 \left[\frac{\partial}{\partial t} + v\frac{\partial}{\partial x}\right](E_y - vB_z)
\end{aligned}$$

となり，これは一見こみいっているけれども，ほぐしてみると

$$= (\mathrm{curl}\ B)_y - \frac{\partial E_y}{\partial t} = 0$$

となる！　もう z 成分については，やってみるまでもないだろう．ローレンツの変数変換によって，たしかに (2) の電流は消去されたのである．

つぎに (3) を見てみよう．この式の電荷も消去されてしまうだろうか？

14.3 方程式の変数変換――(3) 式

$\mathrm{div}'\ E'$ は次の三項の和である：

$$\begin{aligned}
\frac{\partial E_x{}'}{\partial x'} &= \gamma\left[\frac{\partial}{\partial x} + v\frac{\partial}{\partial t}\right] E_x, \\
\frac{\partial E_y{}'}{\partial y'} &= \frac{\partial}{\partial y'}\gamma(E_y - vB_z), \\
\frac{\partial E_z{}'}{\partial z} &= \frac{\partial}{\partial z'}\gamma(E_z + vB_y).
\end{aligned}$$

したがって

$$\mathrm{div}'\ E' = \gamma\left[\mathrm{div}\ E - v\cdot\left(\mathrm{curl}\ B - \frac{\partial E}{\partial t}\right)\right]. \tag{8}$$

右辺の $\cdot$ はスカラー積をあらわす．この右辺は，もとのマクスウェル方程式 (3), (2) によると

$$(8)\ \text{の右辺} = 4\pi\gamma(1-v^2)\,\delta\,(\vec{x} - \vec{v}\,t) = 4\pi\frac{1}{\gamma}\,\delta\,(\vec{x} - \vec{v}\,t)$$

となる．ここではベクトルを示す $\rightarrow$ を特に復活したが，それはこのデルタ関数が 3 次元空間のもので

$$\delta(\overrightarrow{x} - \overrightarrow{v}\, t) = \delta(x - vt)\,\delta(y)\,\delta(z)$$

であることを明示したかったからである．デルタ関数の公式

$$\delta(a\xi) = \frac{1}{a}\delta(\xi) \qquad (a = \text{定数})$$

を思い出せば

$$(8)\ \text{の右辺} = 4\pi\delta(\gamma(x - vt))\,\delta(y)\,\delta(z)$$

となることがわかる．これは，つまり $\delta(x') \cdot \delta(y')\,\delta(z') = \delta(\overrightarrow{x}\,')$ の 4π 倍だ．こうして，(8) は

$$\text{div}'\,E' = 4\pi\delta(x')$$

となった．この右辺はダッシュのついた座標系で原点 $x' = 0$ に「静止」している点電荷の電荷密度をあらわしている．

こうしてみると，ローレンツの変数変換によって「走っている電荷にたいする方程式」が形のうえで

「静止している電荷にたいする方程式」

に変わったのである．まえに電流が消えることを見たが，これも電荷が静止したせいだったのだ．

とはいっても，このことを上でたしかめたのはマクスウェル方程式の半分 (2), (3) についてだけだった．結論をくだすのは，まだ早い．

いやいや，そんなことはない．

14.4 方程式の変数変換——(1), (4) 式

基本方程式の対称性によって (2), (3) について正しいことは (1), (4) についても正しいといえる．対称性というのは，こういうことだ：

方程式 (2) で E を B にかえ，B を $-E$ にかえると，そして同時に電荷 q を 0 にすると方程式 (1) になる．同じ操作で方程式 (3) は (4) になる．これに加えて，ローレンツの電磁場の変数変換の式が同様の性質をもっていることは，一目みてわかるとおりだ．

だから，上で行なってきた計算についても，$E \to B$, $B \to -E$, $q \to 0$ という見直しをしてやれば，同じ結論が (1), (4) に対してもなりたつことがわかるのだ．

まとめ

走っている電荷にたいするマクスウェル方程式 (1)–(4) は，ローレンツの変数変換により

$$\mathrm{curl}'\,E' = -\frac{\partial B'}{\partial t'}, \tag{1'}$$

$$\mathrm{curl}'\,B' = \frac{\partial E'}{\partial t'}, \tag{2'}$$

$$\mathrm{div}'\,E' = 4\pi\delta(x'), \tag{3'}$$

$$\mathrm{div}'\,B' = 0 \tag{4'}$$

の形に直された．この形は，原点に静止している電荷に対するものだ．

14.5 方程式の解法

この新しい形の方程式のほうが解きやすい．点電荷が静止しているというのだから，電場はクーロン場

$$\overrightarrow{E}' = \frac{\overrightarrow{x}'}{|\overrightarrow{x}'|^3} \tag{9}$$

であって，磁場はない．

$$\overrightarrow{B}' = 0. \tag{10}$$

これが方程式 (1′)–(4′) の解である．

実際，まず (9) は t' を含まず, (10) があるから (2′) と (4′) は満足されている．残る (1′) と (4′) が満足されていることを示すために (9) が

$$\overrightarrow{E}' = \Big(-\frac{\partial}{\partial x'}, -\frac{\partial}{\partial y'}, -\frac{\partial}{\partial z'}\Big)\frac{1}{|\overrightarrow{x}'|}, \qquad |\overrightarrow{x}'| = \sqrt{x'^2 + y'^2 + z'^2} \tag{9'}$$

と書けることに注意しよう．すると，(1′) の左辺の, たとえば x 成分は

$$-\Big(\frac{\partial}{\partial y'}\frac{\partial}{\partial z'} - \frac{\partial}{\partial z'}\frac{\partial}{\partial y'}\Big)\frac{1}{|\overrightarrow{x}'|} = 0$$

となる．(1′) の右辺の x 成分は (10) によって 0 だから，(1′) の x 成分は満足される．他の成分も同様にして満足されるから (1′) は成り立つ．

残るのは (3′) であるが，これは (9′) を使えば

$$\mathrm{div}'\vec{E}' = -\mathrm{div}\ \mathrm{grad}\frac{1}{|\vec{x}'|} = -\Delta\frac{1}{|\vec{x}'|}$$

となるが，$1/|\vec{x}'|$ は $|\vec{x}'| = 0$ において x', y', z' で微分できないので，$1/|\vec{x}'|$ をひとまず $1/(|\vec{x}'| + \varepsilon)$, $\varepsilon > 0$ でおきかえて

$$-\frac{\partial}{\partial x'}\frac{1}{|\vec{x}'| + \varepsilon} = \frac{1}{(|\vec{x}'| + \varepsilon)^2}\frac{x'}{|\vec{x}'|},$$

$$\begin{aligned}-\frac{\partial^2}{\partial x'^2}\frac{1}{|\vec{x}'| + \varepsilon} &= \frac{\partial}{\partial x'}\frac{1}{(|\vec{x}'| + \varepsilon)^2}\frac{x'}{|\vec{x}'|} \\ &= \frac{-2}{(|\vec{x}'| + \varepsilon)^3}\left(\frac{x'}{|\vec{x}'|}\right)^2 \\ &\qquad + \frac{3}{(|\vec{x}'| + \varepsilon)^2|\vec{x}'|} - \frac{{x'}^2}{(|\vec{x}'| + \varepsilon)^2|\vec{x}'|^3}.\end{aligned}$$

この2階微分の式を x', y', z' にわたって同様に計算して加え合わせれば

$$-\sum_{x',y',z'}\frac{\partial^2}{\partial x'^2}\frac{1}{|\vec{x}'| + \varepsilon} = -2\left(\frac{1}{(|\vec{x}'| + \varepsilon)^3} - \frac{1}{(|\vec{x}'| + \varepsilon)^2|\vec{x}'|}\right)$$

となる．この右辺は $|\vec{x}'| \gg \varepsilon$ では，ほとんど0となる (図2)．特に $\varepsilon \to 0$ の極限では原点を除きいたるところで0となる．また，この右辺の関数を全空間にわ

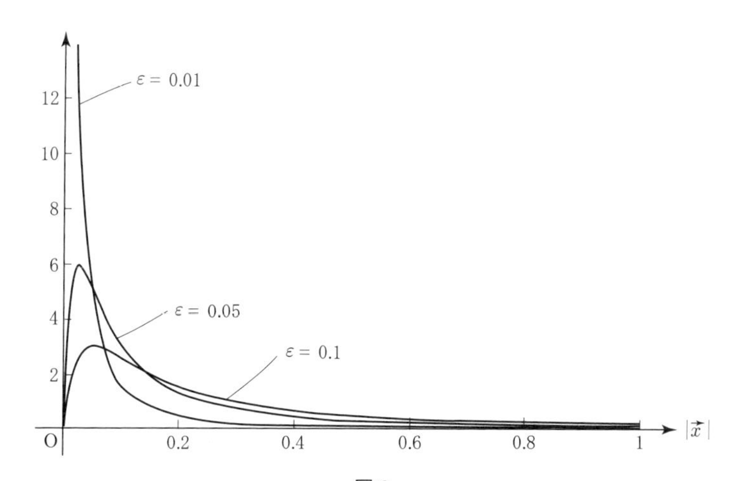

図2
$$-|\vec{x}|^2\sum_{x',y',z'}\frac{\partial^2}{\partial x'^2}\frac{1}{|\vec{x}'| + \varepsilon} = -2|\vec{x}|^2\left(\frac{1}{(|\vec{x}'| + \varepsilon)^3} - \frac{1}{(|\vec{x}'| + \varepsilon)^2|\vec{x}'|}\right)$$

たって積分してみると，$\varepsilon > 0$ の大小に関わりなく

$$\int_{\text{全空間}} -2\left(\frac{1}{(|\overrightarrow{x}'|+\varepsilon)^3} - \frac{1}{(|\overrightarrow{x}'|+\varepsilon)^2\,|\overrightarrow{x}'|}\right) 4\pi|\overrightarrow{x}'|^2\, d|\overrightarrow{x}'| = 4\pi$$

となる．よって，この関数は $\varepsilon \to 0$ で 3 次元空間におけるデルタ関数 $\delta(\overrightarrow{x}')$ の 4π 倍となる．こうして (4′) も証明された．

この解 (9), (10) を変数変換の公式によってダッシュなしの変数で書きあらわすと，それがもともとの方程式 (1)–(4) の解になる！

これがローレンツの発明した解法だ．

14.6 逆変換の公式

上の解をダッシュなしの変数で表わすためには，まえの変数変換の公式のままではぐあいがわるい．

座標の変数変換の方でいえば，ダッシュつきの変数をダッシュなしの変数であらわす形の式がほしい．実は，ここにも暗示的な対称性があって，ただ $v \to -v$ とおきかえるだけでダッシュつき，ダッシュなしの変数がいれかわる：

$$\left.\begin{aligned} x' &= \gamma(x - vt) \\ t' &= \gamma(t - vx) \\ y' &= y, \quad z' = z \end{aligned}\right\} \qquad \gamma = \frac{1}{\sqrt{1-v^2}}. \tag{11}$$

実際，(5) の

$$\begin{aligned} x &= \gamma(x' + vt'), \\ t &= \gamma(vx' + t') \end{aligned}$$

の第 2 式の両辺に v をかけて第 1 式から辺々引けば $x - vt = \gamma(1-v^2)x'$ が出て，γ の定義から直ちに (11) の第 1 式が得られる．第 1 式の両辺に v をかけて第 2 式から引けば (11) の第 2 式が得られる．

電磁場の変数変換についても同じことだ：

$$\begin{aligned} E_x &= E_x{}', \\ E_y &= \gamma(E_y{}' + vB_z{}'), \\ E_z &= \gamma(E_z{}' - vB_y{}'), \end{aligned} \tag{12}$$

および

$$
\begin{aligned}
B_x &= B_x{}', \\
B_y &= \gamma(B_y{}' - vE_z{}'), \\
B_z &= \gamma(B_z{}' + vE_y{}').
\end{aligned} \tag{13}
$$

また，これら電磁場の関係式は，(7) の第 3 式に v をかけて (6) の第 2 式に辺々加えれば (12) の第 2 式が得られる，等々.

14.7 走る点電荷のつくる場

いま (10) により $B' = 0$ だから，x 軸にそって等速度運動する単位点電荷のつくる場は

$$
E_x = E_x{}', \quad E_y = \gamma E_y{}', \quad E_z = \gamma E_z{}' \tag{14}
$$

および

$$
B_x = 0, \quad B_y = -\gamma v E_z{}', \quad B_z = \gamma v E_y{}' \tag{15}
$$

となる．当然のことながら，走る点電荷は電場だけでなく磁場もつくりだしている.

その電場，磁場が実際どんなものかを見るには (9) の E' を x, t の関数で書き表わさなければならない．座標変換の式によって

$$
|\,\overrightarrow{x}'\,|^2 = \frac{(x-vt)^2}{1-v^2} + y^2 + z^2
$$

となり，(9) から $\overrightarrow{E}'$ がもとまる．それを上の (14) に代入すると，電場 E として

$$
\begin{aligned}
E_x &= \frac{1}{\left[\dfrac{(x-vt)^2}{1-v^2} + y^2 + z^2\right]^{3/2}} \frac{x-vt}{\sqrt{1-v^2}}, \\
E_y &= \frac{1}{\left[\dfrac{(x-vt)^2}{1-v^2} + y^2 + z^2\right]^{3/2}} \frac{y}{\sqrt{1-v^2}}, \\
E_z &= \frac{1}{\left[\dfrac{(x-vt)^2}{1-v^2} + y^2 + z^2\right]^{3/2}} \frac{z}{\sqrt{1-v^2}}
\end{aligned} \tag{16}
$$

が得られる.

磁場 B は，この電場と簡単な関係にあり，

$$\begin{aligned} B_x &= 0, \\ B_y &= -v\, E_z, \\ B_z &= v\, E_y \end{aligned} \tag{17}$$

と書けるのである．速度 v が x 軸の正の方向にむいていることを思えば，これをベクトル積として

$$\vec{B} = \vec{v} \times \vec{E} \tag{18}$$

と書き表わすこともできる．

こうしてまとめた電場，磁場がマクスウェル方程式 (1)–(4) をみたしていることを実際に微分計算をおこなって確かめておくほうがいい．それを読者におねがいしたい．

また，こうしてもとめた電場，磁場がどのようなものであるか，電気力線，磁力線を描いて具象的につかんでおくほうがいい，それも，読者におねがいしたい．

14.8 動く電気力線は磁場を生む

上に示したローレンツの算法は，動く電気力線が磁場を生むことをはっきりと示している．(15) 式によって磁場 B が求められているというのが，それである．

そう言い切るには，しかし相対性理論が必要なのだった．ローレンツはエーテルの存在を固く信じていたから，ダッシュつきの変数をリアルな存在とみなすことはできなかった．ダッシュつきの変数は，方程式を簡単な形にして解きやすくするための仮のもの，いわば方程式を解くための補助手段にすぎなかった．

ダッシュつきの変数を「電荷とともに動く観測者が実際に測定する量」として認知したのはアインシュタインである．

アインシュタインに従っていえば，電荷と一緒に動く観測者 O$'$ が見るとそこには電場 (9) のみがあって磁場は (10) のごとくゼロである．

電荷を動いていると見る別の観測者 O にとっては「電場 (9) も動いている」のだ．この観測者が見る場は，(14), (15) のごとくであって，特に (13) が示すように電場 E' が速度 v で動いている結果として磁場ができているのが見える．「動いている結果として」といえるのは，$v = 0$ だったらこの効果はないからである．

このとき「O が見る」電場と磁場とのあいだに (17) という簡単な関係があるこ

とは注目すべきことである．同じ関係は，たとえば電場の矩形波が速度 v で進むとしてマクスウェル方程式から直接にだすこともできる [2]．

この式 (17) は O の座標系で見た動いている電場と磁場の関係であって，動く電気力線は磁場を生むと言い表わすのに適している．

この式は，O′ の座標系で見て 1 個の電子が静止しているとして導いたが，その導き方を見れば納得されるように，O′ 系で見て静電場のみがあって磁場はない場合に一般に成り立つものである．

14.9 動く磁束線は電場を生む

ついでに動く磁束線は電場を生むことも見ておこう．「14.7 走る点電荷のつくる場」の (17) は，O の座標系における電磁場，すなわち動いている電場と磁場の関係であった[2)]．その意味で，動く磁束線の効果を見るためには，まず O′ の系で見て電場 $\vec{E}'$ が 0 で磁場 $\vec{B}'$ のみがある場合，それを O 系で見たら場はどう見えるかを調べる．動く座標系 O で見ると，磁束線は運動して見えるからである．(12) から

$$E_x = 0, \quad E_y = \gamma v B'_z, \quad E_z = -\gamma v B'_y \tag{19}$$

となる．これは確かに動く磁束線が電場を生むことを示している．

O 系における電場と磁場の関係は，(13) から

$$B_x = B'_x, \quad B_y = \gamma B'_y, \quad B_z = \gamma B'_z \tag{20}$$

となることを (19) に用いれば，

$$E_x = 0, \quad E_y = v B_z, \quad E_z = -v B_y \tag{21}$$

となる．これは，いま $\vec{v}$ が x 成分のみもつことを思い出せば

$$\vec{E} = -\vec{v} \times \vec{B} \tag{22}$$

と書くこともできる．これが，いまの場合，O 系で見た磁束線は電場を生むの表現になる．

2）14.1 節でとった座標系を踏襲する．すなわち，観測者に対して静止している座標系や物理量にダッシュをつけ，それに対して動いている系の座標や物理量にはダッシュをつけない．

14.10 電磁波の伝播

いま，何らかの仕方で速度 $\overrightarrow{v}=(v,\,0,\,0)$ で動く電場

$$\overrightarrow{E}=(0,\,E_y,\,E_z) \tag{23}$$

ができたとすると，(18) によって同じく速度 $\overrightarrow{v}$ で動く磁束密度の場

$$\overrightarrow{B}=\overrightarrow{v}\times\overrightarrow{E} \tag{24}$$

が生じ，これがまた速度 $\overrightarrow{v}$ で動く電場

$$\overrightarrow{E}=-\overrightarrow{v}\times\overrightarrow{B} \tag{25}$$

をつくる．この連鎖が続いて電場と磁束密度の場が互いに他を誘導しながら伝播してゆくためには (25) の $\overrightarrow{E}$ が最初の (23) あるいは (24) の $\overrightarrow{E}$ に等しくなければならない．(24) を (25) に代入すれば

$$\overrightarrow{E}=-\overrightarrow{v}\times(\overrightarrow{v}\times\overrightarrow{E})=\overrightarrow{v}^{\,2}\overrightarrow{E}-(\overrightarrow{v}\cdot\overrightarrow{E})\overrightarrow{v}$$

となり，(25) によって $\overrightarrow{v}$ と $\overrightarrow{E}$ は垂直だから

$$v=\pm 1 \tag{26}$$

が知れる．いま $c=1$ の単位系を使っていることを思い出せば，電場と磁束密度の場が互いに誘導しあって伝播してゆくためには，すなわち両者が電磁波をなすためには光の速度で動いてゆかねばならないことが分かった．このことにはすでに p.194, p.205 で触れた．そこでは電場，磁場の大きさを問題にしたが，ここでは，ベクトルとして扱い，以下，電磁波のいろいろの特徴が引き出せることを示す．荒っぽい論理だが，一片の真実が含まれていることを！

(25) から電磁波の $\overrightarrow{E}$ は伝播の方向 $\overrightarrow{v}$ に垂直で，また (24) によれば $\overrightarrow{B}$ は $\overrightarrow{E}$ にも, $\overrightarrow{v}$ にも垂直であることが分かる．

$\overrightarrow{E}$ と (18) のベクトル積をつくると

$$\overrightarrow{E}\times\overrightarrow{B}=\overrightarrow{E}\times(\overrightarrow{v}\times\overrightarrow{E})=\overrightarrow{E}^{\,2}\overrightarrow{v}-(\overrightarrow{E}\cdot\overrightarrow{v})\overrightarrow{E}$$

となるが，$\overrightarrow{E}$ は $\overrightarrow{v}$ に垂直だから

$$\overrightarrow{v}=\frac{\overrightarrow{E}\times\overrightarrow{B}}{\overrightarrow{E}^{\,2}} \tag{27}$$

という関係が得られる．電磁波はベクトル $\overrightarrow{E}$ を $\overrightarrow{B}$ の方向へと回した右ネジの進む向きに進むというのである．

もし，(22) と $\overrightarrow{B}$ との内積をとっていたら

$$\overrightarrow{E} \times \overrightarrow{B} = -(\overrightarrow{v} \times \overrightarrow{B}) \times \overrightarrow{B} = \overrightarrow{B}^2 \overrightarrow{v}$$

となり，(27) の代わりに

$$\overrightarrow{v} = \frac{\overrightarrow{E} \times \overrightarrow{B}}{\overrightarrow{B}^2} \tag{28}$$

が得られ，(27) と比べると $\overrightarrow{E}^2 = \overrightarrow{B}^2$ が知れる．これも真空中の電磁波の伝播についてよく知られた関係である．これを用いると

$$\overrightarrow{E}^2 = \overrightarrow{B}^2 = \frac{1}{2}(\overrightarrow{E}^2 + \overrightarrow{B}^2) \tag{29}$$

となり．これは電磁波のエネルギー密度を与える式である．そう了解すれば

$$\overrightarrow{E} \times \overrightarrow{B} = \frac{1}{2}(\overrightarrow{E}^2 + \overrightarrow{B}^2)\, \overrightarrow{v} \tag{30}$$

は電磁波の運ぶエネルギーの流れであることが分かる．

ことのはずみで，これら重要な式を $c = 1$ の単位系で書くことになった．これらの式を普通の単位系で書いてみること（c を復活させること）を読者にお願いしたい．

参考文献

［1］ 江沢 洋『相対性理論とは？』，日本評論社 (2005).
　　江沢 洋『相対性理論』，裳華房 (2008).

［2］ 板倉聖宣・江沢 洋『物理学入門』，国土社 (1964).

［3］ 野上茂吉郎ほか『物理 B』，実教出版，改訂版 (1967)，三訂版 (1969)，
　　本巻 pp.197–211.

15. 電磁誘導の法則，言い表わし方に異議あり

15.1 電磁誘導の法則，多くの教科書がいう形は

いま，1 巻きコイル C は固定し，それに向かって磁石の N 極を速度 $\boldsymbol{v}$ で近づけるものとしよう．コイルの面を x, y 面とする (図 1).

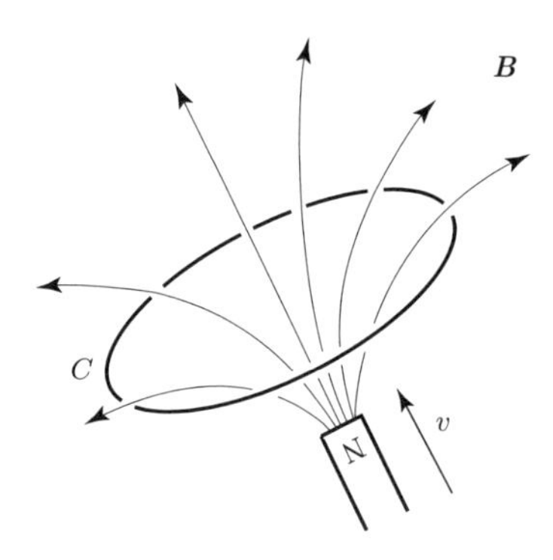

図 1　磁石の N 極を速度 $\boldsymbol{v}$ で静止したコイルに近づける.

電磁誘導の法則は，多くの教科書[3)]には次の形[4)]に書かれている：

$$\oint_{\mathrm{C}} E_{\parallel}\,d\ell = -\frac{d}{dt}\int_{\mathrm{S}} B_{\perp}\,dS. \tag{1}$$

3)　例えば，今井 功『電磁気学を考える』，サイエンス社 (1990), p.237.

4)　この形に書いた初めはノイマン，*Berlin Abhandlungen* (1848), p.1 である．彼は，ファラデーとは独立に電磁誘導を発見した．cf. E. Whittaker *A History of the Theories of Aether & Electricity* (1910). Dover (1951). この本は和訳されている：霜田光一・近藤都登訳『エーテルと電気の歴史』，講談社 (1976). ノイマンの論文には英訳がある：*Journal de Math.* xiii (1848), 113. 和書では，高橋秀俊『電磁気学』，裳華房 (1959), p.217 がノイマンに言及している.

左辺は，磁石の運動によってコイルCの位置に誘起される電場のCに沿う方向の成分 $E_{\parallel}$ をCの一周にわたって積分したもので，誘導起電力とよばれる．右辺のSはコイルCが縁として囲む面で (平らでなくてもよいが，平らとした方が簡単である)，dS はその面積要素，$B_{\perp}$ は磁石のつくる磁束密度の場 $\boldsymbol{B}$ のSの各点におけるSに垂直な成分であって，v_z とともに $z>0$ の向きを正とする．$B_{\perp}$ のこの積分は，コイルCを下から上に貫く磁束 Φ を表わす．$E_{\parallel}$ の向きは，$\boldsymbol{v}$ の向きに進む右ネジの回転の向きを正とする．磁束 Φ で書けば (1) は

$$\oint E_{\parallel} d\ell = -\frac{d\Phi}{dt} \tag{2}$$

となる．これも教科書によく出てくる形である．

(1) の右辺についているマイナスは，コイルを貫く磁束が増加 (減少) しつつあるときコイルに誘導される電場によってコイルにおこる電流はコイルを貫く磁束を減少 (増加) させることを表わす (レンツの法則．1834 年にレンツが発見した)．

以下の議論では，コイルの電気抵抗は十分に大きく，磁石の運動によってコイルにおこる電流は微小で，それによって生ずる磁束密度はもとの $\boldsymbol{B}$ に比べて無視できるものとする．

考えてみると，電磁誘導の法則を表わすという (1), (2) は，空間の各点の場のことは，各々の点 (とその近傍) がきめるという場の理論の根本原則 (地方自治) に反している．何しろ，導線におこる起電力をきめる式 (1) に導線からはるかに離れたコイルの中心付近の $B_{\perp}$ が含まれているのだから！

これから，この点は改善できることを示そう．

15.2 電磁誘導の法則：局所的な形

15.2.1 コイルにおこることはコイルの現場で

電磁誘導の法則を，場の理論の地方自治の原則——コイルにおこることはコイルの現場で——に合うように書き改めるには，磁石を止めて，代わりにコイルが運動しているように見える図 2 を用いるのが便利である．

図の $\mathrm{S}_t, \mathrm{S}_{t+\delta t}$ は時刻 $t, t+\delta t$ にコイルが張る面であるが，これらは磁石が止まっていると見えるように位置をずらして描いてある．それぞれの位置に描いた矢印 $B_{\perp}$ は，各時刻のコイル面における $\boldsymbol{B}$ の法線成分である．$\mathrm{S}_t, \mathrm{S}_{t+\delta t}$ の 2 面で挟まれた柱状の部分の側面を $\mathrm{S}_{\mathrm{side}}$ とし，そこには柱の内部から見た外向き法

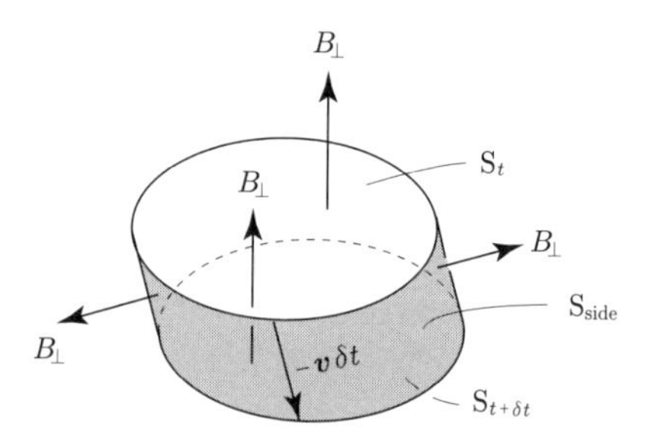

図 2　磁石を止め，コイルが動くと見た場合の図.

線の向きを $B_\perp$ の正の向きとする.

さて，真空中の電磁場に対するマクスウェルの方程式の中に $\mathrm{div}\boldsymbol{B} = 0$ がある. これは，どんな状況でも成り立つものである. これを $\mathrm{S}_t, \mathrm{S}_{t+\delta t}$ が定める柱体 V にわたって積分すると，その結果は V の表面全体にわたり $\boldsymbol{B}$ の外向き法線成分 $B_\perp$ を積分したものに等しい：

$$0 = \int_{\mathrm{V}} \mathrm{div}\boldsymbol{B} = \int_{\mathrm{S}_t} B_\perp dS - \int_{\mathrm{S}_{t+\delta t}} B_\perp dS + \int_{\mathrm{S}_{\mathrm{side}}} B_\perp dS.$$

$\mathrm{S}_{t+\delta t}$ 上では外向き法線の向きの成分は $-B_\perp$ となることに注意. よって，時刻 t から $t+\delta t$ までの間にコイルを貫く磁束は

$$\begin{aligned} \delta\Phi &\equiv \int_{\mathrm{S}_{t+\delta t}} B_\perp dS - \int_{\mathrm{S}_t} B_\perp dS \\ &= \int_{\mathrm{S}_{\mathrm{side}}} B_\perp dS \end{aligned} \tag{3}$$

だけ増加する. これは，この時間の間にコイルが切る磁束に等しい：

$$(\text{コイルに生ずる起電力}) = -(\text{コイルが単位時間に切る磁束線の数}) \tag{4}$$

である.

多くの教科書が「コイルを貫く磁束」といって，場の地方自治に反するように見えた言い表わしが,「磁束線が動いたときコイルが切る磁束」という自治に反しない形に言い表わされたのである！　(1) の形にすれば

$$\oint E_\parallel d\ell = -\lim_{\delta t\to 0} \frac{1}{\delta t} \int_{\mathrm{S}_{\mathrm{side}}} B_\perp dS \tag{5}$$

となる.

(4) がファラデーの用いた電磁誘導の法則の言い表わし方に近い. 彼の著書『電

気実験』[5](上) から引用してみよう．彼は命題に細かく番号をつけている．その114番である：

> 磁極，運動する針金および発生する電流の向き等の間に成立する諸関係，言い換えれば磁電気感応による電流の発生を支配する**法則**は，表現が困難ではあるが，至極簡単である．図3にPNで示した水平の針金は，磁石の北極の傍らを点線に沿って下から上に通過するとき，あるいは一般に針金が同じ向きに磁力線を切る場合には，針金の中の電流はPからNに向かう．もし針金を逆に動かすならば，電流はNからPに向かうであろう．……

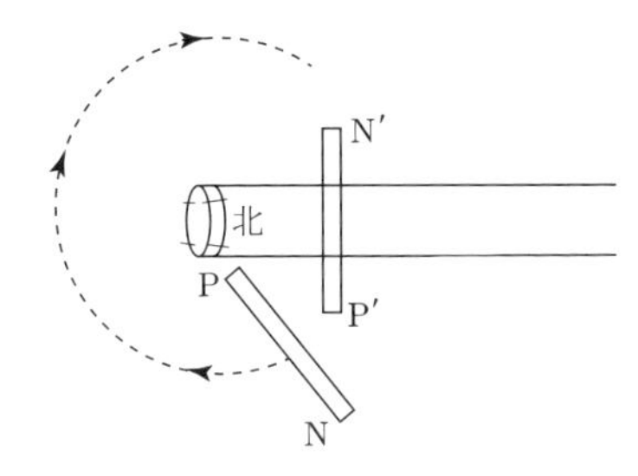

図3　磁石のN極の傍らで針金PNを同じ向きを保ちつつ点線に沿って動かすと，針金の中にPからNに向かう電流が誘導される．ファラデーの『電気実験』から引用．実は，針金のP端とN端を針金で結んで閉回路をつくっておかないと電流は流れない．

お気づきのとおり，ファラデーは「起電力」という言葉は使っていない．彼の「法則」は定量的ではないのである．

15.2.2　もう一歩，前へ

これで，われわれの問題は解決されたわけであるが，もう一歩，前に進んでみよう．

コイルを細分して，その1つ$\delta\boldsymbol{\ell}$を考える．それが速度$-\boldsymbol{v}$で動くと，時間δtの間に

$$-\boldsymbol{v}\delta t \times \delta\boldsymbol{\ell} \tag{6}$$

の大きさだけの面積を掃く．しかも，このベクトル積は$-\boldsymbol{v}\delta t$と$\delta\boldsymbol{\ell}$の両方に垂直であるから，両者が張る面の法線の方向を向いている．その向きは，ベクトル

---

5)　矢島祐利・稲沼瑞穂訳，内田老鶴圃 (1980).

$-\boldsymbol{v}\delta t$ を $\delta\boldsymbol{\ell}$ の向きに回した右ネジの進む向きで，今の場合 δS_{side} に垂直で，2つのコイルの面 $\mathrm{S}_t, \mathrm{S}_{t+\delta t}$ の張る体積 V の外に向いている (図 4).

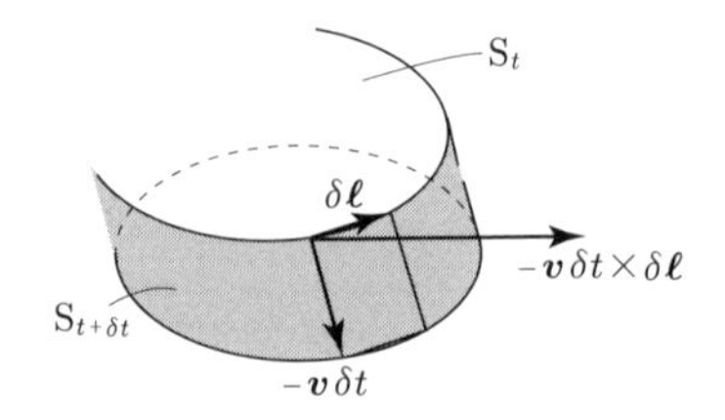

図 4　コイルを微小部分に切り分けて，その一部分 $\delta\boldsymbol{\ell}$ を考える.

$$\boldsymbol{B}\cdot(-\boldsymbol{v}\delta t\times\delta\boldsymbol{\ell}) \tag{7}$$

は，ちょうど面積 $|-\boldsymbol{v}\delta t\times\delta\boldsymbol{\ell}|=\delta S_{\mathrm{side}}$ と，それへの $\boldsymbol{B}$ の外向き法線成分 $B_\perp$ の積になっている．ところが，この式は

$$-\delta\boldsymbol{\ell}\cdot(\boldsymbol{B}\times\boldsymbol{v})\delta t$$

とも書ける．こう書き直した上で (7) を δt で割って $\delta t\to 0$ の極限をとり，またすべての $\delta\boldsymbol{\ell}$ にわたって総和して $\delta\boldsymbol{\ell}\to 0$ の極限をとれば

$$\lim_{\delta t\to 0}\frac{1}{\delta t}\int_{\mathrm{S}_{\mathrm{side}}} B_\perp dS = -\oint(\boldsymbol{B}\times\boldsymbol{v})\cdot d\boldsymbol{\ell}$$

が得られる．この式の左辺を (5) で書き直せば

$$\oint E_\parallel d\ell = -\oint(\boldsymbol{v}\times\boldsymbol{B})\cdot d\boldsymbol{\ell} \tag{8}$$

が得られる．左辺は $\oint \boldsymbol{E}\cdot d\boldsymbol{\ell}$ と書いてもよい．両辺に電子の電荷 e をかければ，左辺は，磁石を近づけたときコイルの中にある電子にはたらく力である．動く磁束線が電場を作った！　それが右辺，すなわち磁石の運動のために動く磁束線にさらされた電子が受けるローレンツ力によることがわかった．両者は，回路 C に沿う成分の C の全体にわたる線積分において等しいのである．$E_\parallel$ を電磁感応とよんで新しいことのように扱ってきたが，正体見たり枯れ尾花といったところか？

つまり，磁束線が速度 $\boldsymbol{v}$ で動くと，その動いた場所に電場 $-\boldsymbol{v}\times\boldsymbol{B}$ が生ずるということである．いま，コイルの形はどうであってもよく，したがって式 (8) は任意の方向をむいた $d\boldsymbol{\ell}$ に対してなりたつからである.

15.3 磁束線のトポロジー

ファラデーは次のような実験もしている．

鉄の輪 (鉄心とよぶ) をつくって，それに 2 つのコイルを巻く．実際は，どちらも何重にも巻いたのだが，いまは簡単のためにそれぞれ 1 重であるとしよう．その一方のコイル (1 次コイルとよぶ) には電池とスイッチを直列につないで回路を閉じる．他方のコイル (2 次コイル) には検流計をつないで回路を閉じる (図 5).

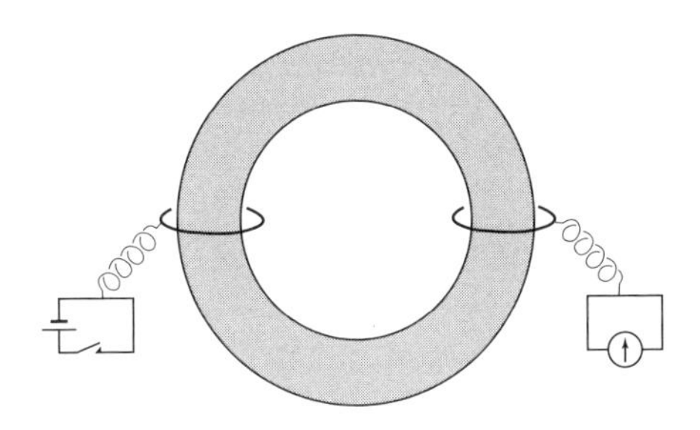

図 5　鉄の輪 (鉄心) に 2 つの 1 重コイルを巻く．1 次コイルには電池とスイッチを，2 次コイルには検流計をつなぐ．

そこで，1 次コイルのスイッチを閉じると，その瞬間 2 次コイルの検流計の針は振れて，もとに戻る．(1) のいうとおりである．

しかし，これこそが電磁誘導の正しい言い表わしだと思った (8) は成り立たないのではないか？　実際，1 次コイルにはスイッチを入れたときから電流が流れ，1 次コイルとそして 2 次コイルをも貫く磁束が生ずるが，その磁束はもともと鉄心を 1 周していて 2 次コイルを切らないように見える (図 6).

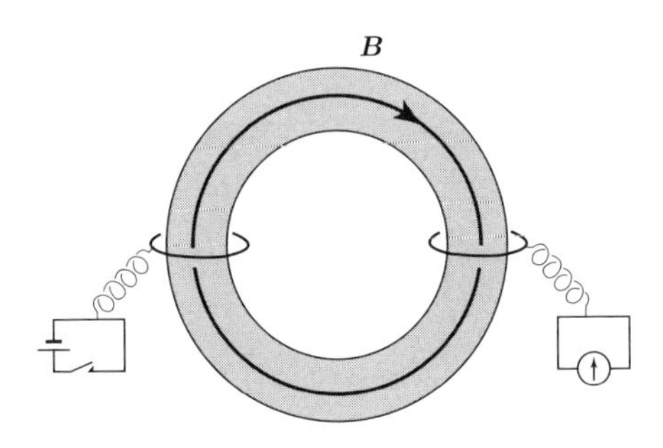

図 6　1 次コイルのスイッチを入れると，1 次コイルを貫く磁束が生じ，それは 2 次コイルをも貫くが，もともと鉄心を 1 周しているので，2 次コイルを切ることはない，か？

そこで，コイルにおこることを，改めて時間を追って想像してみよう．1 次コイルのスイッチを入れると，電池から電流が流れ出し始め，電池の近くから 1 次コイルの電線を囲む輪のように磁束線が発生し (図 7(a))，時間とともに輪は大きくなるだろう (b)．その磁束線が 2 次コイルを貫いて (c) のようになるには，いったん切れなければならない．2 次回路を切るといってもよい．

この‘**切る**’が (8) でいう「磁束線が回路 C を 1 回切る」に当たるのだろう．1 次コイルに単位時間に生まれる数だけの磁束線を 2 次コイルは切ることになるだろう．こうして，いまの場合にも (8) は成り立つことになるだろう．

しかし，図 7(b) のように磁束線が広がっていくとき，磁束線はできるだけ鉄心の中を通ろうとするのだろうか？　多分そうだろうと思うが，いますぐには断言できない．いまは，図 7(a) から始まって磁束線が図 (c) のように鉄心を一周するようになるためには，その磁束線はいったん 2 次コイルによって切られねばならないということを見るだけで満足しておこう．

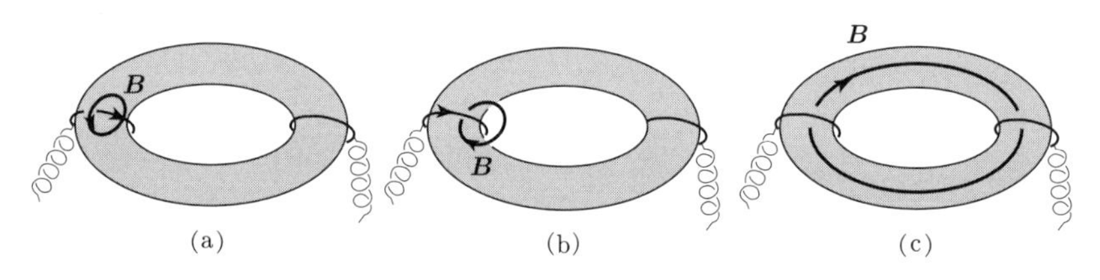

図 7　スイッチを入れると，その瞬間に電池に近いところに 1 次コイルを囲む磁束線の小さな輪ができる (a)．やがて輪は大きくなるが (b)，鉄心を 1 周して 2 次コイルを貫く (c) には，いったん切れなければならない．

1 次コイルを貫いた磁束線が 2 次コイルを貫くためにいったん切れねばならないという事情は，図 1 の磁石を 1 次コイルで置き換えた場合にも見られる．

数学者は，「いったん切れるより前の磁束線の輪」と「いったん切れて 2 次回路を貫くようになった磁束線の輪」は**トポロジーがちがう** と言い表わす．

15.4　想像してみよう，半径 1 光年のコイルを

電磁誘導の法則の多くの教科書の言い表わしには，(5) でもなお，もう 1 つ大きな問題があると思う．

たとえば，思い切って大きな半径 1 光年の円形コイルの中心で磁石を時刻 t から急に動かして時刻 $t + \delta t$ に急に止めたとしてみよう．

(5) は，コイルの各点には同じ時刻 t に遅滞なく電場 $E_{\parallel}$ が生じ，時刻 $t+\delta t$ まで続くという．

本当だろうか？　磁石から遠く遠く離れたコイルに遅滞なく届くなどということが実際に起こるだろうか？　起こり得るだろうか？

マクスウェルの方程式に立ち戻れば，別の解がある．ここで磁石を振ると，そこから電磁波が出て，1 年かけてようやくコイルに到達し，コイルに電場を生じさせるという解である．この方が，もっともらしい．

しかし，(5) が成り立つと多くの教科書は主張しているように見える．読み違いだろうか？

いや，読み違いではない．これも不思議なことだが，(5) はマクスウェルの方程式からでてくるのである．

あえて妄想を逞しくすれば，ファラデーやマクスウェルの時代には実験はテーブルの上で行なわれる小規模なもので，電磁誘導の時間遅れなど思いもよらなかっただろう．宇宙を股にかける 21 世紀の電磁気学ではマクスウェル方程式から見直さなければならないのかもしれない？

16. 動く磁束線は電場を生む——か？

この章は私見が強く出るところなので，第15章の最後に置くのが適当かとも考えたが，話の流れからすると，このあたりに置くのがよいかと思い，あえてここに置くことにした．

16.1 今井先生の御批判

ぼくが「動く電気力線は磁場を生む」,「動く磁束線は電場を生む」といったのに対して，故 今井 功先生から御批判をいただいた[1], [2]．

文献［2］では，先生は，「磁束線の運動に意味があるか？」と自問して「No」と答え，そこにいたるお考えを次のようにまとめておられる（今井先生の磁力線を磁束線といいかえたほかは，先生の文章のとおり）:

① “磁束線の運動” は明確に定義できない．

② “磁束線の運動” の概念を使わなくても，電磁誘導の現象はすべて説明できる．

③ 現在の電磁気学の体系（マクスウェル理論）には，“磁力線の運動” という概念は含まれていない．

④ マクスウェル理論の建設にあたって “磁力線の運動” は確かに有力な手掛かりを与えた．しかし理論の成立によってその歴史的使命は終わった．その事情はエーテルの場合と同様である．

⑤ 物理教育では，“磁束線の運動” の概念を（本文として）正面からとりあげないで，話の糸口として，あるいは歴史的ノートとして述べるのが適当であろう．しかし，その場合でも，最終的には放棄されるべきものと明言する必要があろう．

16.2 御批判に応える

これら①–⑤のうち「動く磁束線は電場を生む」にとって最も重大な御批判は①の「磁束線の運動は明確に定義できない」であり，[1], [2] で一貫している．これに対して，ぼくがいえるのは「磁力線の運動が考えられる場合がある」ということ，これについては後に説明する．そして「教育の場面では，まずは基本的な現象を詳しく扱う」ということ．たとえば，高等学校の力学で詳しく扱うのは等加速度運動までである．調和振動さえおぼつかない．典型的な現象について詳しく考えた経験をもつことは，以後の学習の進展にとって重要だと思う．

こうした考えによって①の御批判は切り抜けたとする．

その上で，次に述べられる②の「使わなくても」や③の「含まれていない」は，その通りだが，<u>だから</u>④の「歴史的使命は終わった」や⑤の「放棄されるべし」が必然的に導かれるとはいえないのではないか．どうだろうか？

なお，文献 [1] の回転する電磁場に関する御批判については後の 16.8 節，16.9 節でお応えさせていただく．

16.3 動く磁束線は……

これから「磁束線の運動」が定義できる場合があることを示したい．

磁石が静止しているとき，そのまわりに $\boldsymbol{B}'(\boldsymbol{r})$ の磁束密度の場ができており，電場はないとする．相対性理論によれば [3]，それを「等速度 $-\boldsymbol{V}$ で走る観測者から見ると，磁石はもちろん等速度 $\boldsymbol{V}$ で並進運動するが，磁束密度は，$\boldsymbol{V}$ 方向の成分はそのままで，$\boldsymbol{V}$ に垂直な成分は $\gamma = 1/\sqrt{1-(V/c)^2}$ 倍されて $\boldsymbol{B}$ に変わる，それに電場

$$\boldsymbol{E} = -\boldsymbol{V} \times \boldsymbol{B} \tag{1}$$

を伴っている（14.7 節の (22) 式を参照．ただし，そこでは $c = 1$ となる単位系を使っている）．見慣れているローレンツ力の式に比べてマイナスがついたのは，$\boldsymbol{V}$ が磁束の動く速度だからである．磁石が静止しているときも，等速度 $\boldsymbol{V}$ で運動しているときにも，あたかも磁束線が磁石から剛体的に生えているかのようである．そこに電気力線が生えたのは磁石が運動したからなので，「動く磁束線は電場を生む」と表現したのである．

さきに「磁束線の運動が考えられ(定義できる)る場合がある」といったのは，このことである.

この電場を，少し変わった形に言い表わしてみよう.

まず，勝手な微小ベクトル $\boldsymbol{\Delta\ell}$ をとって (1) の両辺にスカラー的にかけ $|\boldsymbol{\Delta\ell}|$ で割っておく．また $\boldsymbol{V}$ に微小時間 Δt をかけ，同じ Δt で割っておく．$\boldsymbol{\Delta\ell}$ は導線の一部であってもよいし，真空中に勝手に考えた線分であってもよい．そうすると (1) は

$$\frac{1}{|\boldsymbol{\Delta\ell}|\Delta t}\boldsymbol{E}\cdot\boldsymbol{\Delta\ell}\Delta t = -\frac{1}{|\boldsymbol{\Delta\ell}|\Delta t}[\boldsymbol{V}\Delta t\times\boldsymbol{B}]\cdot\boldsymbol{\Delta\ell}$$

となるが，右辺のベクトルの積は因子の循環的置換を許すので

$$\frac{1}{|\boldsymbol{\Delta\ell}|}\boldsymbol{E}\cdot\boldsymbol{\Delta\ell} = -\frac{1}{|\boldsymbol{\Delta\ell}|\Delta t}[\boldsymbol{\Delta\ell}\times\boldsymbol{V}\Delta t]\cdot\boldsymbol{B} \tag{2}$$

と書き直すことができる．左辺は，勝手に選んだ微小ベクトル $\boldsymbol{\Delta\ell}$ の方向への電場ベクトルの成分である．右辺は，$\boldsymbol{\Delta\ell}$ 方向の単位長さのベクトルが距離 $-\boldsymbol{V}\Delta t$ だけ平行移動して掃く平行四辺形の面積 ΔS とその面に垂直な $\boldsymbol{B}$ の成分 $B_\perp$ の積 $\varPhi$ の $1/\Delta t$ 倍である (図 1).

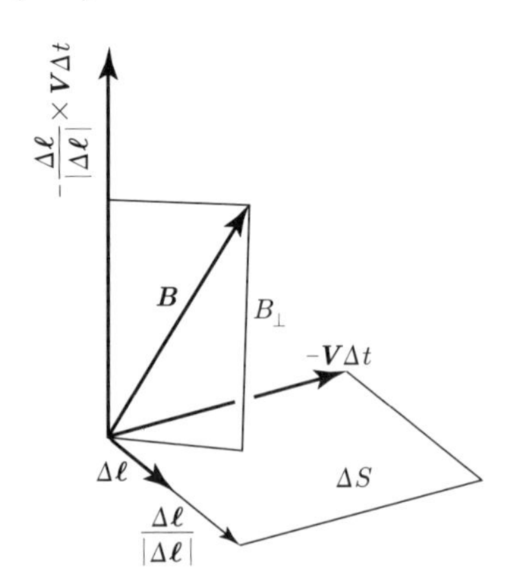

図 1　$-(\boldsymbol{\Delta\ell}/|\boldsymbol{\Delta\ell}|)\times\boldsymbol{V}\Delta t$ は，単位ベクトル $\boldsymbol{\Delta\ell}/|\boldsymbol{\Delta\ell}|$ が自身に平行に $-\boldsymbol{V}\Delta t$ だけ移動して掃く平行四辺形の面積 ΔS を大きさとし，平行四辺形の面に垂直な方向をもつベクトルである．よって $-[(\boldsymbol{\Delta\ell}/|\boldsymbol{\Delta\ell}|)\times\boldsymbol{V}\Delta t)]\cdot\boldsymbol{B}$ は，その平行四辺形に垂直な方向への $\boldsymbol{B}$ の成分 $B_\perp$ と ΔS の積，すなわち $\boldsymbol{\Delta\ell}/|\boldsymbol{\Delta\ell}|$ が $-\boldsymbol{V}\Delta t$ だけ平行移動するとき切る磁束に等しい.

ところが，積 $\varPhi$ は，単位長さの $\boldsymbol{\Delta\ell}/|\boldsymbol{\Delta\ell}|$ が $-\boldsymbol{V}\Delta t$ だけ平行移動するとき切る磁束に等しい.「切る磁束」は象徴的には「切る磁束線の数」といってもよい．こうして

$$\begin{pmatrix} \text{磁場中の } \Delta\boldsymbol{\ell} \text{ の運動によ} \\ \text{る電場の } \Delta\boldsymbol{\ell} \text{ 方向の成分} \end{pmatrix} = \lim_{\Delta t \to 0} \frac{1}{\Delta t} \begin{pmatrix} \Delta\boldsymbol{\ell} \text{ 方向の単位ベクトルが } -\boldsymbol{V}\Delta t \text{ だ} \\ \text{け自身に平行に移動して切る磁束} \end{pmatrix} \tag{3}$$

が得られた．くりかえすが，$\Delta\boldsymbol{\ell}$ の方向は任意である．

今井先生は文献［2］に

> 電磁誘導の現象をファラデーはいろいろの場合について実験的に研究し，それらをまとめて
>
> (A)　導線［の部分 $\Delta\boldsymbol{\ell}$］が磁束線を切ると導線［のその部分］にはその切る割合（単位時間に切る磁束数）に比例する起電力を生ずる
>
> という結論を得た

と書いておられる．ただし，江沢が文章をわずかに変え，［$\cdots$］内に補いをした．記号は本稿に合わせて書き直した．

これを説明して，先生は

> 法則 (A) を数式的に表現すれば
>
> $$\mathcal{E}|\Delta\boldsymbol{\ell}| = \boldsymbol{E}\cdot\Delta\boldsymbol{\ell}, \qquad \boldsymbol{E} = \boldsymbol{V}\times\boldsymbol{B} \tag{$*$}$$
>
> とでも表わされるだろう

と書く．この $\boldsymbol{E}$ は，先に示した江沢の (2) の $-|\Delta\boldsymbol{\ell}|$ 倍になっている．マイナスがついたのは，今井先生の $\boldsymbol{V}$ がコイルの動く速度であるのに対して，江沢の $\boldsymbol{V}$ が磁束線の速度だからである．

今井先生は，(A) の中で“起電力”という言葉を使い，これが定義されていない，といわれる．これが「磁束線が動けば……」に対する御批判の一部と考えられているかどうか，はっきりしないが，それはともかく，上に引用した文脈から推測すると，“起電力”とは導線が磁束を切るとされたその部分 $\Delta\boldsymbol{\ell}$ に対する先生の式 $(*)$ の $\mathcal{E}$ のことと考えられる．磁束線の速度 $\boldsymbol{V}$ が磁石の速度と同じものだということを受け入れていただければ，上に引用した先生の $(*)$ 式が起電力の明確な定義を与えている．

16.4 閉曲線にわたる電場の線積分

簡単のために $\boldsymbol{V}$ に垂直な平面内に閉曲線 Γ をとって，その一周にわたる (2) の $|\Delta\boldsymbol{\ell}|$ 倍の線積分

$$\oint_{\Gamma} \boldsymbol{E}\cdot d\boldsymbol{\ell} = -\frac{1}{\Delta t}\int_{\Gamma}[d\boldsymbol{\ell}\times\boldsymbol{V}\Delta t]\cdot\boldsymbol{B} \tag{4}$$

を考えてみよう (図 2)．Γ は導線を表わしていてもよいし，真空中に勝手に考えた閉曲線であってもよい．この式の左辺は，電場 $\boldsymbol{E}$ の Γ に沿う成分を $d\boldsymbol{\ell}$ について Γ 一周にわたって積分するもので，磁束線の運動によって Γ 全体にわたって生ずる誘導起電力に他ならない．右辺の $d\boldsymbol{\ell}\times\boldsymbol{V}\Delta t$ は $d\boldsymbol{\ell}$ と $\boldsymbol{V}\Delta t$ が張る平行四辺形の面積 dS を大きさとし，その面に垂直なベクトルだから，$\boldsymbol{B}$ との内積はその平行四辺形の面に垂直な方向の $\boldsymbol{B}$ の成分 $B_{\perp}$ と dS の積であって，

$$\oint_{\Gamma} \boldsymbol{E}\cdot d\boldsymbol{\ell} = -\frac{1}{\Delta t}\int_{\text{side}} B_{\perp}\,dS \tag{5}$$

となる．ここに積分領域 side とは，上記の平行四辺形を Γ 一周にわたってつなぎ合わせた帯を意味し，それが囲う柱 $\mathcal{C}$ の上面を C_{-}，下面を C_{+} とする．

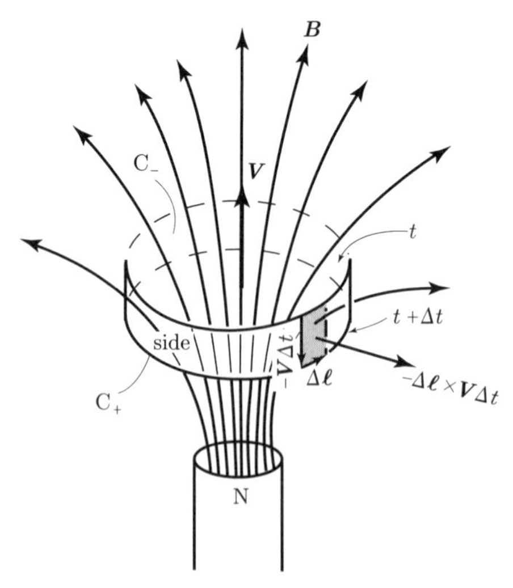

図 2　平行四辺形 $-d\boldsymbol{\ell}\times\boldsymbol{V}\Delta t$ をつなげて次々につながる $d\boldsymbol{\ell}$ が Γ を形づくるようにする．平行四辺形の全体が side（側帯）をつくる．側帯のつくる円柱に上から蓋をするのが C_{-}，下から蓋をするのが C_{+} である．側帯は，$\boldsymbol{V}$ を軸として軸対称に描いたが，そうでなくてもよい．

マクスウェル方程式の 1 つ $\mathrm{div}\boldsymbol{B}=0$ を柱 $\mathcal{C}$ の全体で体積分し，ガウスの定理

を使えば

$$0 = \int_{\mathcal{C}} \mathrm{div}\boldsymbol{B}\, d\tau = -\int_{C_+} B_\perp dS + \int_{C_-} B_\perp dS + \int_{\mathrm{side}} B_\perp dS \tag{6}$$

が得られる．$d\tau$ は $\mathcal{C}$ の体積要素である．$B_\perp$ はそれぞれの面に垂直な $\boldsymbol{B}$ の外向き成分を表わす．この右辺の最後の積分を取り出して (5) に代入すれば

$$(\Gamma\text{のもつ起電力}) = -\lim_{\Delta t\to 0} \frac{1}{\Delta t}\left(\int_{\mathrm{C}_+} B_\perp dS - \int_{\mathrm{C}_-} B_\perp dS\right) \tag{7}$$

となる．右辺の括弧内の第 1 項は時刻 $t+\Delta t$ において，第 2 項は時刻 t において回路 Γ を貫く磁束（象徴的には，磁束線の数）であるから，右辺は Γ を貫く磁束の時間的変化率の -1 倍であって，この式は電磁誘導の基本法則に他ならない．

ただし，ここでは出所をはっきりさせるため，動く磁束線による（動く磁石に剛体的に付着して一緒に動く磁束線による）誘導起電力についてのみ書いた．磁束線が電磁石によって発生している場合には，電磁石からモクモクと発生する磁束線による誘導起電力もあることになる．

16.5 電磁誘導の一般式

最後に，普通とは少し違った見方で電磁誘導の一般式を導き出しておこう．というのは，得られる式が，剛体的に動く磁束密度による誘導を含み，それに加えて電磁石からモクモクと湧き出す磁束密度による誘導も含むからである．ただし，静止座標系で見た磁束密度と速度 $\boldsymbol{V}$ で動く座標系で見た磁束密度を同一とみる近似，すなわち電磁場のローレンツ変換で $(V/c)^2$ のオーダーの量を無視する近似（$\gamma \sim 1$．16.3 節の始めに述べた例でいえば $\boldsymbol{B}'$ と $\boldsymbol{B}$ を同じと見る近似）をするので，磁束密度の剛体的に動く速さが小さい，

$$(V/c)^2 \ll 1 \tag{8}$$

の場合にしか通用しない．

参考にしたのは [5] である．このような形の一般式は日本語の本では見かけないようである．

空間に静止した向きつきの閉曲線 Γ に沿う起電力

$$V(\Gamma) = \oint_\Gamma \boldsymbol{E}\cdot d\boldsymbol{\ell} = \int_{\mathrm{S}} (\boldsymbol{\nabla}\times\boldsymbol{E})_\perp dS \tag{9}$$

を与える式がもとめたい．$d\boldsymbol{\ell}$ は Γ の線要素で Γ の向きをむいたベクトル，S は Γ を縁とする任意の面であり，$\boldsymbol{\nabla}$ は grad と同意である．Γ は導線であってもよいし，真空中に勝手に思い描いた閉曲線であってもよい，$E_\perp$ は S の各点で S の法線方向の $\boldsymbol{E}$ の成分であって，Γ の向きに回した右ネジの進む向きにあるとき正とする．この電場 $\boldsymbol{E}$ は

磁束密度の剛体的並進による誘導電場　：　$\boldsymbol{E}_1 = \boldsymbol{V} \times \boldsymbol{B}$

磁束密度の時間変化による誘導電場　　：　$\boldsymbol{\nabla} \times \boldsymbol{E}_2 = -\dfrac{\partial \boldsymbol{B}}{\partial t}$

の和 $\boldsymbol{E} = \boldsymbol{E}_1 + \boldsymbol{E}_2$ である．ところが一般に $\boldsymbol{\nabla} \cdot \boldsymbol{B} = 0$ なので，ベクトル解析の一般公式により

$$\begin{aligned} \boldsymbol{\nabla} \times \boldsymbol{E}_1 &= \boldsymbol{\nabla} \times (\boldsymbol{V} \times \boldsymbol{B}) \\ &= (\boldsymbol{B} \cdot \boldsymbol{\nabla})\boldsymbol{V} - (\boldsymbol{V} \cdot \boldsymbol{\nabla})\boldsymbol{B} - \boldsymbol{B}\,\mathrm{div}\boldsymbol{V} \end{aligned} \tag{10}$$

であるから，$\boldsymbol{V} =$ (一定) とすれば $\boldsymbol{\nabla} \times \boldsymbol{E}_1 = -(\boldsymbol{V} \cdot \boldsymbol{\nabla})\boldsymbol{B}$ となり，$\boldsymbol{E}_2$ の分を加えると

$$\boldsymbol{\nabla} \times \boldsymbol{E} = -\frac{\partial \boldsymbol{B}}{\partial t} - (\boldsymbol{V} \cdot \boldsymbol{\nabla})\boldsymbol{B} = -\frac{d\boldsymbol{B}}{dt} \tag{11}$$

となる．したがって起電力 (9) は

$$\oint \boldsymbol{E} \cdot \boldsymbol{\ell} = -\frac{d}{dt}\int_S B_\perp dS \tag{12}$$

によって計算される．ここに $\dfrac{\partial \boldsymbol{B}}{\partial t} + (\boldsymbol{V} \cdot \boldsymbol{\nabla})\boldsymbol{B} = \dfrac{d}{dt}\boldsymbol{B}$ は $\boldsymbol{B}$ の全微分（total derivative），あるいはラグランジュ微分 [6] とよばれる．念のためにいえば，全微分とは

$$\frac{d}{dt}\boldsymbol{B} = \frac{d}{dt}\boldsymbol{B}(\boldsymbol{r} + \boldsymbol{V}t, t) \tag{13}$$

のことで，$\boldsymbol{B}$ の剛体的並進運動の分も加えた時間変化の微分に他ならない．

ストラットン [5] は，誘導起電力の場を運動する荷電粒子をこの形式で扱うことを想定している．荷電粒子の速度を $-\boldsymbol{V}$ と見るのである．

16.6 回転する電気力線は……難産だ

文献［1］での今井先生へのお応えが遅くなった．先生が例にお挙げになった「回転する電気力線」の場合は，実は考えていなかった．電気力線が自身に平行に

移動する場合しか考えていなかったのだ．それなのに「動く」電気力線は……と言ったのは言い過ぎであった．そこで回転する電気力線の場合に「磁場を生む」のは難産であった．結局，磁場は生まれなかった．生まれたのは，後に見るようにベクトル・ポテンシャルであった．

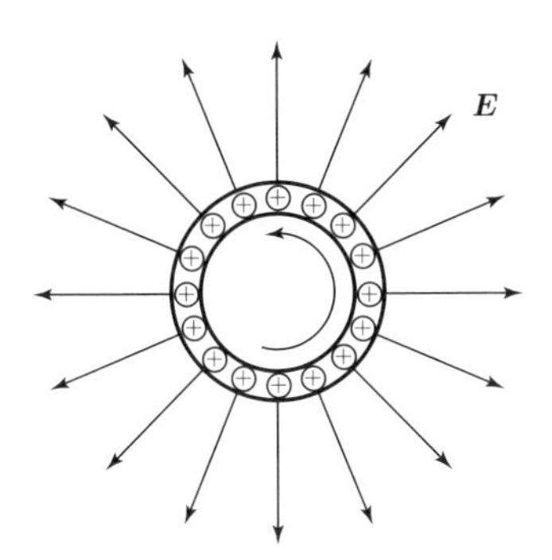

図3　帯電した円輪．紙面に垂直な中心軸のまわりに回転させると，電気力線が回転して……？

先生の例 [1] は，こうだ．帯電した図3のような円輪（半径 a）を紙面に垂直な中心軸のまわりに回転させて，電気力線は回転するか，と問うのである．先生の答えは No．何故なら，角速度 $\boldsymbol{\Omega}$ で回転させたとき．電気力線上の位置 $\boldsymbol{r}$ の点 P の速度は $\boldsymbol{V} = \boldsymbol{\Omega} \times \boldsymbol{r}$ のように大きくなり (図 4)，その点の磁束密度が —— もし生じたなら —— 大きくなりすぎるというのである．

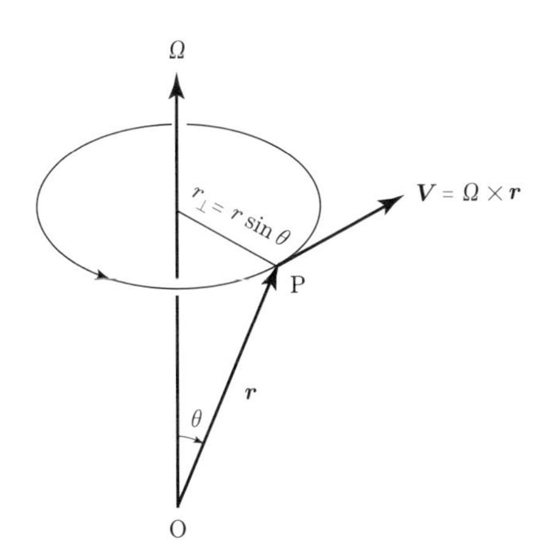

図4　$\boldsymbol{\Omega} \times \boldsymbol{r}$ は $\boldsymbol{r}$ の先端がする円運動の速度 $\boldsymbol{V}$ を与える．$\boldsymbol{\Omega} \times \boldsymbol{r}$ の大きさは，$\boldsymbol{\Omega}$ と $\boldsymbol{r}$ がなす角を θ とすれば $\Omega r \sin\theta = r_{\perp}\Omega$ で，$\boldsymbol{\Omega}$ と $\boldsymbol{r}$ に垂直だから．

ここでは，円輪の代わりに半径 a の一様な面密度 σ で帯電した球殻（アブラハムの電子の模型[7]）を考えよう．

P 点の電場は，円輪（半径 a，全電荷 Q）から十分に遠ければ

$$\boldsymbol{E}(\boldsymbol{r}) \sim \frac{Q}{r^2} \qquad (r \gg a) \tag{14}$$

となる．その電場が回転すると，「動く電場は磁束密度を生む」と主張する人は磁束密度 $\boldsymbol{B} = \boldsymbol{V} \times \boldsymbol{E}$ が生まれるというだろう．そうすると

$$\begin{aligned}\boldsymbol{B}(\boldsymbol{r}) &= \boldsymbol{V} \times \boldsymbol{E} \\ &= (\boldsymbol{\Omega} \times \boldsymbol{r}) \times \boldsymbol{E} \\ &= (\boldsymbol{E} \cdot \boldsymbol{\Omega})\boldsymbol{r} - (\boldsymbol{E} \cdot \boldsymbol{r})\boldsymbol{\Omega}\end{aligned} \tag{15}$$

となり，(14) の電場を入れると，大きい r に対して $O(1/r)$ になる．

これと比べるために，電磁気学の普通のやり方で，回転する電子（荷電球殻）のつくる磁束密度を計算してみよう．

この球殻の面積 dS のもつ電流は

$$\boldsymbol{i}(\boldsymbol{r}') = \sigma dS\, \boldsymbol{\Omega} \times \boldsymbol{r}' \tag{16}$$

であるから，球殻がつくるベクトル・ポテンシャルは

$$\boldsymbol{A}(\boldsymbol{r}) = \frac{\mu_0}{4\pi} \int \frac{\boldsymbol{i}(\boldsymbol{r}')}{|\boldsymbol{r} - \boldsymbol{r}'|} dS \tag{17}$$

である．ひとまず $\boldsymbol{r}$ の向きに z 軸をとれば

$$\boldsymbol{\Omega} \times \boldsymbol{r}' = (\Omega_y z' - \Omega_z y',\, \Omega_z x' - \Omega_x z',\, \Omega_x y' - \Omega_y x')$$

となるから，これを極座標で書いて (17) の x 成分は，電子の外 $(r > a)$ では

$$\int \frac{i_x}{|\boldsymbol{r} - \boldsymbol{r}'|} dS = a^3 \sigma \int_0^{\pi} \sin\theta' d\theta' \int_0^{2\pi} d\phi' \frac{\Omega_y \cos\theta' - \Omega_x \sin\theta' \sin\phi'}{\sqrt{r^2 + r'^2 - 2rr' \cos\theta'}}$$

となる．この積分は，岩波『積分公式 I』，p.96 の公式

$$\int \frac{\xi}{\sqrt{a\xi + b}} d\xi = \frac{2(a\xi - 2b)}{3a^2} \sqrt{a\xi + b}$$

により容易にできる．y 成分，z 成分も同様で

$$\int \frac{i_x}{|\boldsymbol{r} - \boldsymbol{r}'|} dS = \frac{4\pi a^4}{3} \frac{\Omega_y}{r^3}, \qquad \int \frac{i_y}{|\boldsymbol{r} - \boldsymbol{r}'|} dS = -\frac{4\pi a^4}{3} \frac{\Omega_y}{r^3},$$

$$\int \frac{i_z}{|\boldsymbol{r}-\boldsymbol{r}'|} dS = 0$$

を得る．$4\pi a^2 \sigma = -e$ とおき，$\boldsymbol{\Omega}$ を一般の方向に戻せば

$$\boldsymbol{A}(\boldsymbol{r}) = \frac{\mu_0}{4\pi} \frac{-ea^2}{3} \frac{\boldsymbol{\Omega} \times \boldsymbol{r}}{r^3} \tag{18}$$

となる．

磁束密度は

$$\boldsymbol{B}(\boldsymbol{r}) = \mathrm{rot}\, \boldsymbol{A}(\boldsymbol{r}) = \frac{\mu_0}{4\pi} \frac{-ea^2}{3} \frac{3(\boldsymbol{r} \cdot \boldsymbol{\Omega})\boldsymbol{r} - r^2 \boldsymbol{\Omega}}{r^5} \tag{19}$$

となる．これは大きい r に対して $O(1/r^3)$ である．確かに「回転する電気力線は……」として計算した値 (15) は，特に大きい r に対して，これよりはるかに大きい．式の形も，(15) はこれと違っている．確かに，今井先生がおっしゃるように「回転する電気力線は磁場をつくる」は実際の磁場 (19) に合わない．

こうなった以上，われわれの標語も「電気力線の並進運動は磁場をつくる」に制限しなければならない．

16.7 回転する電気力線はベクトル・ポテンシャルを生む

われわれの (18) を，電子のまわりの電場

$$\boldsymbol{E}(\boldsymbol{r}) = \frac{-e}{4\pi\varepsilon_0} \frac{\boldsymbol{r}}{r^3} \tag{20}$$

で書くと，係数は別にして，ちょうど

$$\boldsymbol{A}(\boldsymbol{r}) = \frac{\mu_0}{4\pi} \frac{a^2}{3} \boldsymbol{\Omega} \times \boldsymbol{E}(\boldsymbol{r}) \tag{21}$$

となる．おそらく，図 3 の円輪の場合にも遠方 $(r \gg a)$ では同じことが成り立つだろう（試してみて下さい）．

この結果は，「回転する電気力線はベクトル・ポテンシャルを生む」と言い表わしたくなる．力線が並進運動する場合と回転運動する場合とで生み出すものが異なるのは感心しないが，仕方がない．

ベクトル・ポテンシャルは，もちろん rot をとれば磁束密度を与える．(19) で用いた一般公式によれば，(21) から

$$\boldsymbol{B} = \mathrm{rot}\, \boldsymbol{A} = -\frac{\mu_0}{4\pi} \frac{a^2}{3} (\boldsymbol{\Omega} \cdot \boldsymbol{\nabla}) \boldsymbol{E}.$$

これは原点にあって Ω の方を向いた電気双極子の電場である．確かに「動く電気力線」がつくると思った磁場ほど遠方で強くならない．いや，むしろ弱くなるのである．

参考文献

[1] 今井 功：アポロ 8 号とドンブリ鉢,「自然」1969 年 3 月号.

[2] 今井 功：磁力線の運動に意味があるか.「パリティ」1994 年 3 月号.

[3] たとえば，江沢 洋『相対性理論』，裳華房 (2008), §4.2 を見よ.

[4] 伏見康治『現代物理学を学ぶための古典力学』，岩波書店 (1964), pp.270–276 を見よ.

[5] J.A. Stratton : *Electromagnetic Theory*, MacGraw-Hill (1941), 348.

[6] 今井 功『流体力学（前編）』，裳華房 (1973).

[7] 朝永振一郎『スピンはめぐる』，みすず書房 (2008)．江沢による付録 A 補注 1 を見よ.

17. マクスウェル
——電磁場の動力学

17.1 ファラデー–マクスウェル–ヘルツ–ローレンツ

マクスウェルの 1865 年の論文「電磁場の動力学」[1] をとりあげる．電磁場の基礎方程式を提出し，光の電磁波説を打ち立てた論文である．

その背景にはファラデーの実験・研究があり [2]，マクスウェルの先行論文「物理的力線」(1861)[3] も重要である．「物理的」というのは，真空を電気分極し得る媒質とその間を埋めてボールベアリングの役をする荷電粒子というモデルを立てたことによる (図 1).「場」(field) という言葉が初めて用いられたのも，マクスウェルのこの論文である．

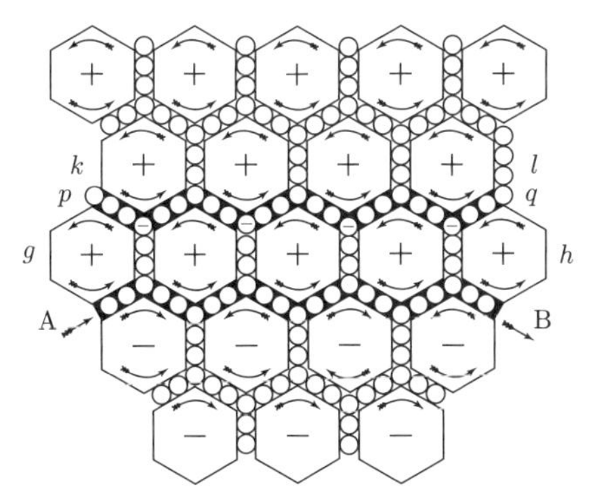

図 1　マクスウェルのエーテルのモデル．磁場は六角形の柱の回転 (渦) である．磁場がおこると柱が回転し，間に挟まった小球 (電荷) が回転させられ移動をはじめる．これが電磁誘導による電流である．

マクスウェル [1] の提出した方程式はベクトル方程式 6 本とスカラー方程式 2 本からなる複雑なものであった．それを今日の形まで洗練したのはヘルツ [4]，ポインティング，ローレンツ [5], [6] などの労作である．特にヘルツはマクスウェルの予言した電磁波を実際におこして見せ，その実在を証明し，その性状を調べて光と同じであることを明らかにした．ローレンツはエーテルの中を動く荷電粒子の集団が物質の姿であるという考えを推し進めた．これと並行してトムソン (ケルヴィン卿) らによりエーテルの力学的モデルが執拗に追い求められた．

この解説では，マクスウェルの「電磁場の動力学」[1] を主とし，ヘルツの研究に軽く触れる．他の仕事に割く紙数はない．広重徹の論文 [7] を参照．

17.2 電磁場の動力学

17.2.1 電流の力学的な扱い

マクスウェルは論文「電磁場の動力学」(1865) を「電流の力学的な扱い」から始めている．

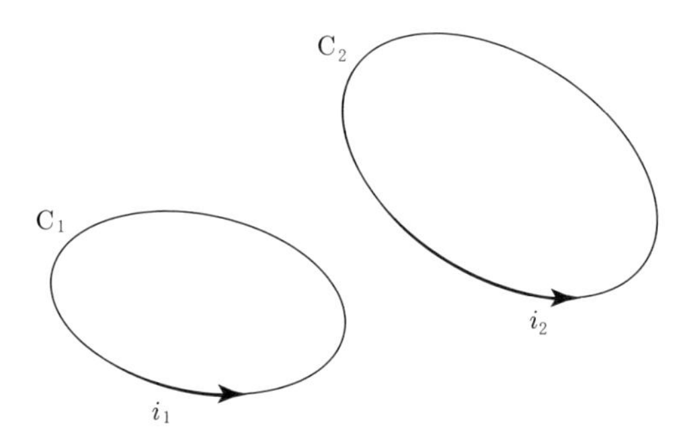

図2　2つのコイル．電流の正の向きを，その向きに右ネジを回すとコイルを下から上に突き抜けるように定める．これで同時に面の法線の向きも定まる．16.3 節以下ではコイル C_2 を単に C とよぶ．

図 2 に示すような 2 つの回路を考え，それぞれに電流 i_1, i_2 が流れているとする．この系のエネルギーは

$$\mathcal{L} = \frac{1}{2}L_1 {i_1}^2 + \frac{1}{2}L_2 {i_2}^2 + M i_1 i_2 \tag{1}$$

と書ける．L_k は自己誘導係数，M は相互誘導係数である ($k = 1, 2$)．L_k, M, i_k などは，すべて時間 t に依存してよいが，$i_1(t)$ のように時間変数を書くことは省略する．L_k は回路の形に，M はその上に 2 つの回路の相対的な位置にも依存する．

マクスウェルは電流を速度になぞらえて $\dot{y}_k$ と書き

$$\mathcal{L} = \frac{1}{2}L_1\dot{y}_1{}^2 + \frac{1}{2}L_2\dot{y}_2{}^2 + M\dot{y}_1\dot{y}_2$$

を力学のラグランジアンに見立てて，運動量

$$p_k = \frac{\partial \mathcal{L}}{\partial \dot{y}_k} \tag{2}$$

を定義する．すなわち

$$p_1 = L_1\dot{y}_1 + M\dot{y}_2, \qquad p_2 = L_2\dot{y}_2 + M\dot{y}_1.$$

と，言っても，これは力学でいう運動量ではないから電磁的運動量とよぶ．マクスウェルは力学とのアナロジーを頼りに電磁場の基礎方程式を導こうというのである．

電流 $\dot{y}_1$ を変化させたとき p_2 にはたらく力は，運動量の時間微分で

$$X_2 = \frac{dp_2}{dt} = \frac{d}{dt}(M\dot{y}_1) \tag{3}$$

となる．これも力学でいう力ではないが，電磁誘導による起電“力”をあたえるというのである．回路1を回路2に近づけたり遠ざけたりしても，あるいは回路1を変形しても M が変化し，やはり p_2 にはたらく起電力が生ずる．

これを今風に言い直して種明かしをすれば，こうなる．相互誘導係数は

$$M = \frac{\mu}{4\pi}\int_{\mathrm{C}_1}\int_{\mathrm{C}_2}\frac{d\boldsymbol{r}_1\cdot d\boldsymbol{r}_2}{|\boldsymbol{r}_2-\boldsymbol{r}_1|} \tag{4}$$

で与えられる．$\boldsymbol{r}_k$ は回路 C_k 上の位置を表わし $d\boldsymbol{r}_k$ は線素片，積分はそれぞれの回路を一周するように行なう (図 2)．これに電流 i_1 をかければ

$$\boldsymbol{A}(\boldsymbol{r}_2) = \frac{\mu}{4\pi}\int_{\mathrm{C}_1}\frac{i_1 d\boldsymbol{r}_1}{|\boldsymbol{r}_2-\boldsymbol{r}_1|}$$

は回路 C_1 を流れる電流 i_1 が回路 C_2 上につくるベクトル・ポテンシャルに他ならない．これを用いれば (3) は

$$X_2 = \frac{d}{dt}\int_{\mathrm{C}_2}\boldsymbol{A}(\boldsymbol{r}_2)\cdot d\boldsymbol{r}_2$$

となる．この線積分をストークスの定理を用いて C_2 を縁とする面 S_2 上の面積分に直すと

$$X_2 = \frac{d}{dt}\int_{\mathrm{S}_2}\{\mathrm{rot}_2\boldsymbol{A}(\boldsymbol{r}_2)\}\cdot d\boldsymbol{S}_2$$

となる．rot_2 は変数 $\boldsymbol{r}_2$ に関する rot であり，$d\boldsymbol{S}_2$ は面 S_2 の面素片の① 面積を

大きさとし②法線方向を向いたベクトルである.

$\mathrm{rot}_2 \boldsymbol{A}(\boldsymbol{r}_2)$ は位置 $\boldsymbol{r}_2$ における磁束密度 $\boldsymbol{B}(\boldsymbol{r}_2)$ に等しいから

$$X_2 = \frac{d}{dt}\int_{\mathrm{S}_2} \boldsymbol{B}(\boldsymbol{r}_2)\cdot d\boldsymbol{S}_2 = \frac{d}{dt}(\text{面 } \mathrm{S}_2 \text{を貫く磁束})$$

となり，電磁誘導の法則により，これは回路 C_2 に誘導される起電力 V_2 に，いやそうではなくて $-V_2$ に等しい．おやおや，マイナスがついてしまった！ (3) の下に述べたことは訂正しなければならない.

マクスウェルは，力学とのアナロジーをたどるこの計算がうまくいったことに味をしめて，電磁場の場合にもためらいなく計算を進める.

17.3 電磁場の基礎方程式

17.3.1 電場の表式

ここでも図 2 に示すような 2 つの回路を考えるが，回路 C_2 の量の添字 2 は省くことにしよう．また，時間変数も書くのは省略する．マクスウェルは電場を (P,Q,R) とするというようにベクトルを成分で書き $\mathrm{rot}\boldsymbol{E}$ なども成分で書いているが，ここでは今風の記法に直す.

マクスウェルは，前節でしたことを頭において，$\boldsymbol{A}$ を電磁的運動量とよび，これから “力” を

$$\boldsymbol{E} = -\frac{\partial}{\partial t}\boldsymbol{A} \tag{5}$$

によって定義する．しかし，この定義は前節のものとちがってベクトルである．前節のものに近いのは線積分

$$\int_{\mathrm{C}} \boldsymbol{E}(\boldsymbol{r})\cdot d\boldsymbol{r} = -\frac{d}{dt}\int_{\mathrm{C}} \boldsymbol{A}(\boldsymbol{r})\cdot d\boldsymbol{r} \tag{6}$$

であって，これを回路 C に生ずる誘導起電力と見るとすれば $\boldsymbol{E}$ は電場ということになる．電場には，またポテンシャル $\varPsi$ から $\boldsymbol{E} = -\mathrm{grad}\,\varPsi$ として導かれる部分もある．(5) は回路 C_1 の位置や形，そこを流れる電流などに依存する部分である．両者を合わせれば，電場は

$$\boldsymbol{E} = -\frac{\partial \boldsymbol{A}}{\partial t} - \mathrm{grad}\,\varPsi \tag{D}$$

と書き表わされる．これを (6) の左辺に代入すると，$-\mathrm{grad}\,\varPsi$ は回路を一周する積分では消えてしまうから，(6) はそのまま成り立つ.

マクスウェルは手探りで電磁場の基礎方程式を探している.

17.3.2　電気変位と電流

電気変位 $\boldsymbol{D}$ とは, エーテルの分極 $\varepsilon_0\boldsymbol{E}$ と物体の分極 $\boldsymbol{P}$ の和であって電荷の変位を表わし (ε_0 はエーテルの誘電率. マクスウェル流には弾性率), その時間変化 $\partial\boldsymbol{D}/\partial t$ を電流 (σ は電気伝導率)

$$\boldsymbol{j} = \sigma\boldsymbol{E} \tag{F}$$

に加えたものが全電流

$$\boldsymbol{j}' = \boldsymbol{j} + \frac{\partial\boldsymbol{D}}{\partial t} \tag{A}$$

になる. 真電荷密度を ρ とすれば

$$\mathrm{div}\,\boldsymbol{D} = \rho \tag{G}$$

および電荷の保存

$$\frac{\partial\rho}{\partial t} + \mathrm{div}\boldsymbol{j} = 0 \tag{H}$$

が成り立つ. これから $\mathrm{div}\,\boldsymbol{j}' = 0$ がでる.

分極するエーテル (真空) という描像から変位電流 $\partial\boldsymbol{D}/\partial t$ が自然と導入されてしまった！　(A) で $\partial\boldsymbol{P}/\partial t$ は物質の分極による電流, $\varepsilon_0\partial\boldsymbol{E}/\partial t$ はエーテルの分極による電流である.

ここで, マクスウェルは電場の弾性を表わす式だと言い ε をエーテルと物質を合わせた弾性率として

$$\boldsymbol{D}(\boldsymbol{r}) = \varepsilon\boldsymbol{E}(\boldsymbol{r}) \tag{E}$$

を書く. 変位が力に比例するという式である.

17.3.3　磁場

磁場 $\boldsymbol{H}(\boldsymbol{r})$ は, 細くて長い棒磁石の N 極を点 $\boldsymbol{r}$ に差し込んだとき, それにはたらく力として定義する. 磁気誘導は $\mu\boldsymbol{H}$ と書かれる. コイル C の張る面 S にわたる $\mu\boldsymbol{H}$ の法線成分の面積分は S を貫く磁束線の数になるから, その時間微分は, ファラデーの電磁誘導の法則により, 回路 C におこる誘導起電力の符号を変えたものになる.

他方, (5) のところで言ったように $\boldsymbol{A}$ は電磁的運動量で

$$\int_{\mathrm{C}} \boldsymbol{A}(\boldsymbol{r}) \cdot d\boldsymbol{r} = \int_{\mathrm{S}} \{\mathrm{rot}\boldsymbol{A}(\boldsymbol{r})\} \cdot d\boldsymbol{S}$$

の時間微分は力を与える．正確には回路 C におこる誘導起電力の符号を変えたものになる．

したがって

$$\int_{\mathrm{S}} \mu \boldsymbol{H}(\boldsymbol{r}) \cdot d\boldsymbol{S} = \int_{\mathrm{S}} \{\mathrm{rot}\boldsymbol{A}(\boldsymbol{r})\} \cdot d\boldsymbol{S}$$

が得られる．これは任意の S に対して成り立つから

$$\mu \boldsymbol{H}(\boldsymbol{r}) = \mathrm{rot}\boldsymbol{A}(\boldsymbol{r}) \tag{B}$$

が得られた．一般に div rot = 0 であるから

$$\mathrm{div}\,(\mu \boldsymbol{H}) = 0 \tag{7}$$

が成り立つ．

続いてマクスウェルは，実験によれば磁場の中で細長い棒磁石の N 極を閉曲線 C に沿って一回りさせる仕事は，C の張る面を電流が貫かなければ 0 (図 3(a))，電流 j' が貫けば j' である (図 3(b)) という．この性質は

$$\mathrm{rot}\boldsymbol{H}(\boldsymbol{r}) = \boldsymbol{j}'(\boldsymbol{r}) \tag{C}$$

を意味する．

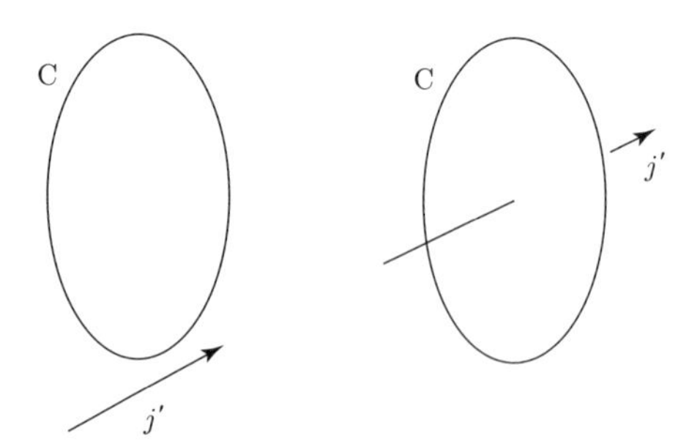

図 3　細長い棒磁石の N 極を閉曲線 C に沿って運ぶ仕事．C の張る面を電流が (a) 貫かない場合，　(b) 貫く場合．

17.3.4 総括

これでマクスウェルの電磁場の基礎方程式はすっかりそろった．場を記述する変数

$$\boldsymbol{A},\ \boldsymbol{E},\ \boldsymbol{D},\ \boldsymbol{H},\ \boldsymbol{j},\ \boldsymbol{j}',\ \rho,\ \Psi$$

の —— ベクトルの成分を一つ一つ数えて —— 全部で 20 個の変数に対して (A)$\cdots$(H) の 20 個の方程式があるから必要十分である，とマクスウェルは言う．

しかし，これらの方程式は互いに独立ではない．たとえば，一般に $\operatorname{div}\operatorname{rot}=0$ であるから，(C) より

$$\operatorname{div}\boldsymbol{j}'=0$$

となるので (A) は

$$\operatorname{div}\left(\boldsymbol{j}+\frac{\partial}{\partial t}\boldsymbol{D}\right)=0$$

を与える．ところが，これは (G) に注意すれば (H) に他ならないことが分かる．

マクスウェルの著書 *A Treatise on Electricity and Magnetism* (3rd ed., Clarendon Press, 1891) では場を記述する変数も方程式もさらに増えている．しかし，ベクトルは成分を 3 つ並べて書く方式と 1 つの実体としてドイツ文字で表わす方式が併記される．マクスウェル方程式は ヘルツ[4]，ポインティング，ローレンツらによって洗練された．ローレンツの全集をざっと見たところでは，1892 年の「マクスウェルの電磁理論と動く物体への応用」[5] にかなり現在のものに近い式が，しかしベクトルの成分ごとに書かれている．1906 年の「運動する物体の中の電気的・光学的現象の研究」[6] にくると div や rot の記号も登場し電場，磁場，電流密度などのベクトルはドイツ文字で書かれ現代的になる．

17.4 光の電磁理論

17.4.1 波動方程式

いま，空間に電荷も電流もないとしよう：

$\rho=0,\ \boldsymbol{j}=0$. 法則 (A) と (D) に (E) を考慮して

$$\frac{1}{\varepsilon}\boldsymbol{j}'=\frac{\partial \boldsymbol{E}}{\partial t}=-\frac{\partial^2\boldsymbol{A}}{\partial t^2}+\operatorname{grad}\frac{\partial\Psi}{\partial t}.$$

他方，(B) と (C) から

$$\mu \boldsymbol{j}' = \operatorname{rot}\operatorname{rot}\boldsymbol{A} = \operatorname{grad}\operatorname{div}\boldsymbol{A} - \Delta\boldsymbol{A}$$

が得られる．よって

$$\frac{1}{\varepsilon}(\operatorname{grad}\operatorname{div}\boldsymbol{A} - \Delta\boldsymbol{A}) = \mu\left(-\frac{\partial^2\boldsymbol{A}}{\partial t^2} + \operatorname{grad}\frac{\partial\Psi}{\partial t}\right) \tag{8}$$

となるが, 両辺に rot をかけると, 一般に $\operatorname{rot}\operatorname{grad} = 0$ だから左辺からは $\operatorname{grad}\operatorname{div}\boldsymbol{A}$ が，右辺からは $\operatorname{grad}\partial\Psi/\partial t$ が落ちて

$$\Delta\operatorname{rot}\boldsymbol{A} = \varepsilon\mu\frac{\partial^2}{\partial t^2}\operatorname{rot}\boldsymbol{A}$$

が得られる．(B) を考慮すれば

$$\left(\Delta - \frac{1}{c^2}\frac{\partial^2}{\partial t^2}\right)\boldsymbol{B} = 0 \qquad \left(c^2 = \frac{1}{\varepsilon\mu}\right). \tag{9}$$

これは，磁束密度 $\boldsymbol{B} = \mu\boldsymbol{H}$ に対する波動方程式である．磁束密度が，その方向は変えずに速さ c で波動として伝播することをいっている．そして (7) により

$$\operatorname{div}\boldsymbol{B} = 0 \tag{10}$$

が成り立つ．たとえば,

$$\boldsymbol{B}(\boldsymbol{r}, t) = \boldsymbol{B}_0\sin(\boldsymbol{k}\cdot\boldsymbol{r} - \omega t) \tag{11}$$

を考えてみると，(9) は

$$c^2 = \frac{\omega^2}{k^2}$$

ならば満足される．これは，まず波動が磁束密度の方向を $\boldsymbol{B}_0$ に保ったまま伝播することを意味する．これを $\boldsymbol{B}$ の波動は $\boldsymbol{B}_0$ 方向に偏っている (polarized) という．それ以上には，波長 $\lambda = 2\pi/k$ と振動数 $\nu = \omega/(2\pi)$ の間に周知の関係 $\lambda\nu = c$ が成り立つことをいうにすぎない．(10) は

$$\boldsymbol{k}\cdot\boldsymbol{B}_0 = 0 \tag{12}$$

で，波動の偏りの方向が進行方向 $\boldsymbol{k}$ に垂直であることを意味する．この波動は横波なのである．これは光の波についてマリュ以来知られていることに一致する．

この波の速さ $c = 1/\sqrt{\varepsilon\mu}$ については，いま用いている単位系がマクスウェルと違うので彼の計算を引用することはできないが，彼は空気中の伝播に対して，k, μ のウェーバーとコールラウシュの測定から

$$c = 310,740,000\,\mathrm{m/s} \quad (k,\ \mu \text{ の実測値から計算})$$

を得た．これに対して実測値は

$$c = \begin{cases} 314,858,000\,\mathrm{m/s} & (\text{フィゾーの実験}) \\ 298,000,000\,\mathrm{m/s} & (\text{フーコーの実験}) \\ 308,000,000\,\mathrm{m/s} & (\text{光行差の測定から}) \end{cases}$$

で計算値とよく一致している．

これらのことから，マクスウェルは光と電磁気は同じ物質の affection (= attribute) だといい [12]，光は電磁的な法則に従って媒質中を伝播する電磁気的な擾乱である，と結論している．

続いてマクスウェルは (8) から rot をかけて落としてしまった Ψ と div$\boldsymbol{A}$ が悪さをしないことを確かめている．その上で，改めて電磁的な科学と光学的な科学の光に関する結論が一致することを述べているが，なお

> On the other hand, both sciences are at a loss when called on to affirm or deny the existence of normal vibrations.

と付け加えている．この意味は？

マクスウェルは，この後，光の屈折率の理論を述べ，結晶のような非等方的な媒質の中の光の伝播を論じている．

17.4.2　ファラデーへの手紙

マクスウェルが 1861 年 10 月 19 日にファラデーに書いた手紙がある [8]．彼は，光の電磁理論ができたこと，その結論が光の実験に合うことを報告し，

> 私の理論が事実であってもそうでなくても，いまや光の媒質と電磁気の媒質が同じものだと信ずる強い理由が得られたと思います

として，その理由を述べた後に，こう書いている．

> 私は，電気について数学的な研究を始めてから遠隔作用力 [9] についての古くからのあらゆる慣習を避け，正しい考え方への第一歩としてあなたの論文を読んで以来，他の論文もこの考えで解釈し，遠隔作用で説明することは決してしませんでした．偏見なしに読めるまで読むのを止めたおかげで，私は，電気的緊張状態や連接粒子の作用など，あなたのお考えをしっかりと摑むことができたのだと思います．私がお手紙しますのは，あなたを物事の理解に

導いたのと同じ考え方を私が摑み得ているか，私の考えをあなたのお名前でよぶことが許されるか，確かめたいからなのです．

17.5 ヘルツの理論

マクスウェルは1879年に没したが，その後1887–1888年になってヘルツが電磁波をおこしてみせ，その実在を証明し，マクスウェル理論の正しさを示した．彼の理論と実験については別に書いた[10]．ここでは，理論の部分を手短にスケッチしよう．

17.5.1 双極子からの電磁波

ヘルツは巧妙な方法で真空中($\boldsymbol{j}=0,\ \rho=0$)のマクスウェル方程式の解として原点にある電気双極子からの電磁波をつくった[11]．直角座標系で，ベクトル

$$\boldsymbol{\Pi}=(0,\,0,\,\Pi(\boldsymbol{r},\,t)) \tag{13}$$

から $\boldsymbol{Q}=\operatorname{rot}\boldsymbol{\Pi}$ をつくり，電場と磁場を

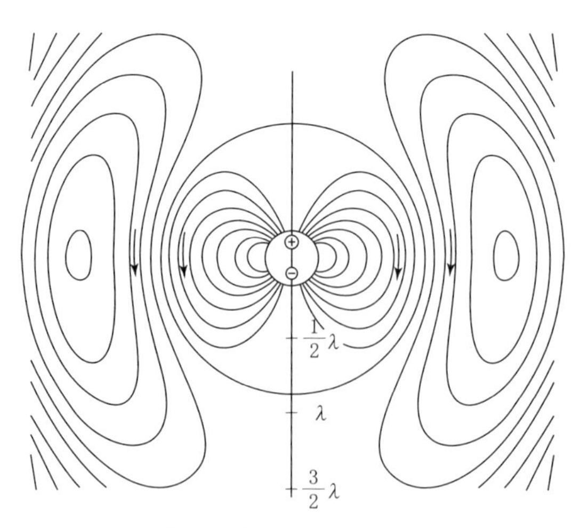

図4　ヘルツの描いた電磁波の(ある一時刻の)電気力線．

$$\boldsymbol{E} = \mathrm{rot}\,\boldsymbol{Q} = \left(\frac{\partial \Pi}{\partial x \partial z},\ \frac{\partial^2 \Pi}{\partial y \partial z},\ -\frac{\partial^2 \Pi}{\partial x^2} - \frac{\partial^2 \Pi}{\partial y^2}\right),$$
$$\boldsymbol{B} = \varepsilon\mu \frac{\partial \boldsymbol{Q}}{\partial t} = \varepsilon\mu \left(\frac{\partial^2 \Pi}{\partial t \partial y},\ -\frac{\partial^2 \Pi}{\partial t \partial x},\ 0\right) \tag{14}$$

によって定義すると，これらは，Π が波動方程式

$$\left(\Delta - \varepsilon\mu\,\frac{\partial^2}{\partial t^2}\right)\Pi = 0 \tag{15}$$

をみたせば，マクスウェル方程式をみたすというのである．ヘルツは

$$\Pi(r, t) = \frac{p}{4\pi\varepsilon}\,\frac{\sin(kr - \omega t)}{r} \tag{16}$$

をとった．p は電波の発振のために座標原点においた電気双極子の強さである．ここでは，そしてこれからも極座標 $(r,\ \theta,\ \varphi)$ を用いる．この Π は確かに波動方程式 (15) をみたす．

図 4 に (16) から (14) によって計算した電場の (ある一時刻) の電気力線を示す．

17.5.2　近接場

この電磁場 (14) が原点にあって振動している電気双極子によるものであることをヘルツは次のようにして示した．原点に近いところ ($kr \ll 1$) の場を見るのだ．そこでは (14) の電場は

$$\boldsymbol{E} = -\frac{p\,\sin\omega t}{4\pi\varepsilon}\left(\frac{3xz}{r^5},\ \frac{3yz}{r^5},\ \frac{3z^2 - r^2}{r^5}\right) \tag{17}$$

となる．これは正しく原点にあって角振動数 ω で振動する強さ p の電気双極子の電場である．磁場を計算してみると，原点にある短い電流 $\boldsymbol{I} = -\omega p(0,\ 0,\ 1)\cos\omega t$ のつくる磁場に一致することが分かる．

17.5.3　パラドックス

しかし，変だと思わないか？　ヘルツは電流も電荷もない真空中の場を考えて出発した．それなのに，ヘルツは座標原点に振動する電気双極子を見出した．これはパラドックスである．その解決には [10] を参照．

文献

［1］　J. C. Maxwell : 電磁場の動力学, *Roy. Soc. Trans.* **155** (1865), 459.

[2] ファラデー『電気実験』(上)(下)，矢島祐利・稲沼瑞穂訳，内田老鶴圃 (1980).

[3] J. C. Maxwell：物理的力線について, *Phil. Mag.* **21** (1861), 161.

[4] J.Z.Buchwald : *The Creation of Scientific Effects*, U. of Chicago Press (1994).

[5] H. A. Lorentz : *La theorie electromagnetique de Maxwell et son application aux corp mouvant*, 全集 II, Martinus Nijhof (1937), 246.

[6] H. A. Lorentz : *Versuch einer Theorie der elektlischen und optischen Erscheinungen in bewegter Körper*, 全集 V, Martinus Nijhof (1937), 1.

[7] 広重 徹『相対論の形成』，西尾成子編，みすず書房 (1980). 特に「電磁場の理論の成立」，「古典電磁気学における場と電荷」を参照.

[8] L.Cambell : *The Life of James Clerk Maxwell-Selection from His Correspondence and Occasional Writings*, Macmillan (1884).

[9] 広重 徹：前掲 [7].「電気力学を進めた人たち」.

[10] 湯川秀樹・鈴木 坦・江沢 洋『場の理論のはなし』，日本評論社 (2010), p.199.

[11] H. Hertz : *Electric Waves*, tr. by D.E. Jones Macmillan (1895) ; Dover (1962).

[12] Maxwell も引用している W. Thomson の論文 (エーテルの力学的性質) も affection という言葉を使っている.

W. Thomsom : *The Cambridge and Dublin math. jour.*, January (1847), p.61.

●エッセイ

江沢さんとの教科書づくり

小島昌夫

1. 野上茂吉郎先生との「高校教科書づくり」

江沢 洋さんから2018年にいただいた年賀状に，「半径1光年の一巻きコイルの真ん中で磁石を一振りしたら，コイルにはどのような誘導起電力が生ずるでしょう？」という質問が載せられていて，思わず60年ほど前，野上茂吉郎先生が代表の1960年（昭和35年）学習指導要領準拠『高校物理B』（1963年発行）の実教出版での編集会議で初めてお目にかかったころの，江沢さんのいつもユニークな問題提起と，それを契機とした新参加の諸先生の活発な議論を思い起こしました．

この実教出版『物理B』は，野上さんにとって2代目の教科書です．1代目（1956年（昭和31年）学習指導要領準拠『高校物理』実教出版）の執筆者は，野上先生と，先生に敗戦直後九州大学で指導を受け，その後東京で高校教師をしていた岩岡順三，小島昌夫，林 淳一の青年教師3人でした（野上さんは学習院大を経て，その後，東大教養学部教授に）．1959年すでに検定に合格し使用され始めていましたが，野上さんは2代目教科書をやるなら大補強が必要と実感されていたのでしょう，1960年，一挙に編集委員を大増員．大学時代からの親友で当時すでに世界的な流体力学の権威，今井 功さん（東大教授，後に2004年文化勲章），寺田寅彦の流れを汲む木下是雄さん・近藤正夫さん（ともに学習院大教授）――みなさん大正デモクラシーの体験者で，すでにこの頃「ロゲルギスト」（物理評論活動家，『物理の散歩道』シリーズなど）としてジャーナリズムに活発に登場されていた――，そして今井さんのお弟子の高見穎郎さん，野上さんが「駒場以来の教え子のなかで最もシャープな議論をいつも遠慮なくしてくれるのでぜひ」と推奨された江沢 洋さんとともに，20歳代の東大助手という豪華で清新なメンバーでした．

それにしても，なぜ野上教科書「1代目」がこの時期に作成されたのか．野上さんも当時の高校教科書に登場されている湯川秀樹・朝永振一郎・藤岡由夫・山内恭彦・富山小太郎・茅 誠司・原島 鮮・金原寿郎等の諸先生から見れば一段「後輩」で，あとの3人は無名の青年教師です．それには次のような時代状況がありました．

敗戦後の民主化運動高揚の中で——あの戦時中1935年代から戦後のノーベル賞受賞につながる湯川・朝永世代の世界的な素粒子論研究を哲学的基盤で支えてきたのは坂田昌一・武谷三男たちだったという若手研究者たちの「世論」．武谷三男『弁証法の諸問題(正・続)』（理学社，1946年．のちに理論社1954年–55年，勁草書房1966年，など）等と，社会的・歴史的・科学史的背景としては戦後まとめられた湯浅光朝『解説科学文化史年表』（中央公論社，1950年）が若手の必読書．戦時中を耐えてきた志ある研究者の多くが民主主義科学者協会（民科，1946年1月12日創立．敗戦の翌年！）に結集．さらに1951年には50万日教組が朝鮮戦争勃発の危機に「教え子を再び戦場に送るな」を掲げ全国教育研究（教研）運動を立ち上げてくる中で，若い現場教師たちのなかからも自主的に民主的研究サークルがつくられはじめていました．たとえば東京では理数教育研究会（理数教研，1953年1月23日設立）を基盤に，後の全国組織，科学教育研究協議会（科教協，1954年11月28日設立）への流れが始まるなど．

その頃，民科の中心メンバーのひとり島村福太郎さん（天文学）から「実教出版の物理教科書（眞島正市東大教授代表）に若返りの構想がある．君たちでチームをつくらないか」というお話が朝永研に参加していた林さんにあり，理数教研を立ち上げていた小島や，岩岡に相談，3人で野上先生をお訪ねし，構想をお話ししたところ，「あなたたちがその気でおやりになるなら，僕も参加させてもらいましょう」というご返事をいただき，野上教科書1代目が出発することに．

朝鮮戦争休戦下で1952年安保条約・行政協定とセットで成立した講和条約のもと，対米従属下の日本独占資本主義があゆみだし，中央教育審議会（中教審）・理科教育および産業教育審議会（理産審）が発足，そして1954年，アメリカのビキニ水爆実験を契機に，原水爆禁止運動が広範に広がり始めたころのことでした．

1947年（昭和22年）学習指導要領（高校は1948年．1949年に一部改訂）はまだ「試案」とされていたこともあって，新時代の民主的・現代的・物理学教科書への意気込みは十分にあったものの，検定教科書作成にはページ数制約など種々条件が付き，後に登場するアメリカの現代化運動 PSSC (Physical Science Study Committee)のような組織力・財政力をかけた膨大なものとは異なる．また，1956

年（昭和31年）からは学習指導要領は試案でなくなり拘束性も強まるという情勢の中で，特徴を出すのにやりがいはあるものの，苦闘も続きました．そして最終的には，

① これまでの教科書使用体験から，生徒の混乱をさけるため物理量と単位との取扱いの厳密化をはかる（量をあらわす文字と単位との関係など厳密に）[1)]，

② 各章の冒頭に科学史的記述を丁寧に入れ，

③ 章末にその章内容の「論理構造図」を配置し，

「教科書を生かして教師と生徒が自由に思考を駆使展開しあえるように」などを試み，1958年検定には合格．

しかし，野上先生が2代目教科書を引き受けるにあたって編集委員の大補強を考えられたのは当然のことでした．

2．野上教科書「2代目」の編集会議

会議はまず野上教科書1代目に対する遠慮ない批判から始まって，談論風発の論議が楽しく続きます．

① 物理量の扱いの厳密化は評価，

② 各章冒頭の科学史については，章の内容にこれを生かすもう一段踏み込む努力が必要，

③ 狙いは是とするも，構造図としては全面的改良の必要あり．むしろ教科書冒頭に「なぜ学ぶか」[2)]の章をしっかり樹立する必要があるのでは，

といった意見が活発に．

われわれ1代目からは，この間の小・中・高を含めた民間教育運動・科教協の「現代化」運動について，1958年（昭和33年）の系統学習をうたった小中学校の「学習指導要領」が現代科学や技術の発展に対応できない内容であることを指摘し，義務教育課程を終えるまでに，すべての子どもに原子論的な物質観と（生物を含む）全自然が進化し歴史的に形成されたものであることを捉えさせようとする観点からの学習内容再構成をめざそうというのが現代化であり，そうすること

---

1) 物理量を文字で表わすとき，単位を含めて表わす場合（速度vのように）と，単位を付記してv' m/s のようにする場合がある．その区別を明らかにするため，後者の場合には文字に$'$をつけることにした．

2) 2代目教科書『物理B』の「序章」として確立した．本選集の第VI巻に「物理学的世界像」と改題して収録されている．

によって子どもたちにとって理科を興味深くわかりやすいものにできるという主張であることを提示し，新参加者の大方の合意をうるという論議も行われました．

江沢さんからは，物理教科書に「微積分記号」使用展開は文部省に禁止されていても「微積分的思考」なしに物理法則は語れない，表現を工夫してでも全編で遠慮なく内容として使おう．「力学」の章がコペルニクスからガリレイ，ニュートン的世界観へ「原子論」と力の遠隔作用の立場で書かれているのはいいとしても，電磁気の章では扉に書いてあるファラデイからマクスウェルによる近接作用の世界観の確立，そして相対性理論への発展を本文でも前面に出し，「電場・磁場が主人公であること」を，たとえば「力線の動力学といった言葉」も使いながら具体的に展開したい，という意見が開陳されました．

今井先生からは，運動している流体について，力学の基礎法則から

① 流速が変わると圧力が変わる（いわゆるベルヌーイの定理），

② 流線が曲がると圧力差が生ずる

の二つの法則を導き，これを応用して流れの現象を理解していく．従来の教科書などでは①だけに固執するあまり，無理なまたは誤った説明が行われている場合があった（たとえば飛行機の翼に働く揚力の説明，霧吹きの例など）．①は同一流線上での圧力を（粘性のない流体の定常流に限る），②は相異なる流線上で圧力をそれぞれ比較するもので，互いに独立で同等に重要な法則であることを特に注意したいとのご意見が述べられ，この内容の教科書記述は高見さんが原案を作成されることになりました．

各先生の質問や感想・意見は，「ロゲルギスト」の論議のごとく，子ども論・授業論にも及んで，遠慮なく展開される．聴いていると触発されるものの，議論はいつ果てるともなく楽しく続くので，実教出版の編集担当者・滝田 宏さんからは「教科書にまとまるでしょうか」との心配が，取りまとめ役の林さんに寄せられたりもしました．

さらに，ちょうどアメリカの理科教育の現代化としてつくられた『PSSC』への評価について岩波書店の編集者とやり取りがあった結果，岩波から山内恭彦・富山小太郎・平田森三監修で翻訳出版されることになり，監修者一同の要請として野上教科書チーム全員に翻訳の分担協力依頼がありました（富山さんは文部省内の検討会にも参加：岩波翻訳チームにはその他に金原寿郎，霜田光一，鈴木 皇，戸田盛和，山形武虎，吉本 市の諸氏が参加）．野上チームでは，アメリカの中等

教育物理教科書にも生活単元的旧さが問題となっており，『PSSC』はその克服とさらにソビエトの急速な核開発やスプートニクに先行されたショックへのアメリカ科学技術教育界の反応の一つで，われわれの日本の「教育現代化」への「参考」にもなる，ことに文部行政の覚醒には一助になろうとの見解で，山内さんの提案に全面的に協力することになりました．

それを引き受けることになって，編集会議の話題は一層豊富になると同時に，滝田さんの心配はさらに増すことになってしまいましたが，さらにそこへ江沢さんの渡米の話が重なってきました．

1963 年秋のある日 ——『物理 B』はすでにこの年の初めに完成し発行されていたが——，江沢さんから「今，仮設実験授業の板倉聖宣さんと「科学読売」に「物理に強くなるために —— 教科書では教えない考え方」を連載しているが，「力線の動力学」のところが僕のアメリカ行きで穴が空いてしまう．小島先生，代わりに書いてください」「今度，僕の下宿に来ていただいて半日でも一日でも議論しましょうよ」というので，江沢さんの部屋にお邪魔し，江沢構想をじっくり聞き，質問し，議論し，納得してお引き受けすることになりました（後に国土社の板倉聖宣・江沢 洋『物理学入門 —— 科学教育の現代化』，第 12 章に収録）．

江沢さんは敗戦時，中学 1 年生，戦時「模型飛行機少年」から平和を生きる「物理少年」に —— 戦争から自由になって自分の足で立ちたかった ——，物理研究者として生きる決意を確立，「僕の人生の三分の一から半分はいろんな疑問や要求をしっかり受け止め返してくれた中高時代の自由な教育のおかげ」と疎開先の群馬県太田の教育環境に感謝されていました（江沢『理科を歩む』新曜社，2001）．その後．上京，1950 年 3 月両国高校全日制 3 年に転入，翌年東大駒場へ（両国高校 48 回卒業生 —— 旧制府立三中通算）．

僕は府立三中の 8 年先輩で 40 回卒業，1942 年旧制一高理科入学，戦時短縮で 1944 年 9 月卒業，大学入学試験はなく，物理希望者 20 名ほどは各大学へ分散．1947 年 9 月九大物理卒，東大理工研の武藤研究室に無給の研究生となり，11 月母校旧制府立三中物理教師に（江沢さんと同世代の生徒たちの底抜けの明るさに衝撃を受ける）—— 3 月 10 日に焼けただれた校舎のなかで，「平和」を実感，翌 1948 年 4 月から新制都立両国高校定時制に ——．

全日制・定時制と違っても教師と生徒の関係が 1 年間あったことになるので，江沢さんには「小島先生」と呼ばれてしまいました．僕自身は，江沢さんが生徒で両国に来たころにはすでに当時の，戦争体験を僕と共有してきた生徒もいた夜学生たち(100%以上の労働者だが，気持ちは純粋な高校生)のひたむきさと人間的魅力に感動，「生涯夜学教師」そして「民主的組合づくり」を決意していたこともあり，板倉聖宣さんの仮設実験授業構想には自然弁証法研究会時代から触発され(仮説実験授業の研究会に所属しなくても，日常実践に我流に取り入れ)，組合教研活動や物理サークルの中などで精力的に紹介もしていたので，議論・話題には事欠きませんでした．両国高校全日制は固い受験校で，当時の文化祭等の記念講演・各部の展示などは圧倒的に定時制が優位であったと自負していましたが，生徒に学力をつけることでは真剣な教師が多く，「俺は学者じゃねー，英語力をつけるたたき大工！」と自称して煙たがられていた(僕と同日赴任の)名物教師に，江沢さんは「僕の英語の力はあの授業で本当に鍛えられた！」と好感を示されていました．

この「科学読売」が発行されたあと，林さんから「これを読んで，江沢構想とその現実化にはじめて見通しと確信がもてるようになった」と，岩岡さんともどもあらためて勉強会をもったのも懐かしいことです．

こうした『物理B』の編集会議と『PSSC』翻訳チームとの共同作業があったため，大げさに言えば「アメリカの現代化運動」の今日的意義を踏まえ「今次教科書改訂」の歴史的役割を明確にした討論の端緒を山内・野上両チームの意見交換で明らかにしたうえで『物理B』編集を推し進めることができるようになったと実感しています(文部省はいちはやく次期学習指導要領改定では「現代化」をメイン・スローガンに展開する)．この「アメリカの科学教育現代化運動，とくに『PSSC』評価と位置づけ」については，この後，江沢さんが米独へ4年ほど留学されたときの直接体験をも踏まえた論文(教育学全集7『自然と法則』小学館，1968年，第7章「海外の教育I　アメリカの科学教育」．本選集第VI巻に収録)にその後の経過をも含めて多角的な検討が掘り下げて行われ，この時点での「現代化」の意義と問題点を正しく指摘し解明していると実感しました．

文科省は，江沢論文にみられるような世界的な「現代化」の視点・問題点を明確にした理科教育界の合意を十分に深めないままに，1968年から1974年にかけて「現代化を掲げた探究の科学」を理科学習指導要領改定の基本原則として小・中・高への順次導入を急ぎ，そのため小・中段階では若干の混乱も生じました．教育現場でのこの問題の解決のために，科教協では，世界的な「現代化」運動についての研究深化をはかりつつ，仮説実験授業などとともに「自主編成運動」の一つとして具体的検討論議を深めていきました．

『物理 B』に話を戻せば，江沢さん提起の「力線の動力学」なら江沢・小島・今井の電磁気チームで江沢・小島の原稿を今井さんのチェックを受け編集会議で全体討論するといったような，そういった体制が各章ごとにつくられ，編集者・滝田さんの心配は解消されていきました．

最大の課題であった「君たちは物理学をなぜ学ぶのか」「物理学は君たちに何を学んでもらいたがっているのか」「自然は君たちに何を呼びかけているのか」を語りかけることについては，それまでの豊かな討議を踏まえ（1 代目の苦労もベースに），またこの間，全国的に展開され始めていた科学教育研究協議会（科教協）や各サークルでの動向も見据え，日教組全国教研の討議なども念頭に，全体討議を経て，野上先生が集約されて作り上げられていきました（今振り返るとチェルノブイリ事故前の時代の限界も感じますが）．前にも述べたとおり，それは教科書の「序章」に据えられました．

この教科書が検定に合格し発行された直後，アメリカの原子力潜水艦寄港に対する日本物理学会有志の反対声明を，野上先生は湯川秀樹，坂田昌一，武谷三男先生方と 4 名連名で公表されていたことが当時強く印象に残っています．高校の 1 冊の物理教科書ですが，その志を世に問うたという充実した思いがありました．

3．検定に合格した『物理 B』教科書

1 代目のときは，実験から法則が直接誘導される記述方式の順守をめぐって（歴史的蓄積から新理論が誘導される記述は不合格の A 条件とされた）深刻なやり取りもありましたが，この『物理 B』では「序章の自然の構造，物理学の方法」についてもそういうやり取りはなく，世界的な現代化運動の流れの影響も感じ得た雰囲気でした．しかし，検定が教科書の構想・執筆に与えている抑圧的影響はなくなってはいません．誤記・誤植など「ずさんさ」の指摘は当然としても，内容についての見解は改善意見の提示にとどめ，修正・不修正の全過程を公開し，さらに不服審査機関の設置が不可欠だと思います．

こうして野上教科書『物理 B』は，1963 年の 1 月に発行にこぎつけました．江沢さんがアメリカに行ったのは，その年の 9 月でした．

ここで，検定合格後にさかのぼって，『物理 B』に対する反応をいくつかご紹介しましょう．

①　出版社のセールスの方々から．

実教出版のセールスの方々からは，冒頭の序章（1．物理学の方法，2．自然の構

造）から第7章原子核・素粒子という章構成に，現代物理学を学ばせようという意欲と新鮮さを感じる，教師としては強い刺激を受けるから「教科書」は手元に置きたいし，「指導書」はぜひほしいが，「うちの生徒には難しすぎないか」，という反応が共通して多かったともお聞きしました．

採択数は中位の上で，実教出版としてはまずまずというところであったようです．

② 工業高校関係の先生方と．

『物理B』が検定に合格してから後のことですが，実教出版の他の教科書を担当されていた編集者から滝田さんを介して，工業科の先生方何人かから『物理B』の電気の話を聞きたいとの申し入れがあるというので，ちょうど僕一人しか対応できなかったのですが，話し合いに出たことがあります．

例の江沢さんに代わって書いた「科学読売」のコピーと教科書の電荷列の図（本巻 p.201，図4を参照）で，これまで僕が戦前の中学・旧制高校で学んだ直流回路での電流の化学作用・熱作用・磁気作用，キルヒホッフの法則，回路の計算問題，そして交流回路でコンデンサー，コイルの役割，変圧器，電力輸送，力学的エネルギー，熱エネルギーの電気エネルギーへの変換といった内容について，「この教科書ではどういう基本的観点からイメージし直そうとしているか」といった話をしたのですが，「荷電粒子とその運動，そして電場と磁場をお互いがつくりあいながら運動している広大な（真空の）宇宙の主人公の立場で見るのですね」「電磁気学の基本法則の立場からの電気工学の見直し，位置づけ，という観点ですね」と話は進み，「掛け値なく好評でしたよ」と，立ち会った編集者の方からあとで感想をお聞きしました．

③ 教育実習生から．

勤務していた両国高校定時制では，このころ東京理科大卒業の新卒の先生に頼まれて，数年ほど毎年何人かの教育実習生を引き受けました．『物理B』の序章と各章の扉を使っての「粒子と場の世界」の解説で，「なぜ物理を学ぶか」と「宇宙の全体構造を理解する視点」がわかったような気にさせられ，実際に教職についてからも支えになっている，との感想をもらいました（紹介した先生がその後卒業生からの情報として得た大学での総括の感想）．

この『物理B』は1963年（昭和38年）から改訂（1967年），三訂（1969年）を経て1972年（昭和47年）まで使われ，次の学習指導要領改定（文部省は「現代化」を正面からうたう）では『物理I』『物理II』に分離されます．江沢さんはこのときから辞退されました．編集の根幹には揺るぎはありませんでしたが，電磁気の執筆チームは力学と交換で林・今井となりました（小島・木下が力学）．次の1981年（昭和56年：ゆとりの全面的導入で理科時間大幅縮小）の改定を前に，野上さんから林・小島・岩岡に「これからはもうあなた方だけで」とのお話があり，「野上先生抜きの教科書」は全く考えになかったわたしたちの教科書づくりはそこで終了となりました．野上先生，今井先生，木下先生，近藤先生，それに若い仲間と思っていた岩岡さん，林さんまでお亡くなりになりました．残念です．

（実教の教科書には，その後も東京の久保田芳夫さん，左巻健男さん，滝川洋二さんなど，科教協などのメンバーの参加が続いています．）

4．新しい電磁気学習 —— 実践検討・発展はサークル実践の中から

野上1代目教科書に続いて『物理B』がつくられ使われ始めた頃には，科教協はすでに発足（1954年11月），1958年9月「理科教室」が創刊されています．全国各地のさまざまな形式の物理サークルからの実践や研究，意見が「理科教室」やその他の出版活動等に反映され交流されてきました．直接，野上教科書『物理B』に起因する活動には，東京物理サークル，千葉物理サークルにかかわるものが目立っています．

東京物理サークルは出発点が都高教組教研組織でしたが，途中で有志グループに代わって自主グループ活動として発展（日本物理教育学会会誌「物理教育」物理サークル特集，第66巻，第1号，2018所収の宮村 博「東京物理サークルはこんな研究活動をしてきた」参照）．青年教師だった西岡佑治さん（故人），浦辺悦夫さんたちが仲間づくりをがんばって，各学校での教室実践を交流・討論しあいながらシリーズにまとめたのが『たのしくわかる物理100時間（上・下）』（当初の作品はあゆみ出版，1988年刊，出版社の倒産で日本評論社に引き継がれ2009年刊）——「新卒教師の宝箱」といわれています（江沢さんは日高教（日本高等学校教職員組合）機関誌「高校の広場」の「科学の窓から」欄にこのシリーズやノーベル賞紹介記事などを書いている）．

上條隆志さん，宮村 博さん，吉埜和雄さんなど，仲間に人を得て続いている東京物理サークルの年中行事「夏の合宿」には，毎年これぞという研究者が合宿して交流していますが，この人選には江沢さんに相談に乗ってもらったりお世話になった方々も多い——この合宿をもとに出版された『益川さん，むじな沢で物理を語り合う——素粒子と対称性』（日本評論社，2010年）はノーベル賞論文の本

格的国民的理解に最適（教師と生徒が議論しながらでも）．また，江沢さんに相談に乗ってもらってまとめた『物理なぜなぜ事典①,②』（初版2000年，増補版2010年）は，この間の実践的・理論的・総括的役割をもっています．

物理サークルの教師たちは，楽しくわかる物理の授業の実践だけでなく，高校生と有志の読書会を組織したり，自由で自主的な研究の指導にも活躍しています。

ポーランドのゴルショフスキーさんが「物理オリンピック」とともにはじめた国際的な「First Step to Nobel Prize in Physics」論文コンテストは，大人の研究者と同じオリジナルな論文を英語で応募するものですが，はじめのうち日本からの参加はほとんどありませんでした。2004年に，サークルの一員が指導する小石川高校生がはじめて論文コンテストで受賞し，新聞やテレビで取り上げられて以来，サークルの教師たちの指導する高校生の受賞も相次ぎ，日本からの参加も飛躍的に増えました。しかし，この論文コンテストが現在休止しているのはとても残念なことです。なお，この国際コンテストに日本から提出した論文（和訳）に，特に受賞した研究には英文の原論文も加えて集成した本，江沢 洋監修，上條隆志・松本節夫・吉埜和雄編『《ノーベル賞への第一歩》物理論文国際コンテスト——日本の高校生たちの挑戦』（亀書房発行，日本評論社発売，2013年）があります．

林 淳一さんの指導のもとに進められた千葉物理サークルの活動については，江沢さんが執筆された日高教・高校教育研究委員会編「高校のひろば」「科学の窓から」欄の「異色の10冊」の一冊『林 淳一　自然科学・教育論　人間は自然をどうとらえてきたか』（「林 淳一 遺想集」編纂委員会編著，日本標準，2009年）や，千葉物理サークル代表の稲葉 正『自然の理法 究めんと——稲葉 正　不屈の人生』（和泉書房，2010年）を参照してください．

先にあげた「物理教育」第66巻，第1号，2018には，科教協運動などを反映した「愛知」「兵庫」「横浜」「ガリレオ工房」の報告が載せられています．

5. 日教組・全教の教育研究活動・教員組合運動

「教え子を再び戦場に送らない」を掲げて出発した日教組の全国教育研究集会は，1952年の第1回日光集会から、毎年全国から1万人を超す教職員・保護者・住民の集会としてマスコミにも大きく取り上げられ，毎年の「私学助成・少人数学級実現・教育条件改善」の三千万署名国民運動と合わせて国民的な教育運動を形成してきました．1990年頃から日教組と全教（全日本教職員組合）に分かれましたが，それぞれの研究集会は継続され，毎年報告書も作られています．——『日本の教育』（一ツ橋書房），『日本の民主教育』（大月書店）．

日教組は「いま開かれた教育の世紀へ——日教組の挑戦」（1995年4月），全教は「日本の教育改革をともに考える報告書」（2006年6月）を掲げ，民主党政権下に「幼児教育無償」「高校授業料無償」が一部実現されるきっかけを切り開きました．しかし，教育基本法の新制定は許してしまいました．

いま憲法改正が政治課題とされ，「教え子を戦場に送らない」ことの今日的意義が改めて問われ，さらに就学前から青年としての自立までの教育が国民的課題となり，教職員の過重労働が社会問題となっている今日，教職員組合が組織の違いを越えて，せめて「教研活動」や「憲法を守る運動」の面からだけでも共同し，「学術会議」や諸学会とも協力し，国民的課題解決に力を発揮することを，日教組・全教両組織活動にかかわることのあった僕としては切に願っています．

6.『理科が危ない——明日のために』と『理科を歩む——歴史に学ぶ』

江沢さんからいろいろなご本をいただくと，うれしさにやや緊張して拝見．しっかり勉強しなきゃという気になります．『だれが原子をみたか』のように一気に引き込まれていくと同時に，教師としてこういう創造をなし得て来なかった反省に責められながら，夢中に読むという場合が多いのです．ところがこの2冊（ともに新曜社発行）は違いました．教育のこと，社会のこと，政治がらみのこと，「そこはね，江沢さん」と対話的・掛け合い的に一気に読み通したのが『理科が危ない』，一方，僕がそれまで学生時代から聞いたり読んだりして蓄積してきた科学史的・科学的知見を，江沢さんのこの間の体験・知見で総ざらいしてもらったのが『理科を歩む』でした．時期もよかったと思います．

その頃，僕は1985年（昭和60年）に38年間務めた両国高校定時制を退職して，その間の教師体験・教職員組合運動，東京都高校問題連絡協議会での都民運動体験をベースに，1960年代東京の高校進学率が60%から10年間で90%を超す勢いだった「全入時代」の高校増設運動，1970年代の教師生命かけて体張って戦後民主主義で論争した「高校・大学紛争」時代，都民に公開で「学校群制度改革」を論議，公私共同の高校問題連絡協議会を立ち上げ，中野準公選など各地の市民活動の基盤を耕した活動に組合役員として関わりました．また，教育科学研究会の機関誌「教育」の編集長，工学院大，東京都立大，大東文化大，女子美術大，山野美容芸術短大で教職関係の講義を受け持ち，教育学研究者や大学生，都民運動の父母の方たちと接触，交流していました．これらの学生や教育研究者，都民運動の父母の方々との交流がどちらの本の課題分析にも役立ったとの思いがありました.

なによりこの2冊で，江沢さんと日本の科学の課題，社会の問題，教育の問題について会話して，危機感と希望を共有しつつ，一緒に考えあうという気持ちになりました．これを僕だけの感動にしてはならないと，早速,「しんぶん赤旗」の編集部に電話して，できれば僕に批評・紹介文も書かせてと要請したところ受けてもらえたので，一気に書き上げたのが次の文章です.

****

「しんぶん赤旗」2001 年 8 月 27 日 (月)　読書欄.

江沢 洋著『理科が危ない』,『理科を歩む』新曜社・各 1800 円

著者は 90 年代に日本物理学会会長であった理論物理学者．高校教科書執筆体験もあり，中高校生が自ら挑戦することを念頭に，仁科芳雄，湯川秀樹や朝永振一郎，ファインマンなどの業績や著作を紹介してきた．このような立場から理科（特に物理）学習時間の大幅減少を憂慮し，理科離れ・理科嫌い現象にも早くから，積極的に発言し続けてきた.『理科が危ない』は理科教育批判を,『理科を歩む』は科学史や理科教育論（宗教・文学論も）を中心に，この間の論説・随筆に新稿を加えて編集されている.

著者の主張の大綱は次の三点にある.

①　学習指導要領による教育統制は間違い，教育は教師の手に返す

②　個性の名の下の早期選択導入には反対，体得の道筋は多様であるべきだが学校は万人に共通な基本をしっかり教える

③　個性は学校の授業だけでなく内外の自主的な諸活動で形成されるから理数教育の立て直しには社会の学問（科学）温度を高めることが最も肝要．すなわち，自主的な工作・実験の機会と場の保障，特に子どもから成人の各層に見合った良質な科学雑誌の再生・創造，無思考促進 TV 番組批判の世論の形成.

以上の主張の根底には「勉強は教わるものでなく基本的には自分でするもの」「学問は自分で紡ぎだすもの」との学習観・学問観がある．そこから「大学の講義を一年早く聞いても学問形成には無意味」との「飛び入学」批判が生まれる.

戦時中の模型飛行機少年から戦後の物理少年になった著者には,「僕の人生の半分は自由に考え，切磋琢磨しあい，生涯の課題の芽を培えた中高校生時代にある」との思いがある．中高校生への科学推薦図書の最後に吉野源三郎『君たちはどう

生きるか』をあげたことにその思いとの重なりを読めるが，それは同時に入試全廃論への疑問や学校群批判に見られる旧制高校的学校肯定論ともつながる．それを含めて，提案には民主教育サイドが受け止め深めるべき内容が豊かにある．

小島昌夫・教育研究者

＊＊＊＊＊＊＊＊＊＊＊＊＊＊＊＊＊＊＊＊＊＊＊＊＊＊＊＊＊＊＊＊＊＊＊＊

江沢さんは「高校の広場」2010年冬号に次のような意見を（要約）――

「リンゴは地球に落ちてくるね．どんどん高くして月まで持っていったらどうなるだろう．月はなぜ地球へ落っこちてこないのだろう．ニュートンはそこから万有引力の大法則を発見する」．大学生のおじさんから聞いたコペル君は，枕元の粉ミルクのもとを次々とたどりながら「人間分子の関係，網目の法則」を発見する．興味のある向きは吉野源三郎『君たちはどう生きるか』を読んでください．今は岩波文庫で買えます．1937年「日中」戦争が始められた7月に「偏狭な国粋主義や反動的な思想を越えた，自由で豊かな文化のあることを何とか少年少女に伝えておかねばならない」と新潮社「日本少国民文庫」の一冊として出版され，敗戦後ポプラ社から復活．――以上，江沢さんの解説．

江沢さんの心配「岩波文庫を今の中高生が読むかな」．一方，コペル君と同年代の僕は，戦後初めてこの本に接し，夜学生と一緒に考えあおう！　それが「教え子を再び戦場に送らない民主的教研活動」という僕の生き方に．

そして愛知私教連（愛知県私立学校教職員組合連合）はこの三十年来，「すべての高校生が“僕たち・私たちはどう生きるか”を深めあう活動」を父母・組合・市民の学校づくりをベースに展開．一端には超進学校，他端には「公立は無理だから」と入学した学校も．その高校生たちが共同で，毎年夏に，今では6万人規模の市民との多彩な学習講座を主催し交流．講座の歴代名誉校長には益川敏英や小柴昌俊，安斎育郎，石川文洋（両国高校定時制の教え子）らが．有名・無名の無償講師が参加！（寺内義和『されど波風体験』幻冬舎ルネッサンス）．

『君たちはどう生きるか』は2017年夏「漫画」で出版され，半年ほどで200万部を超え，宮崎駿監督は映画をつくると！　「季刊 人間と教育」97号，2018春（民主教育研究所編集，旬報社刊）も特集「学校が危ない!?」の「インタビュー：高橋源一郎さんに聞く」で『君たちはどう生きるか』を論じています，全国の中学・高校生の感想・意見が教室やお茶の間で交し合う動きが豊かに展開しはじめたらと，オーバー・ナインティの僕も公民館活動に参加しています．

第II巻解説

上條隆志

● 本巻の構成

『江沢 洋選集』第II巻は，前半が特殊相対性理論を主として一般相対論の話題を加えたもの，後半が電磁気という構成になっている．しかし，その2つは別々のものではない．なぜなら電磁気の体系は特殊相対性理論を内に含んでいるからである．本巻で江沢さんは前半で学ぶ特殊相対性理論をもとに後半の電磁気を展開する．

そういう本は少ないが，ないわけではない．その代表例を挙げると，ランダウとリフシッツによる『場の古典論』[1]．物理を学んだものは誰でも聞いたことがある，理論物理学教程の中でも名著の誉れが高い一冊だ．特殊相対性理論，電磁気，一般相対性理論を包括する教科書として，いまなお評価が高い．そのまえがきに言う．「完全な，論理的に脈絡のとれた電磁場の理論は特殊相対性理論を包含している．したがって，われわれは特殊相対性理論を，理論展開の基礎に置いた．基本的な関係式を導くための出発点として変分原理を使った．それによって一般性と統一性そしてまた，実際には，叙述の簡明さが最高度に達成できる．」

江沢さんの電磁気は，より大胆で独創的だ．電気力線と磁力線（磁束線）とその運動を考えることによって，目に見えない電場・磁場のイメージを実体的に描き出し，相対性理論の基礎の上に電磁場の理論を生き生きと形成するというものである．それは，難しい数学の知識がなくても，誰でも想像し議論を楽しむことをも可能にする．本巻もまた第I巻と同じく，必要な知識は高校物理レベルで大丈夫である．

● 電磁気は実は難しくない

中学校から大学までの授業を思い出してみよう．電磁気学は，学んだ人のほとんどが難しくてわからないという，定評（？）がある．第1に，いろいろな現象が出てきて，そのたびにいろいろな法則が示されるが，自己の中に統一的な全体像が組み立てられない．第 2 に，電磁場を導入しながら，「場の物理は難しすぎる」という配慮からか，教科書そのものが「場の物理としてではなく，電流の物理ともいうべき立場から見ている」，いわば針金と電流計の物理になっているので，「いったい何で場が必要なの？」ということになる．電磁波の理解が欠かせない時代になっているというのに，電磁波の実体を納得できる体系になっていない．電磁波こそ場が独立して空間を伝わっていくものだからだ．

江沢さんはこのような現行の電磁気の教育を批判し（「10. 電気と磁気のニュー・モード」参照），もっと場というものをリアリティをもって見られるような，新しい体系的見方を提案した．

筆者も長い間高校で物理を教えているが，やはり，学生も教師も電磁気の世界を理解する難しさを感じていた．しかし，この江沢さんの体系を知り，それを取り入れてから，学生とともに場のイメージを語り合うことができ，何よりも電磁波について具体的に議論をたたかわせることができるようになった．教えること，学ぶことを楽しめるようになったのは本当にありがたいことである．

● 江沢さんのテーゼ

では，本巻で展開される江沢さんの新しい電磁気学体系とはどんなものか．その基礎に置かれているのは次の 2 つである．

1. 電磁気学と特殊相対性理論とは，一緒に 1 つの体系を作る．
2. 場の考えを徹底させる．場は空間全体に広がっている．あるとき，ある場所で起こる事象は，そのときそこにある場の作用だけで決まる．いわば地方自治．

江沢さんはその上で，簡潔にして明瞭な 2 つのテーゼを示した．それは

1. 動く磁束線（磁力線）は電場を生む．
2. 動く電気力線は磁場を生む．

である．詳しくは，第 3 部に．

● はじめはなんと「検定内」高校教科書

驚くことに，この電磁気新体系が，はじめてまとまった形で書かれたのは，検定を通過した高校の教科書だった．その実教出版の『物理 B』の編集会議は 1960 年に始まった．この年，若き江沢さんは博士課程を終えて東大の助手（今の助教）に

なったばかりである．江沢さんが主に担当した電磁気の部分だけでなく，この教科書は，原子分子論に立ち，例を挙げれば今井 功氏の筆になると思われる流体力学の部分で，今でも入門書などに散見する揚力や霧吹きでのベルヌーイの定理の誤用を正すなど，ユニークで魅力的な記述が多い，たいへんな教科書である．今は手に入らないので，知る人ぞ知るというところだが，持っている物理教師の間ではバイブルのごとく大事にされている（どこかの出版社が復刻出版してくれないものか）．なぜこのような創造的で楽しい教科書が可能であったのかは，巻末の小島昌夫さんのエッセイをごらんいただきたいが，ロシア（旧ソ連）の人工衛星に先を越されて，アメリカが科学教育に熱を入れ，有名な『PSSC 物理』ができ，日本でも科学教育刷新の気が満ちていたという社会背景があったことは否めない．

現在の統制厳しい教育状況ではこういう教科書をつくるのは難しいだろう．しかし，若い教師・学生・研究者には，むしろ，場合ややりようによってはこういうことも可能なんだと，あきらめず，勇気を持っていただけたらうれしい．

それにしても，いくら若い研究者が革新的構想を持っても，教科書は多様な高校生や教師と直接向き合い，批判や拒否も覚悟しなければならない．並大抵の勇気ではあるまい．それを許す周囲の寛容さもすてきで，元教師として胸が熱くなる．本来は教育はそういう場であるべきで，科学者がこのように教育に関わることが科学の進歩にとって重要ではないだろうか．

本巻には，この教科書の改訂版と三訂版および教師のために書かれた指導書からの貴重な論文たちを，江沢さんが改めて見直し加筆したものを収録している．文字通り高校生たちには読めるし読んでほしいものだ．それ以外の論文ももちろん一般読者向けに科学雑誌等に発表されたものである．

第 1 部　ガリレイの相対性原理

「1. ガリレイの相対性原理」から，第 2 部「3. 相対性理論からの帰結」までの大部分は前述の教科書に付属する教師用指導書に（若干の項目を追加して）書かれたものである．学習指導要領にはない相対性理論を，電磁場の部分の基礎になっているという意味で知ってほしいし，おそらくは教師たちに楽しんでほしいからだ．この指導書がまた型破りですごい．冒頭 9 ページに亘り，210 あまりの参考書を挙げる（生徒が読めるものには印をつけて）．またこの相対論の解説の他にも，物理学者たちの高度かつ分かりやすく，読んで面白い解説たちが目白押し．いかに参加した物理学者たちが熱心に討論したかがうかがわれる.

相対性理論をここまで簡明に，しかも使うための基礎を身につけられるよう展開したものは類書がないと思う. 教科書という性格上，計算も高校生レベルでできる. ローレンツ変換だけが，ここでは天下りに与えられているが，その導出は，本巻の「7. 双子のパラドックス」の p.87 から p.103 で改めて与えられる.

● 相対性原理とは何か

互いに一定の速度で動いている別々の乗り物にそれぞれ人がいるとして，どの人が自分は静止しているとして世界を見ても，まったく同じ自然法則がなりたつというのが相対性理論である. ただし，見える現象そのものは決して同じではない.

● ガリレイの相対性原理

まず，ニュートン力学で考えてみよう. 例えば飛んでいるボールをいろんな速度で動いている人が見れば，それぞれ観測するボールの速度は異なる. しかし誰が見ても，力が働かなければボールは等速運動を続け，力が働けば同じ運動方程式に従って運動は変化する. つまり，ニュートンの運動方程式は全く同じ形になる. それはこういうことも意味する. 乗り物の中にいる人が，自分が運動しているのかそれとも静止しているのかを知りたいと思う. しかし，ものを落としたり投げてみても，どちらの場合も法則は変わらない. それが相対性理論だから. 結局彼には判断するすべがない. つまり誰が絶対的に静止しているかということは誰にもわからない. それは絶対静止系というものは存在しないことをも意味する. ここで挙げた力学についてのガリレイの相対性が最初に確立された.

● 動く物体の電気力学

それなら，力学ではなく，電磁気の現象でも相対性理論は成り立つのか. その答えはイエスで，電磁気の法則であるマクスウェル方程式も，等速運動している系でも静止しているときと同じになる（ただしアインシュタインの相対性）. 結局すべての自然法則は，互いに等速運動をしている誰にとっても全く変わらないというのが特殊相対性理論であるが，この電磁気の場合に確かに同じになるという問題が解決されるまで長い実験と考察の歴史があった.

歴史的に見ると，まず一方で光が波であることがわかり，波なら必ず媒質があるはずで，真空中にも満ちているはずで，それをエーテルと呼んだ. 他方で，電磁気学が発展し，電磁気的な作用は，ニュートンの遠隔作用ではなく，電磁場が媒介する近接作用の考えに立たなければならないことが，ファラデー，マクスウェルによって明らかにされてきた．マクスウェルが電磁波を予言し，それが光と同じものであることがわかったので，光のエーテルは電磁場を伝える媒質と同じものであることになる．これで両方の共通な媒質になったエーテルは空間に満ちているが，では乗り物が動くとき，中の媒質は一緒に動くのか，一部が一緒に動くのか，それとも空間に静止しているのか．それは相対性原理と両立するのかという疑問になる．

● ローレンツの理論

ローレンツ変換に名を残すローレンツは，エーテルが空間全体に静止していて，そのひずみが電磁場であり，そのエーテルの中に電気を帯びた粒子が存在するという現代的な電磁気像をつくりあげた．しかし静止して宇宙を埋め尽くすエーテルの存在と実験との矛盾を解決するため，ローレンツ短縮を導入する．このローレンツ変換を用いれば電磁場の方程式であるマクスウェル方程式は不変になり，望み通り動いている乗り物の中でも電磁気の法則は静止しているときと同じになる．しかし，絶対静止しているエーテルとはいったい何だろうか．その存在はだんだん疑問視されてきた．

第2部　アインシュタインの相対性理論

● アインシュタインの理論

この問題を，時間と空間の概念を反省して解決したのが，アインシュタインである．アインシュタインはそれに基づいて，人為的であったローレンツ変換を物理的に導いてみせた．相対性理論の最初の論文が，実は「動く物体の電気力学について」[4] というタイトルなのは，以上の歴史の上に立って，動いているものの上で電気力学は同じになるだろうか，という意味だろう．彼の論文は2つの要請を掲げる．第1に「電気力学の現象は力学の現象と同様に，絶対の静止という考えを立証するような性質を持っていないように見える．むしろこれらの事実から，力学の方程式が成り立つすべての座標系に対して，電気力学や光学の法則がいつも同じ形で成り立つと考えられる」，第2に「光は真空中を一定の速さ c で伝播し，この速さは光源の状態には無関係である」．こうして時間空間のローレンツ変換と電磁場の変換を一気にこの論文で導いた．

ローレンツが示したように，これによって電磁気のマクスウェル方程式は不変になる．ローレンツ変換は先ほどの文脈でいえば，静止している人が見る電磁気学と動いている人が見る電磁気学をつなぐものになる．ただし，時間空間だけでなく，電場，磁場もまた決まった変換を受ける必要がある．それは次の簡単な例からも明らかだ．今ある人が静止している荷電粒子を見ていると，そこには電場しか見えない．しかしその人に対し一定の速度で動いている人が見ると，そこでは電荷が運動して見えるので電流があることになり，当然磁場が存在して見える．このように電場と磁場は一体となって変換を受ける．ローレンツ変換と電磁場の変換が同時になされて，はじめてマクスウェル方程式の形が不変になる．この変換の具体的な形は第 3 部「14. 動く電気力線は磁場を生む」にある．

● 相対性理論からの帰結

この後,「相対性理論からのさまざまな魅力的な帰結」が語られるが，p.26 には流水の中の光の速さの実験で，物体内部のエーテルが物体といっしょに動くとしたフレネルの理論がなぜ実験と一致してしまったかも説明される．これも普通の本には見られない．

しかし，電磁気は相対性原理をみたすものの，ガリレイ変換で不変であった力学の方はこれでは不変にならなくなってしまった．今度は力学もローレンツ変換で不変になるようにニュートンの法則を作り変えなくてはならない．それは 1906 年にプランクによって「相対論的力学」としてなされ，そこから質量が速度とともに増えること，質量とエネルギーの同等性が導かれる．

● $E = mc^2$ はどんな意味か

質量とエネルギーの関係について，江沢さんの重要な指摘がある．「宿題：$E = mc^2$」の部分である．これを言葉に直すと，「質量はエネルギーに転化する」とすることが多いのだが，「質量とエネルギーは同じもの（同等）である」と読むのが正しいと，前々から江沢さんは主張してきた．例えば核爆弾が爆発すると質量は減り，その分は爆発のエネルギーになるという．しかし，爆発のエネルギーとは，破片が運動エネルギーをもらって飛び散ることにあたるが，静止している破片に比べて，運動エネルギーが大きい，飛んでいる破片は，もしその状態で重さを測れるとしたら運動エネルギー分「重くなっている」．したがってもしすべてを囲んで質量を測れれば，エネルギー分軽くなるわけではなく，エネルギーが外に逃げなければ，いつでも質量は保存している．質量がなくなってエネルギーになったというより，やはりエネルギーと質量は同じものである（比例する）という言い方が正しい．もっとも最近の本ではそのように書かれることも増えてきている．

このエネルギーと質量の同等性を，粒子の集まりである理想気体について考察したものとしては，江沢 洋『現代物理学』[2]がある．江沢 洋『相対性理論』[3]には，それに加えてウランの核分裂の場合の考察がある．

● 人々を熱狂させたアインシュタインの来日

「4. アインシュタインの来日 ── 日本の物理学へのインパクト」は物理が文化に与える影響を論じた貴重な論文．アインシュタインを招いたのは一出版社であり，民衆が大歓迎し，一般向けの講演が多く行われたこと，科学雑誌が急増したこと，そして強いインパクトは若い世代が受け，物理への興味をかき立てられたことなどを，江沢さんらしく膨大な資料の裏付けで読み取っている．なぜ市井の人々まで熱狂したのか，現代と比べて考えることが多い．一方で，名をなした物理学者たちには，アインシュタインの直接のインパクトは大きくなかったというのは面白い．科学離れの現状を考えるヒントになるだろう．

ひととおりの論理的展開を学んだからと言って科学が「わかった」とはいえない．本巻の特色は，以後に相対論の具体的かつ重要な個別の問題を取り上げていることにもある．特にパラドックスは知的好奇心を直接くすぐり，その解決は論理とイメージを鍛える．「5. つりあっているテコが回る ── ルイス–トールマンのパラドックス」では力のローレンツ変換，質量とエネルギーの同等性が目に見えるようになる．またなかでも次の話題「6. まわれない電子の歴史 ── 相対論的な剛体をめぐって」は特に面白い．本巻以外には見られないものだ．

● 相対論における剛体

回転する円板は回転方向にローレンツ短縮するが，半径方向には長さが変わらないのでこわれてしまって「まわれない」！

「相対性理論は剛体の存在を一般に不可能にすることが容易にわかる」，まわれるのは柔らかいから！

電子論の歴史の一コマでもある．では相対論的剛体はどう定義したらいいか．ボルンの定義が紹介され，その条件での剛体はどんな運動が可能なのか，江沢さんのオリジナル計算が示される．

なお，円板が回れないのは半径と円周の比がユークリッド空間での決まった値すなわち円周率を満たさないからだ，とすれば，空間が非ユークリッド空間にゆがんでいればどうだろうか．とすれば，それは一般相対性理論と関わることになる．

● 相対論のパラドックス

一方，双子のパラドックスは有名だが，改めて江沢さんが「7. 双子のパラドックス」において，明快で論理的な計算を用いてほぼ完全な説明を展開する．ロケットの行きと帰りで慣性系が変わることから，片方の時間がどれほど遅れるかは一応理解されるが，時間の飛躍はロケットが方向転換することで起こるので，そのときは加速度が生じ，特殊相対性理論だけではパラドックスの解は完結しない．その部分は，重力が生じたのと同等で一般相対性理論の範疇になる．一般相対性理論全体はここでは説明しないが，重力と時計の進みの関係が，光子時計と等価原理を使った自然な方法で導入される．

このようにその場所の重力によって時計の進みが違うので，地面から高いところの方が時計の進みが速い．ちょっと寄り道すると，最新の香取秀俊氏らによる光格子時計は精度が非常に高く，高低差 1 cm まで時間のすすみの違いで判別できるようになったという．すごい話だ．

● 重力レンズ

特殊相対性理論は，互いに一定の速度で動いている慣性系同士の関係に限定されていて，系が加速すると，加速は力と感じられ相対性原理は成り立たない．しかし，根本的に考えてみると，自分の乗り物が宇宙にたったひとつ存在するとしたら，そもそも速度とか加速度を測ることができるだろうか．また 2 つの系があったとしてどちらが加速しているか決定できないはずではないか．そう考えて広げていくと，互いに一定の速度で動く慣性系たちだけでなく，互いに加速しているような系たちについても，どこでも自然法則は同じになるはずではないかということになる．それが一般相対性理論で，そこには重力も理論に含まれる必要がある．

アインシュタインは 1911 年の論文「光の伝播に対する重力の影響」で，重力場による光線の湾曲を導いた．一般相対論の検証となったのが，この太陽の重力で光が湾曲する現象で，1919 年の皆既日食のときに観測されて，センセーションをまきおこした．このときの曲がりは理論では p.109 の $\varepsilon = \dfrac{4GM}{c^2 b}$ ラジアン，1.75 秒と予言されていた．付け加えると，この光の曲がりは「石ころを投げると，その道筋は重力のために曲がる．同様に，光も重力を感じて曲がる」と書かれることがあるが，ニュートン力学で石ころが曲がる角度を計算するとちょうどこの半分になる．実はアインシュタインも 1911 年の論文では正しい値のちょうど半分の湾曲を導いている．1916 年の論文「一般相対性理論の基礎」で正しい角度を導いた[5].

この「8. 重力レンズ—0957 + 561 A, B の謎」で，二重クエーサーの観測と考察がどのようになされたか，私たちが知りたい実際のデータや計算のしかたが必要かつ簡潔に示される．これも江沢さんの科学史の著作の特色だ．科学史上有名な実験について書かれた本は，結果のみ強調したものが多く，研究者が実験で苦労したはずの細部にはほとんど触れることがないので，授業で学生と議論するとき，不明な点が多く出て行き止まる．かといって原論文はすぐには読み解けない．そんなとき，われわれの合い言葉は「江沢さんがこれについて書いた記事はない？」である．

重力レンズ効果があると，ないときより光が明るくなるということをここではじめて気づいた筆者のような人間も少なくないと思うが，高校生以上ならその計算もここで自分で確かめられるだろう．

● マッハ原理と宇宙の背景輻射

しかし最後にまたどんでん返しのような論文がある．相対性原理の結論はどの系も同等であって絶対静止系はないということだった．しかし「絶対静止系があるかもしれない」というのだから．

それは宇宙の背景輻射の観測の結果から来ている．衛星による観測で，ビッグ・バンの名残である背景輻射がほぼ完全に等方的に見える座標系が存在しているという実験事実である．そのような基準系が 1 つに定まるとすれば，それが現実の世界がもつ絶対静止系となるではないかという話．これは宇宙の成り立ちと関係するので，相対性理論とはまた別の現実の自然の歴史性というべきだろうか．これだから物理はやめられない．

第 3 部　電磁場を考える

● はじまりは ETONIK

江沢さんが，なぜどのように電磁気のこの新体系に取り組むようになったか．本巻は本当はこの第 3 部第 10 章，第 11 章，第 12 章から読み始めていただくのがよいかも知れない．

中央公論社の，今はない科学雑誌「自然」1960 年 7 月号から連載がはじまったのが「physica etonika」．著者 ETONIK は若手物理学者のグループ，すなわち江沢 洋・槌田 敦・亀井 理（おさむ）・中山正敏・近 桂一郎のイニシャルである．I に対応する人はいないが，終わり近くから石川 昂が加わった．江沢さんによると，etonik という単語の意味は，フランス語の étonner という，びっくりさせる・不思議に思わせる・感動させる，といった意味に「……に関わりのある人」を意味する -nik をつけたつもりとのこと．執筆の意図は明確には誰も覚えていないが，高校から大学までの物理教育に不満があって，いろいろ議論していたところ，それを耳にした「自然」の編集部から「書かないか」と誘われたようだとのこと．1960 年 7 月から 1962 年 9 月まで 11 回続き，江沢さんの分は本巻所収の 3 回分．実教出版の教科書の編集会議がはじまったのも 1960 年だから同時並行ということになる．

● 第 1 回「電気と磁気のニュー・モード —— 教科書「物理学」の批判から」

H.Etonik つまり江沢さんが，大学の教養課程にあたる大家の教科書を，具体名を挙げて徹底的に批判する．「物理的世界観を前面に押し出すなんて思いもよらず，ノリとハサミを適当に使って」とけちょんけちょん．力学や電磁気は旧態依然のままで，素粒子など新しい話題をもってきてもだめで，「学問の体系の全体を見直して創造の基礎にすえようとしていない」と．こういう権威を恐れぬ大胆・率直な批判はいまや目にすること少ないのではないか．今の若者に是非見習ってほしいところである．今行われている「理科離れ対策」にもこういう批判は成り立つのではないか．

日本では教育活動はあまり高く評価されず，教科書の書評がない．本来なら，ちゃんとした講義録をまとめるとか教科書を編むとかいうことは，研究者にとって自身を整理する，体系を創造する機会になるはずで，その人の研究の 1 つと見なければいけない．だから日本によい教科書が少ないという事実は，科学者自身の研究のあり方の中に深く根ざしている問題であるという江沢さんの意見は，重要である．そして高校生には，驚きに対するみずみずしい感受性と，知識を総動員して物理現象の姿をあばいてやろうという科学の開拓者精神を呼び起こし，教科書でならったことから一歩ふみ出して，想像をたくましくするような教科書と授業を望む．だから教師が先生風を吹かせることに反対！　それはこういうことでもあるだろう．物理学が真理以外の権威を認めず，誰もが対等平等に議論できるものであること．ニールス・ボーアたちのコペンハーゲン精神や日本の仁科芳雄たちの物理学の民主的精神を継ぐこと！

古典物理では磁性を説明できないというファン・リューエンの定理や，電気抵抗の古典的説明にもかかわらず，実際に電子は 100 個くらいの原子をするりとすり抜けるなど，古典物理の限界と量子力学への期待を入れることも提案している．

● 第2回「場というもの」

場とは何か．「空間の場所場所にものが分布している，いやなんでもいいからとにかく分布しているときに，その分布を場という」とある．粒子と違って空間全体に広がっていることが重要である．例えば音はどうして伝わるかというと，音を出すものが振動すると，接触している近傍の空気が圧縮され，圧力が高まって次に隣の空気を押し縮め，それが隣から隣へ伝わって音が伝わる．つまり空間を満たしている空気という媒質があり，その各場所で密度や圧力が変化し，その振動が伝わる．だから圧力や密度の場といえる．

電気力の場が電場，磁気力の場が磁場である．電荷同士の及ぼす力は，ここにある電荷が離れて存在するあちらにある電荷に直接力を及ぼす（それが遠隔作用で，ニュートンの重力はそのようなものとして扱われてきた）のではなく，電荷たちが空間に電気力の場を作り，それぞれの電荷はそれぞれの電荷がいるまさにその場所の電場からだけ力を受けるというもので，これを近接作用という．場の考えに立てば，場の変化（ゆがみ）が次々に空間を広がっていくはずである．実際に電場磁場の波が存在し，その速さは光の速さに等しいことはマクスウェルによって証明された．

場をあらわすのには，ファラデーが考えた電気力線，磁力線を用いるのが便利だ．磁力線は磁石のまわりに鉄粉をまいてそのイメージを見ることができる．電気力線は難しいが，磁場の鉄粉の代わりに，誘電体の軽い小さな粒を使うと電極間に誘電体の連なった線ができ，これを電気力線のイメージと見る．この力線のイメージを用いて，例えば電荷同士の引力は，力線自身は長さを縮めようとしているゴムひものような性質を持ち，また斥力は，平行な力線同士は反発し合うという性質を力線に付与すれば，場つまり力線の作用として電磁気的な作用をあらわすことができる．

電気力や磁気力は場が及ぼす作用だとすれば，教育において，物理現象を統一的に見るためには，場をリアリティある存在として，つまり「もの」として見られるようにする必要があると，若き江沢さんは大胆に提案する．マクスウェルも同じ考えを持ち，場を力学的対象と考え，力学的メカニズムを考えた．しかしそれでは電磁誘導を説明するのに，「17. マクスウェル――電磁場の動力学」のような，場に微妙な構造を工夫せざるを得ない．

ではどうしたらよいか．江沢さんの提案は「相対論的な考え方を高校電磁気学へ」である．

● 第 3 回「力線の動力学 —— 高校物理へのひとつの提案」

ここで江沢さんは力線で表した場の性質について，相対論から導かれる，2 つのテーゼを提案をする．すなわち

1．動く磁束線（磁力線）は電場を生む
2．動く電気力線は磁場を生む

である．

もともとファラデーの考えた電磁誘導は「導線が磁力線を切る」ときそこに電流が流れる，すなわち電場が生じるというものであった．しかしそのとき磁力線が止まっていて導線が動いていても，導線が止まっていて磁石を動かしても，それは生じる．今，場を「もの」としてイメージするなら，それは磁力線がその地点を動いて横切るからといっても良さそうだ．

また電荷がすべて静止していて，電場しかない，すなわち電気力線しかない場合がある．その空間を別の観測者が走りながら観測すると，電荷は運動して電流に見えるので，電流の作る磁場も見える．しかしそれを電荷が動いて電流ができるから，と従来の教科書のように見るのは場の立場ではない．場の立場は，空間のこの点のことはこの点の場で決まるので，遠くの電流は直接関係しない．その場の電気力線の状態で決まる．だから，ある場所を電気力線が動くときそこに磁場が生まれるといわざるを得ない．それが場を徹底させる立場だ．

この提案にもとづくと，電磁気の法則が簡潔明瞭に整理される．さらに今までの教科書ではつけたしのような扱いしか受けてこなかった電磁波が，具体的イメージとともによくわかるのである．筆者もこの方法で，高校の授業を行っていることを前に書いたが，電磁波の速度まで簡単に予想して求められるのは感動的である．さらに電磁波の発生も納得できる説明ができるようになる．このあたりは「13. 電磁波 再論」（実教出版の教科書『物理 B（三訂版）』の再録）で読んでみていただくのが一番だ．電磁波の発生の部分に，他の教科書のようにアンテナの図を載せるだけでなく，制動放射をもってきたのも慧眼である．本巻 p.207 の図 9 は教育の場で，電磁波の理解にどれだけ貢献したか，はかりしれない．

この教科書の特徴をさらに挙げると，次元解析を用いて予想する問題が多い．これも大切な思想である．また「大学の入試問題はね，あなたが物理を勉強して

きて，一番面白いと思ったことを書きなさい．これなら毎年同じ問題でいいし，受験雑誌に公表しといたってかまわない」というのもいいなあ．

● 動く電気力線は磁場を生む

マクスウェル方程式がローレンツ変換で不変ということを実際に用いて，運動している荷電粒子の作る電磁場をもとめることができる．その実例が「14. 動く電気力線は磁場を生む」で示される．電荷が動いている場合に電磁場を求める問題のとき，現象をローレンツ変換して，静止している電荷という状況に戻せば，そこでは静止電場になり，それは簡単に書ける．この解をまたローレンツ変換して元に戻すという江沢さんらしい力業．これも他の本ではなかなか見られないものだ．

本巻のこの部分は，筆者たちの東京物理サークルの夏の合宿に江沢さんに来てもらい，「このテーゼに納得がいかない」という人もいてワイワイガヤガヤ楽しい議論をした後，筆者たちの東京物理サークルが発行する小冊子『物理の授業——東京の高校教育』no.4 (1976) に書いてくださったものである．

これに加えて，ローレンツ変換と江沢さんの 2 つのテーゼとの関係を今回加筆していただいた．特殊相対論のローレンツ変換から，電気力線の運動から磁場が生じ，磁束線の運動から電場が生じるという，電磁気の法則を場の言葉で，各点におけるベクトルの関係式として表すことができる．これを用いて電磁波を考えるには，まず電場 $\boldsymbol{E}_1$ が自身に垂直に速度 $\boldsymbol{v}$ で進むとすると，それによってここで求められた法則に従って，電気力線が通過する各点に磁場 $\boldsymbol{B}_1$ が作られる．このことは，この磁場 $\boldsymbol{B}_1$ も速度 $\boldsymbol{v}$ で電場と同じ方向に進むことを意味する．そうすると今度は，この磁場 $\boldsymbol{B}_1$ の運動がまた各点に電場 $\boldsymbol{E}_2$ を作っていく．電磁波が「電場の変化と磁場の変化とが，たがいに原因となり結果となって互いに助け合い，空間の中を伝わっていくのが電磁波」だとすれば，$\boldsymbol{E}_1 = \boldsymbol{E}_2$ でなければならない．こうして電磁波の速度が光速に等しいことや，$\boldsymbol{E}, \boldsymbol{B}, \boldsymbol{v}$ が互いに垂直であることなどの諸性質が示された．

わかりやすい参考書として『物理学入門』[6] を挙げておこう．

● 論争的な本を

第 15, 16 章の 2 つの論文「15. 電磁誘導の法則，言い表わし方に異議あり」，「16. 動く磁束線は電場を生む——か？」は，いわば公開論争というべきか．本巻のために新たに書き下ろされたものである．2 つの論点が扱われる．

ひとつめは，現在の電磁気法則の書き表し方への異議である．例えば電磁誘導の法則は，1 つの閉回路を考え，その中をつらぬく磁束の変化が閉回路の起電力に等しいと書かれる．しかし，電磁気が場の物理学なら，閉回路全体を扱うのでなく，時空間の各点での場の言葉によって書かれるはずではないか．江沢さんはそのような書き換えをここで行っている．

もうひとつは「磁束線の運動」についての主として今井 功氏の批判に対する考察である．思い出してほしいが，江沢さんと今井さんは実教出版の物理教科書でともに討論した仲である．小島昌夫さんのエッセイによると，今井さんは江沢さん渡米の後，実はこの教科書の電磁気部分を監修もしている．興味深いことに，今井さんも，「ファラデーに帰れ」をスローガンに力線で電磁場を表し，力線同士の力学と相互作用で電磁気学を書き直した本 [7] を著されている．その「はしがき」を少し長く引用しよう．

「電磁気学はむずかしいとよくいわれる．しかし物理学を学ぶ以上，力学とともに電磁気学は避けて通れないことも事実である．学生時代以来，腑に落ちない疑問の点の数々を残しながらも，電磁気学について大体のところは解ったつもりでいたが，電磁流体力学を研究するようになって，学生時代からの疑問点が蘇ってきた．そこで，あらためて電磁気の本を読み直してみると，ますます解らないところが出てくる．学生時代に理解できなかったのはむしろ当然であったようにも感じられる．実際，静電気，電磁誘導，電気回路，……などそれぞれの分野についてはとり扱いも筋が通っているようであるが，電磁気学という一つのまとまった体系の中でどのような位置をしめるのかがはっきりしない．悪くいえば，電磁気学とはこれら各分野の雑然たる集積のようにも感じられる」．そして「Maxwell の理論体系はまだ整理し切れていない．むしろ，力線の性質と保存法則を基礎として再編成すべきではないか」．

今井さんの本も場を「もの」としてイメージできるようなものという点では江沢さんと共通といえよう．今井さんは，電磁気については同じ立場で，一般向けの本も [8] 書かれている．江沢さんとの違いは，今井さんは「力線の運動」に関しては批判的であることだ [9], [10]．これに対する江沢さんの答えがここにある．

しかし，今井さんが挙げている磁力線・電気力線が回転している場合については，本巻の江沢さんの提案ではまだ答えられていない．ただし，江沢さんはここでは，一貫して特殊相対性理論による電磁場のローレンツ変換をもとにして「動く電気力線」を語っているので，それは「動く」といっても，「自身に平行な等速度運動(等速度並進運動)」に限られる．力線の回転運動を問題にするには，別の立論が必要になる．江沢さんは「回転する電気力線はベクトル・ポテンシャル」を生むといえるのではないかという試みをしている．筆者たちは，江沢さんに協力してもらって，いくつか本を作ったが，そのとき聞いた印象的な言葉がある．それは「論争的な本にしようよ」というものだ．フランクに，批判も公開で討論して，読者を議論に招待する(いや挑戦か？)のも，いかにも『江沢選集』らしい．今井さんの批判だけでなく，まだいろいろな問題が出てくるはずだ．読者も是非議論に参加して，物理を楽しんでみてほしいと願う．

● マクスウェルの工夫 —— 電磁場の動力学

最後に歴史をもう一度振り返る．マクスウェルがどのように力学を使って電磁場の法則を類推していったかである．読者も容易に想像できると思うが，こういう論文をマクスウェルが書いた形式から読み解いて，このように現代的な形式で表すのはたいへん難しい作業である．江沢さんの力量にはいつもながら感嘆せざるを得ない．物理を学ぶというのは，できあがった法則を身につけるだけでなく，このように，いかにして人は世界の構造を理解しようと努力したかを知ることでもある．

参考文献

[1] L.D. ランダウ，E.M. リフシッツ『場の古典論』，恒藤敏彦・広重 徹訳，東京図書 (1978).

[2] 江沢 洋『現代物理学』，朝倉書店 (1996), pp.130–131.

[3] 江沢 洋『相対性理論』，裳華房 (2008), pp.108–113.

[4] 『アインシュタイン選集 1』, 湯川秀樹監修，内山龍雄訳編，共立出版 (1971).

[5] 『アインシュタイン選集 2』, 湯川秀樹監修，内山龍雄訳編，共立出版 (1970).

[6] 板倉聖宣・江沢 洋『物理学入門 —— 科学教育の現代化』，国土社 (1964).

[7] 今井 功『電磁気学を考える』，サイエンス社 (1990).

[8] 今井 功『新感覚物理入門 —— 力学・電磁気学の新しい考え方』，岩波書店 (2003).

[9] Logergist I_2 (今井 功)：アポロ 8 号とドンブリ鉢，「自然」1969 年 3 月号，中央公論社.

[10] 今井 功：磁力線の運動に意味があるか ,「パリティ」1994 年 3 月号，丸善.

初出一覧

1. ガリレイの相対性原理

   1.1 節〜1.3 節，1.6 節〜1.7 節は，野上茂吉郎・今井 功・岩岡順三・江沢 洋・木下是雄・小島昌夫・近藤正夫・高見穎郎・林 淳一著『物理 B（三訂版）指導書』実教出版 (1970) の「相対性理論」より編集収録．節番号などを新たに付した（以下同様）．1.4 節〜1.5 節は江沢 洋『相対性理論とは？』日本評論社 (2005)「第 2 章 電気の力学」の一部を編集収録．

2. アインシュタインの相対性理論

   2.1 節〜2.6 節はすべて『物理 B（三訂版）指導書』実教出版 (1970) 所収の「相対性理論」より編集収録．

3. 相対性理論からの帰結

   3.1 節〜3.12 節はすべて『物理 B（三訂版）指導書』実教出版 (1970) 所収の「相対性理論」より編集収録．3.13 節「宿題：$E = mc^2$」は「科学」2005 年 2 月号，特集／世界物理年 2005：私にとってアインシュタインとは，岩波書店．

4. アインシュタインの来日 —— 日本の物理学へのインパクト

   AAPPS Bulletin **15** (2005), 3–16；和訳，「応用物理」第 74 巻第 10 号 (2005)，応用物理学会．AAPPS は Association of Asia Pacific Physical Society の略称．

5. つりあっているテコが回る —— ルイス–トールマンのパラドックス

   「数理科学」1985 年 3 月号，特集／パラドックス，サイエンス社．のちに別冊・数理科学『「力」とは何か』サイエンス社 (1991) に収録．

6. まわれない電子の歴史 —— 相対論的な剛体をめぐって

   「数理科学」1976 年 10 月号，サイエンス社．

7. 双子のパラドックス

   本選集にて書き下ろし．

8. 重力レンズ —— 0957+561 A, B の謎

   「日本の科学と技術」1980 年 7/8 月号，特集／天文学の最前線・重力レンズ，日本科学技術振興財団．

9. マッハ原理と宇宙の背景輻射

   柳瀬睦男・江沢 洋編『アインシュタインと現代の物理』ダイヤモンド社 (1979)．

10. 電気と磁気のニュー・モード —— 教科書「物理学」の批判から

    「自然」1960 年 7 月号，中央公論社．

11. 場というもの

    「自然」1961 年 4 月号，中央公論社．

12. 力線の動力学――高校物理へのひとつの提案
「自然」1961年11月号，中央公論社.
13. 電磁波 再論
野上茂吉郎・今井 功・岩岡順三・江沢 洋・木下是雄・小島昌夫・近藤正夫・高見穎郎・林 淳一著の教科書『物理B（三訂版）』実教出版(1967)および『物理B（三訂版）』実教出版(1969)より，それぞれ第5章「電磁気」の「5.電磁波」を編者2人が編集合成し加筆した.
14. 動く電気力線は磁場を生む
『物理の授業――東京の高校教育』no.4，1976年1月，東京物理サークル.
15. 電磁誘導の法則，言い表わし方に異議あり
本選集にて書き下ろし.
16. 動く磁束線は電場を生む――か？
本選集にて書き下ろし.
17. マクスウェル――電磁場の動力学
原題「J.C.Maxwell――電磁場の動力学」.「数理科学」2012年2月号，特集／古典のススメ（物理編），サイエンス社.

人名一覧

愛知敬一		1880–1923
アイヒェンヴァルト	A.Eichenwald	1775–1836
アインシュタイン	Albert Einstein	1879–1955
阿部良夫		1888–1945
荒木俊馬		1897–1978
石原 純		1881–1947
板倉聖宣		1930–2018
今井 功		1914–2004
ウィルキンソン	David Todd Wilkinson	1935–2002
ウィルソン	Robert Woodrow Wilson	1936–
ウェイマン	R.J.Weymann	
ウォルシュ	D.Walsh	
エディントン	Arthur Stanley Eddington	1882–1944
岡 潔		1901–1978
小倉金之助		1885–1962
カーズウェル	R.F.Carswell	
ガリレイ	Galileo Galilei	1564–1642
ガン	James Edward Gunn	1973–
菊池正士		1902–1974
木下是雄		1917–2014
桑木彧雄		1878–1945
ケルヴィン卿 (W. トムソン)	Lord Kelvin, William Thomson	1824–1907
コールラウシュ	Rudolf-Hermann-Arndt Kohlrausch	1809–1858
コペルニクス	Nicolaus Copernicus	1473–1543
近藤正夫		1912–2006
坂田昌一		1911–1970
志筑忠雄		1760–1806
霜田光一		1920–
シュタルク	Johannes Stark	1874–1957

シュヴァルツシルト	Karl Schwarzschild	1873–1916
ストークス	George Gabriel Stokes	1819–1903
スムート	George F.Smoot	1945–
ゾンマーフェルト	Arnold Johannes Sommerfeld	1868–1951
武谷三男		1911–2000
田辺 元		1885–1962
玉城嘉十郎		1886–1938
チャンピオン	Frank Clive Champion	1907–
寺田寅彦		1878–1935
土井不曇		1895–1945
戸田盛和		1917–2010
トムソン	Joseph John Thomson	1856–1940
朝永三十郎		1871–1951
朝永振一郎		1906–1979
富山小太郎		1902–1972
トールマン	Richard Chace Tolman	1881–1948
長岡半太郎		1865–1950
西田幾多郎		1870–1945
仁科芳雄		1890–1951
仁田 勇		1899–1984
ニュートン	Isaac Newton	1643–1727
野上茂吉郎		1913–1986
ノット	Cargill Gliston Knott	1856–1922
萩原雄祐		1897–1979
ハッブル	Edwin Powell Hubble	1889–1953
林 淳一		1926–2004
ピーブルス	Phillip James Edwin Peebles	1935–
ビュヘラー	Alfred Heinrich Bucherer	1863–1927
平田森三		1906–1966
ファラデー	Michael Faraday	1791–1867
フィゾー	Armand Hippolyte Louis Fizeau	1819–1896
プーリ	G.G.Pooley	
伏見康治		1909–2008
プランク	Max Karl Ernst Ludwig Planck	1858–1947

フランシスコ・ザヴィエル	Fransis Xavier, Saint	1506–1552
フレネル	Augustin Jean Fresnel	1788–1827
ヘルツ	Heinrich Rudolf Hertz	1857–1894
ペンジアス	Arno Allan Penzias	1933–
ポアンカレ	Henri Poincaré	1854–1912
ポインティング	John Henry Poynting	1852–1914
ボルツマン	Ludwig Eduard Boltzmann	1844–1906
ボルン	Max Born	1882–1970
マイケルソン	Albert Abraham Michelson	1852–1931
マクスウェル	James Clerk Maxwell	1831–1879
マッハ	Ernst Mach	1838–1916
マンドル	R.W.Mandl	
三上義夫		1875–1950
水野敏乃丞		1862–1944
武藤俊之助		1904–1973
モーリー	Edward Williams Morley	1838–1923
山内恭彦		1902–1986
湯川秀樹		1907–1981
レーニン	Vladimir Ilich Lenin	1870–1924
レンツ	Heinrich Friedrich Emil Lenz	1804–1865
レントゲン	Wilhelm Conrad Röntogen	1845–1923
ローレンツ	Hendrik Antoon Lorentz	1853–1928
ロッジ	Oliver Joseph Lodge	1851–1940
ロバーツ	D.H.Roberts	1979–
ワインバーグ	Steven Weinberg	1933–

江沢 洋 選集　第II巻　相対論と電磁場

2019年 3月25日　第1版第1刷発行

編　者……………………江沢 洋・上條隆志 ©

著　者……………………江沢 洋・上條隆志・小島昌夫 ©

発行所……………………株式会社 日本評論社

〒170-8474 東京都豊島区南大塚 3-12-4

TEL：03-3987-8621［営業部］　https://www.nippyo.co.jp/

企画・制作………………亀書房［代表：亀井哲治郎］

〒 264-0032 千葉市若葉区みつわ台 5-3-13-2

TEL & FAX：043-255-5676　E-mail: kame-shobo@nifty.com

印刷所……………………三美印刷株式会社

製本所……………………株式会社難波製本

装　訂……………………銀山宏子（スタジオ・シープ）

組版・図版………………亀書房編集室

ISBN 978-4-535-60358-5　Printed in Japan

物理の見方・考え方

江沢　洋・上條隆志【編】　江沢洋選集 第I巻

「わからないことは宝だ。大切にしよう！

物理や科学の雑誌・啓蒙書・入門書・教科書などで健筆を揮ってきた江沢洋のエッセンスを伝える初めての著作選。◎《寄稿エッセイ》「時間をかけて」…田崎晴明　◆本体 3,500円+税／A5判

力学　高校生・大学生のために

江沢　洋【著】　◆本体 3,500円+税／A5判

「力」とは何か?「運動」とは?　物理学の根本への問いかけを持ちつつ、必要な数学は惜しまず動員して、力学の基本をていねいに解説する名テキストの改訂新版。豊富な練習問題と懇切な解答により独習にも最適。

物理は自由だ1　力学

【改訂版】

江沢　洋【著】　◆本体 3,500円+税／B5判

高校の物理の教科書は、規制のせいかすっきりしない。物理と数学が別々に教えられている点もおかしい。これらを「自由」に解き放つことが本シリーズの目標である。名著『物理は自由だ［1］力学』が改訂版で登場。

物理は自由だ2　静電磁場の物理

江沢　洋【著】　◆本体 2,800円+税／B5判

シリーズ「物理は自由だ」第2弾。静電場を中心に扱う。現象の本質に迫るため、物理に数学を「自由」ふんだんに用い、見通しよくすることに心をくだく。江沢物理の真骨頂を発揮。

日本評論社
https://www.nippyo.co.jp/